EUROPAVERLAG

BERND INGMAR GUTBERLET

HEIMSUCHUNG

Seuchen und Pandemien –
vom Schrecken zum Fortschritt

EUROPAVERLAG

© 2021 Europa Verlag in der Europa Verlage GmbH, München
Umschlaggestaltung und Motiv: Hauptmann & Kompanie Werbeagentur, Zürich
Bildnachweis: agefotostock / Alamy Stock Photo S. 118; Alamy Granger Historical Picture
Archive / Alamy Stock Photo S. 197; Arndt, K.-H.: Die Pestepidemie von 1682/83 und ihre
Auswirkungen auf Stadt und Universität Erfurt. Sonderdruck aus Beiträge zur Geschichte
der Universität Erfurt (Bd. 18, S. 69) S. 50; Bundesarchiv, B 145 Bild-F025952-0024 /
Gathmann, Jens / CC-BY-SA 3.0 S. 299; Bundesarchiv, Bild 183-09221-0003 / CC-BY-SA
3.0 S. 225; Bundesarchiv, Bild 183-1987-1112-016 / CC-BY-SA 3.0 S. 205; Eugen Holländer:
Die Karikatur und Satire in der Medizin S. 43; Franklin Delano Roosevelt Library, Library
ID 73113:61 S. 287; http://www.beloit.edu/~nuremberg/book/images/Miscellaneous S. 39;
http://www.stampsx.com/auktion/artikel.php?artikel_id=20008811 S. 121; https://
unwritten-record.blogs.archives.gov/2018/03/13/the-1918-influenza-pandemic-photos/
#jp-carousel-19868 S. 264; https://www.reiss-sohn.de/en/lots/9454-A190-320/?sale_type=
SOLD_AT_AUCTION S. 125; Jochen Hick S. 328; Mesterb S. 46; Mill Valley Public Library,
Lucretia Little History Room / Annual Dipsea Race S. 266; Pandemic Influenza: The Inside
Story. Nicholls H, PLoS Biology Vol. 4/2/2006, e50 S. 247; Plakat DDR Bundesarchiv, Bild
183-84387-0001 / Schulz / CC-BY-SA 3.0 S. 296; Wikimedia Commons S. 69, 83, 104, 111,
148, 151, 188, 203, 209, 222, 224
Redaktion: Franz Leipold
Layout & Satz: Robert Gigler, München
Gesetzt aus der Crimson Text Regular und der DIN Next LT Condensed
Druck und Bindung: Pustet, Regensburg
ISBN 978-3-95890-426-2

für Bodo

Inhalt

Vorwort

O glückliche Nachgeborene, die ihr solches Leid nicht erfahren habt
und unseren Bericht vielleicht zu den Fabeln zählen werdet!

Diese Worte richtete der italienische Dichter Francesco Petrarca
vor beinahe 700 Jahren an die Nachwelt, in Trauer um seine an der
Pest gestorbene Laura und angesichts der Schrecken des »Schwarzen Todes« im 14. Jahrhundert, deren Zeuge er wurde. Würden
die zeitgenössischen Darstellungen dereinst nicht maßlos übertrieben wirken und der Schwarze Tod wie ein Schauermärchen?
Petrarca konnte nicht absehen, dass die Pest zum Inbegriff einer
Seuche werden würde, noch heute Gegenstand leidenschaftlicher
Debatten der Fachwelt und bis in unsere Gegenwart stets Bezugs-
punkt für gesundheitliche Bedrohungen aller Art.

Geschichte mag sich aufs Vergangene beziehen, aber tot ist sie
keineswegs. Noch vor ein paar Jahren konnte man Petrarcas Weh-
klage rhetorisch auffassen oder sich versuchen im Einfühlen in
eine Zeit, die natürlich grausam war, aber doch sehr weit entfernt
vom Erleben des verwöhnten spätmodernen Zeitgenossen. Doch
im Lichte unserer gegenwärtigen Pandemie-Erfahrungen lesen
wir diesen Satz Petrarcas ganz anders als noch vor ein paar Jahren,
denn Seuchen sind nicht mehr ferne Fabeln längst vergangener

Zeiten, sondern mit einem Mal gegenwärtig. Petrarca, Zeitgenosse des Schwarzen Todes, tritt uns, den Nachgeborenen, plötzlich wieder sehr nahe. Nicht nur seine schmerzerfüllte Klage berührt uns unmittelbarer, auch die Geschichte der Seuchen und Pandemien stellt sich aufgrund eigener Erfahrungen vollkommen anders dar als noch vor wenigen Jahren. Unser gegenwärtiges Erleben wirft Fragen auf: Kann der Blick zurück die Gegenwart erhellen? Finden sich im Schwarzen Tod vor fast 700 Jahren, im Ringen des vorletzten Jahrhunderts um die Pockenimpfung oder im Wüten der Spanische Grippe vor einem Jahrhundert Parallelen zu heute? Und von welchen Fortschritten aus der Vergangenheit profitiert das 21. Jahrhundert?

Im Coronajahr 2020 schien der gesamte Globus zunächst wie gelähmt angesichts des unerbittlich kreisenden Unheils, angetrieben von einem Virus, das plötzlich zuschlug und erst noch erforscht werden musste. Im Coronajahr 2021 sind zwar Impfstoffe verfügbar und hat eine gewisse Gewöhnung eingesetzt, doch je länger es dauert, desto ungeduldiger erwarten wir das Ende. Zudem hat uns, wenn wir ehrlich sind, diese erste Pandemie des 21. Jahrhunderts erkennbar zugesetzt, und das in einer Zeit ohnehin schwindender Gewissheiten und Zuversicht. In solcher Lage richtet sich der Blick auf Vergleichbares in der Vergangenheit und darauf, wie zu anderer Zeit die Menschheit mit Herausforderungen zurechtkam.

Wer heute ein Buch zur Pandemiegeschichte liest, tut das mit aktuellem Erfahrungshintergrund und ganz konkreten Erwartungen, die ältere Publikationen auch bei flüchtiger Überarbeitung nicht erfüllen können. *Heimsuchung. Seuchen und Pandemien – Vom Schrecken zum Fortschritt* wurde aus aktueller Perspektive geschrieben. Aus heutigem Blickwinkel ergaben sich neue Erkenntnisse, scheinen Parallelen und Muster auf, treten Ähnlichkeiten und Unterschiede hervor. Näher kommt uns die Vergangenheit außerdem, weil die Schauplätze des Buches (überwiegend) im deutschsprachigen Raum liegen und es erzählt, was (überwiegend) den Menschen hier widerfuhr. Grundlage dafür sind Lokal- und Einzelstudien zahlreicher Historiker.

Mit der Erfahrung einer weltweiten Pandemie erhält die Geschichte von Seuchen und Pandemien – zumal vor der eigenen Haustür – eine neue, lebensnahe Aktualität, und der Bezug zur Gegenwart ergibt sich ebenso von selbst, wie sich Tröstliches vermittelt. Denn so leidvoll Seuchen immer waren und trotz aller Rückschläge, ermöglichte das Bemühen, dem Schrecken etwas entgegenzusetzen, einen steten Fortschritt.

KAPITEL 1

Die Pest – der Schwarze Tod kommt nach Europa

Als die Seuche hereinbrach, war das 14. Jahrhundert knapp zur Hälfte vorbei. Mit einem glanzvollen kirchlichen Jubeljahr in Rom hatte es vielversprechend begonnen, doch dann folgte Unglück auf Kalamität. Man mag sich vorstellen, wie Anfang 1348 Zechbrüder in der Trinkstube nach einigen Schoppen einander aufzählten, was das 14. Jahrhundert schon alles über das christliche Europa gebracht hatte; mit genüsslichem Grausen, obwohl es sie in nüchternem Zustand zutiefst beängstigte: vom beispiellosen Mordversuch am Papst 1303, so zweifelhaft dieser Bonifaz VIII. auch gewesen sein mochte, von der bald folgenden »babylonischen Gefangenschaft« der Päpste in Avignon, wo sie nun schon seit Jahrzehnten unter Kuratel des französischen Königs standen, anstatt in Rom zu residieren, wohin sie gehörten. Außerdem der Skandalprozess gegen den Templerorden: War es da mit rechten Dingen zugegangen, oder hatte sich nur jemand am Ordensbesitz bereichern wollen? Was war mit all den Ketzern, die das katholische Dogma in Zweifel zogen? Die Ordnung der Kirche war dahin, ihre Einheit sowieso. Dazu kam das Wetter: Sintflutartige Regengüsse von den Alpen bis England den ganzen überaus kalten Sommer 1315 hindurch vereitelten nicht nur dem französischen König einen Feldzug und brachten Köln mitten im Sommer Schneefall. Allerorten wurde die Ernte zerstört, auch im Jahr darauf, weil

Nässe bereits die Aussaat zunichtemachte. Die Weinlese erfolgte später und fiel knapper aus, in England wurden immer mehr Weinberge ganz aufgegeben. Und weil in Frankreich wegen des Wetters die Salzproduktion ins Stocken geraten war, fehlte andernorts das Mittel, um Lebensmittel haltbar zu machen. Die Preise nicht nur für Getreide stiegen immer weiter; in der Folge wurden weniger Tiere gehalten, was Fleisch zum raren Gut machte. Unausweichlich zog die größte Hungerkatastrophe des Spätmittelalters herauf und erfasste den größeren Teil Europas. Wer nicht Hungers starb, wurde krank: Ruhr, Antoniusfeuer (Ergotismus, Mutterkornvergiftung), Infektionen, vielleicht schon die Influenza. Es folgten beispiellos kalte und lange Winter, Hochwasser und Überschwemmungen. Die Lage entspannte sich zwar etwas nach der Ernte 1316, aber die Preise blieben hoch. In weiten Teilen Deutschlands litten die Menschen noch im übernächsten Jahr an Hunger und Krankheiten, und außergewöhnlich kalte Winter vermerkte man noch bis Ende der 1320er-Jahre – mit entsprechenden Folgen, wenn die Aussaat erst verzögert ausgebracht werden konnte, weil der Boden nicht auffror. In den Alpen waren Siedlungen in höheren Lagen gar nicht mehr zu halten. Und es ging weiter: Heuschreckenplagen waren in Mitteleuropa eher selten, doch im Sommer 1338 wurden weite Teile Süddeutschlands, von Bayern bis zum Rhein, von Heuschreckenschwärmen heimgesucht, die sich auf den Feldern an der Ernte gütlich taten. In den kommenden beiden Sommern wiederholte sich das Unglück, erneut wurde vielerorts gehungert. Schließlich wurde der Winter 1347 der kälteste seit vielen Jahrhunderten. (1348 sollte allerdings einen besonders warmen Sommer erleben, was die Trinkkumpane aber noch nicht wissen konnten.)

Politisch stand es um Europa kaum besser. Seit bereits zwei Jahrzehnten wütete der Hundertjährige Krieg zwischen England und Frankreich, und der war nur der größte zahlreicher Kriege und Feldzüge, die man unmöglich alle verfolgen konnte: Jedenfalls wollten die Kämpfe zwischen England und Schottland nicht enden, hatten die Hansestädte gegen dänische und norddeutsche Fürsten gekämpft, die Schweizer sich gegen die Habsburger gewehrt, zog im Baltikum der Deutsche Orden immer wieder gegen die neuerdings christlichen Litauer, und eben erst war der Grafenkrieg um die Vorherrschaft in Thüringen zu Ende gegangen. In der Mark Brandenburg herrschte Anarchie und das Raubrittertum grassierte, seit die Herrscherfamilie der Askanier ausgestorben und das Land führungslos war, ebenso wurden andere Gegenden von Aufständen, Revolten und Kämpfen erschüttert. Mochte es sich oft auch nur um innere Machtkämpfe einer kleinen Stadt oder den Aufruhr unwilliger Dorfbewohner handeln, so musste all dies in den Augen der Zeit doch höchst beunruhigend wirken. Denn dass die Ordnung derart wankte, konnte Gott nicht gefallen, zumal zur Sünde der Epoche die Sündhaftigkeit des Einzelnen hinzukam. Ob betrunken oder nüchtern, die vorgezogene Halbzeitbilanz des Jahrhunderts nährte die Furcht vor dem Kommenden, denn wenn Gott der Welt zürnte, war weiteres Unheil zu erwarten.

Und tatsächlich begann das Jahr 1348 mit einem schweren Erdbeben, das sich am Nachmittag des 25. Januar in Kärnten und im Friaul ereignete. Das Epizentrum lag bei Tolmezzo und Gemona, noch Hunderte Kilometer entfernt spürte man die nur zwei Minuten langen Erschütterungen von ungefähr Stufe 7 der Richterskala: bis Ravenna oder Prag, aber auch im süddeutschen Raum. Wochenlang kam es zu Nachbeben. Vorsichtigen Schätzungen zufolge starben rund 10 000 Menschen. Dass eine solche Naturkatastrophe, wie sie in der Alpenregion bis heute immer wieder vorkommt, die Europäer damals enorm beschäftigte, belegt die Fülle an zeitgenössischen Berichten, mehr als über andere Erdbeben zur Zeit des Mittelalters. Bis nach Krakau oder Lübeck schrieben Chronisten darüber, in Verona spürte Petrarca die Stöße, und im bayrischen Weihenstephan berichtete ein Benediktinermönch von einem Erdbeben, »wie man es seit dem Leiden Christi nie gehört oder gesehen hat«. Im Kärntner Kloster Friesach, nur 50 Kilometer vom Epizentrum entfernt, vermerkte ein Dominikanerbruder, neun von zehn Bewohnern des Städtchens Villach seien zu Tode gekommen. Die Stadt wurde zerstört, in der Umgebung traf es Burgen und Dörfer, Täler wurden von der Umgebung abgeschnitten. Ein Bergsturz am Dobratsch staute die Gail, Überschwemmungen verheerten die Gegend. Beobachtern schien es, als hätte die Naturgewalt eine vertraute Landschaft dauerhaft verändert; vielerorts hörte man Kirchenglocken von selbst läuten. Mindestens ebenso unheilvoll erschien den Zeitgenossen, dass selbst Gotteshäuser keine sichere Zuflucht boten, hatte doch in Villach die Pfarrkirche St. Jakob die betenden Gläubigen unter sich begraben. Ein solches Naturereignis betrachtete man als Vorzeichen für Schlimmeres, und tatsächlich: Während das Erdbeben noch die Menschen in Mitteleuropa beschäftigte, schickte sich ein weitaus verheerenderes Unheil an, Europa heimzusuchen: die Pest.

Handel und Bevölkerungswachstum – Voraussetzungen für die Pest

In heutige Begriffe gefasst, war der »Schwarze Tod« des 14. Jahrhunderts Auswirkung sowohl einer Vorstufe der Globalisierung (die nicht nur unsere Gegenwart prägt, sondern eine jahrhundertelange Vorgeschichte hat) als auch des Aufschwungs, den Europa in den Jahrhunderten zuvor genommen hatte. Globalisierung war damals natürlich noch kein Begriff, doch wie 2020 unsere vernetzte Welt von Handelswegen und Reiserouten die rasante Verbreitung des Coronavirus ermöglichte, war eine Voraussetzung für die Pestwelle Mitte des 14. Jahrhunderts, dass Europa regen Handel betrieb. Der Globalhistoriker Jürgen Osterhammel sprach von einem »eurasischen Kalamitätenzusammenhang« durch »Reiterkrieger und Mikroben«, der französische Mittelalterhistoriker

Emmanuel Le Roy Ladurie von einer »globalen mikrobiellen Vereinigung« seit dem 14. Jahrhundert. Die Verbreitung der Pest seit dem Mittelalter zeigt, dass die Entwicklung zum »globalen Dorf« bereits eingesetzt hatte, wenn auch auf einem im Vergleich zu heute sehr bescheidenen Niveau, denn ohne den Handel zwischen Europa und Fernost hätte es der Erreger aus Asien nicht so weit bringen können. Es waren die Seehandelsrouten von der Krim nach Europa, entlang derer sich das Pestbakterium *Yersinia pestis*, das erst ein halbes Jahrtausend später entdeckt werden würde, ausbreiten konnte.

Die europäischen Handelsmächte dieser Zeit waren vor allem italienische Städte, allen voran die Rivalen Venedig und Genua. Ihre Handelsrouten verliefen zwischen Italien und dem Schwarzen Meer, von wo aus es nach Fernost weiterging durch das riesige Asien. Es wurde damals weitgehend von den Mongolen verschiedener Teilreiche beherrscht, die auf den verstorbenen Dschingis Khan zurückgingen. Der Kampf um politische Macht und Erträge aus dem profitablen Asienhandel – beides kaum voneinander zu trennen – lieferte dem Pesterreger einen zweiten Startvorteil: Kriege. Die Feldzüge der Mongolen, nicht zuletzt im Handelskrieg gegen Venedig und Genua, ermöglichten der Pest, sich aus Innerasien bis zur Krim im Schwarzen Meer zu verbreiten, über das seit mehr als einem Jahrhundert die wichtigsten Handelsrouten nach Innerasien verliefen. Im Südosten der Krim besaß Genua Niederlassungen, darunter den besonders wichtigen Handelsstützpunkt Kaffa, das heutige Feodossija, Umschlagplatz für den Handel nach Europa. Als im Herbst 1346 die Mongolen Kaffa wieder einmal belagerten, um der wenig zimperlichen Handelsmacht Genua direkt vor ihrer Haustür Einhalt zu gebieten, brach unter den Soldaten die Pest aus. Einer mindestens gut erfundenen Geschichte zufolge setzten die Mongolen Pestleichen als frühe biologische Waffen ein und beschossen damit die uneinnehmbare Festung. Die Seuche zwang sie allerdings bald zum Abzug. Auf welchem Weg auch immer, die Krankheit kam in die Stadt, und Schiffe der Genueser auf dem Weg in die Heimat hatten die Pest an Bord. 1347 infizierten sie Konstantinopel, das heutige Istanbul, dann im September Messina auf Sizilien, womit die Krankheit Europa erreichte, schließlich Marseille.

Neben der Vorstufe der Globalisierung ermöglichten weitere langfristige Veränderungen die Ausbreitung der Seuche: Die Blüte des christlichen Europa im Hochmittelalter beruhte nicht nur auf dem Aufschwung des Handels, sondern auch auf einer vorübergehenden Klimaschwankung mit mäßig höheren Temperaturen und einem rasanten Bevölkerungswachstum. Zwischen 1000 und 1300 n. Chr. verdoppelte sich die Zahl der Europäer auf 80, vielleicht 90 Millionen Menschen; in Deutschland lag die Zuwachsrate noch höher. Das hing mit der Gründung von Städten zusammen: Weiter entwickelte Regionen wie Flandern oder Frankreich gingen voran, weniger entwickelte wie Deutschland folgten. Leute vom Land und von weither strömten in die aufblühenden Städte, die Freiheit, Chancen und Wohlstand versprachen, und darüber hinaus mehr Abwechslung und Zerstreuung. Die Stadtbevölkerung Europas wuchs besonders rasch, obwohl die übergroße Mehrheit der Menschen weiterhin auf dem Land wohnte. Europa expandierte: nach innen durch die Erschließung von immer mehr Land sowie ostwärts über Elbe und Oder. Nicht nur war ein Mehr an Menschen mehr unterwegs, diese Epoche kam auch sonst zunehmend besser voran, immer häufiger auf Wasserwegen.

In den engen Städten ergaben sich jedoch auch Nachteile: Krankheiten konnten sich verbreiten, denn das Wachstum war stürmisch, der Platz innerhalb der Stadtmauern begrenzt, und Hygiene und Sauberkeit waren vollkommen unterentwickelt. In den Städten wohnte man damals sehr viel dichter aufeinander als heute: In der größten Stadt Deutschlands, Köln am Rhein, lebten damals geschätzte 40 000 Menschen auf nur vier Quadratkilometern, eine Bevölkerungsdichte doppelt so hoch wie die der heute dichtest besiedelten Stadt München. In anderen Städten des Spätmittelalters ging es noch enger zu. Längst nicht alle Städte verfügten bereits über gepflasterte Straßen, die sowieso nicht nur dem Verkehr und Alltagsleben, sondern ebenso der Abfallentsorgung dienten, ohne dass eine geordnete Müllabfuhr hin und wieder abgeholfen hätte. Häufige Klagen, Verbote und Verordnungen illustrieren die Missstände. Zwar ergriffen die Städte strengere Maßnahmen, wenn Krankheiten grassierten. Dann sollten Märkte sauberer werden und die Städter ihren Unrat nicht mehr unbekümmert auf die Gassen kippen. Wiederkehrende Klagen und Verordnungen zeigen aber, dass die Probleme bestenfalls punktuell und vorübergehend gelöst wurden. Ein weiteres Hygieneproblem war die Tierhaltung in den engen Städten, denn Mensch und Tier lebten dicht beieinander. Immer wieder gab es Beschwerden, weil Schweine frei herumliefen, manchmal gar auf den Friedhöfen. Nicht nur Kot verschmutzte die Gassen, oft genug lagen ganze Kadaver auf den Straßen. Kaum weniger abstoßend dürften die von bestimmten Gewerken geprägten Gassen gewesen sein, wenn deren Abfälle dort in größeren Mengen entsorgt wurden, man denke an Fleischer, Färber oder Kürschner. Zur Entsorgung in Privathaushalten dienten außer der Straße Abfall- und Fäkaliengruben auf dem eigenen Grundstück, notgedrungen in der Nähe der Brunnen. Und schließlich glichen Flüsse und Bäche oft Kloaken, weil sie den Unrat so bequem aus den Augen schafften.

Wieso waren Handel und Kriege, das Aufblühen der Städte und das Bevölkerungswachstum Voraussetzungen der Pandemie? Die genauen Übertragungswege der Pest des 14. Jahrhunderts sind bis heute nicht zweifelsfrei geklärt und noch immer Gegenstand leidenschaftlicher Debatten unter Wissenschaftlern verschiedener Disziplinen, aber unbestritten geht die Pest von Nagetieren aus und trat wahrscheinlich in Zentralasien erstmals auf. Handel und Mobilität, Städteblüte und Bevölkerungswachstum ermöglichten die Verbreitung der Krankheit, weil damit die Hausratte sich verbreiten und infizierte Tiere den Erreger weitergeben konnten.

Pandemisch kann die Pest nur werden, wenn der Mensch dem Erreger assistiert, denn weder die Nagetiere noch ihre Flöhe haben einen ausreichend großen Aktionsradius. Ratten und Rattenflöhe bildeten die Brücke zum Menschen, weil die schwarze Hausratte in seiner Nähe lebte. Wenn infizierte Ratten massenhaft sterben, verfallen ihre Flöhe ersatzweise auf Menschen als Opfer – eine fatale Fügung. Dabei kommt dem Erreger zugute, dass er den Verdauungstrakt des (orientalischen wie europäischen) Rattenflohs blockiert, weswegen der Floh besonders viele Opfer sticht, da er nicht satt wird; zugleich gibt er besonders viel bakterielle Last weiter. Umstritten sind die Rolle des Menschenflohs und weiterer Floharten sowie die Frage, ob es in Europa überhaupt genügend Ratten gab, um den Pesterreger so effizient weiterzugeben. Inzwischen darf jedoch als gesichert gelten, dass das europäische Mittelalter über ein ausreichend großes Reservoir an Ratten verfügte, um dem Pesterreger zu assistieren. Die Hausratte stammt aus Südwestindien, woher die Römer ihren Pfeffer bezogen; und tatsächlich gab es seit der Antike überall da in Europa Ratten, wo die Römer waren. Zur weiteren Verbreitung dürften Seehandel (nicht ohne Grund firmiert die Haus- auch als Schiffsratte) und Getreidetransport beigetragen haben, ebenso Kriege. Parallel zum Aufschwung in Europa wuchsen ab dem 11. Jahrhundert die Rattenpopulationen vor allem in den Städten Europas. Allerdings waren sie Schwankungen unterworfen, und Historiker vermissten zeitgenössische Berichte über Rattensterben, die der Pest vorausgehen mussten, sowie entsprechende Skelettfunde bei Ausgrabungen. Doch die oft verdreckten Städte des Spätmittelalters, mit schmalen Gassen und eng bewohnt, sprechen ebenso für viele Ratten wie der Aspekt, dass die Kultivierung immer größerer Landflächen die natürlichen Feinde der Ratten dezimierte. Spärliche archäologische Befunde rührten wohl daher, dass winzige Rattenknochen leicht übersehen werden, zumal wenn man gar nicht danach sucht. Doch inzwischen hat die Archäologie nachgelegt. Dass von Ratten und Rattensterben wenig berichtet wurde, ist ohnehin kein Beweis, dass es keine gab. Man unterschied sie nämlich nicht von Mäusen oder Hamstern, und dass sie selten genannt werden, kann auch bedeuten, dass sie allgegenwärtig und daher nicht weiter erwähnenswert waren. Möglich auch, dass die Ratten eher unbemerkt verendeten, weil sie zum Sterben einsame Plätze wählten, um nicht von anderen Ratten aufgefressen zu werden. Dass Ungeziefer wie Flöhe und Läuse im Mittelalter zum Alltag gehören, ist belegt, auch archäologisch. Gesundheit und Sauberkeit hatten in den Augen der Zeit nichts miteinander zu tun, sauber hielt man eigentlich nur Körperteile wie Hände und Gesicht, weil sie sichtbar waren. Eine Verbindung zwischen dem Befall mit Flöhen und mangelnder Körperhygiene wurde aber nicht hergestellt, was ihre Verbreitung nur befördern konnte. Auch bei der Reinlichkeit der Kleidung kam es vorwiegend auf die sichtbaren Teile an; zwar setzte sich damals allmählich das Unterhemd durch, aber davon besaßen selbst reiche Leute nur eins oder zwei.

Der Schwarze Tod in Europa

1348 war nicht das erste Mal, dass die Pest Europa erreichte. Allerdings war die Justinianische Pest von Mitte des 6. bis Mitte des 8. Jahrhunderts längst kein Begriff mehr. Sie war nach dem oströmischen Kaiser Justinian I. benannt, der selbst daran erkrankte, aber wieder gesund wurde. Vor einigen Jahren konnte im bayerischen Aschheim der Pesterreger *Yersinia pestis* bei Seuchenopfern nachgewiesen werden. Das gelang im Fall einer anderen Seuche bislang nicht: der »Attischen Seuche« zu Beginn des Peloponnesischen Krieges 430 v. Chr., über die Thukydides, der Vater der Geschichtsschreibung, einen berühmten Bericht verfasste. Im überfüllten Athen, in das wegen der anstürmenden Feinde aus Sparta die Landbevölkerung evakuiert worden war, kam es zur Katastrophe. Thukydides war dabei nicht nur Zeitzeuge, sondern wurde selbst krank. Symptome, Verlauf und Folgen des *loimos* beschrieb er akribisch – so sehr, dass seine Schilderung bis ins 20. Jahrhundert stilbildend wirkte. Stets um größtmögliche Objektivität bemüht, aber nun mal kein Arzt, zumal nach modernen Standards, gab er den Medizinhistorikern Rätsel auf. Seine reichhaltig vermerkten Symptome lassen sich nämlich allen möglichen Infektionskrankheiten zuordnen, am wenigsten aber der eigentlichen Pest. Aufwendige retrodiagnostische Untersuchungen an Seuchentoten eines Athener Friedhofs haben vor einigen Jahren die Frage, woran die Athener damals in so großer Zahl starben, zwar nicht zweifelsfrei klären können; der Pesterreger aber konnte nicht nachgewiesen werden. Vermutlich wurden die Athener in ihrem Kriegsgeschäft von einer anderen Krankheit beeinträchtigt, vielleicht auch von mehreren zugleich.

Die eindrücklichsten Beschreibungen des Schwarzen Todes zwischen 1347 und 1353 stammen aus den italienischen Städten, die als Erste Opfer wurden. Weltberühmt (und wie Thukydides vorbildhaft für spätere Beschreibungen) ist die Schilderung der Ereignisse in Florenz von Giovanni Boccaccio. Sie bildet die Rahmenhandlung seiner Novellensammlung *Dekameron:* Zehn junge Florentiner fliehen vor der Pest aufs Land, wo sie einander Geschichten erzählen. Boccaccio berichtet von »gewissen Schwellungen« unter den Achseln oder in der Leistengegend, mit denen das Unheil begann und die »bis zur Größe eines Apfels oder eines Eies anwuchsen und vom Volk Pestbeulen genannt wurden«. Immer mehr Körperteile wurden erfasst. Ein anderes markantes Symptom waren schwarzfleckige Körperteile. »Die meisten starben innerhalb von drei Tagen nach den ersten Anzeichen, der eine früher, der andere später, und viele sogar ohne jegliches Fieber oder sonstige Krankheitserscheinungen.« Zum Schrecken trug bei, dass einerseits die Ärzte ratlos waren und kein Mittel dagegen kannten, andererseits die Krankheit aber hochinfektiös war und man sich kaum dagegen schützen konnte. In ihrer Verzweiflung reagierten die Menschen mit Isolation oder gesteigerter Genusssucht, sodass, wie Boccaccio beklagt, »die ehrwürdige Macht der göttlichen und menschlichen Gesetze in unserer Vaterstadt fast völlig gebrochen und aufgelöst« war. Andere brachten sich durch Flucht in Sicherheit, wenn sie die Möglichkeit dazu hatten. Die sozialen Verwerfungen waren brutal: »Doch der Schrecken dieser Heimsuchung hatte die Herzen der Menschen mit solcher Gewalt verstört, dass auch der Bruder den Bruder verließ, der Onkel den Neffen, die Schwester den Bruder und nicht selten auch die Frau ihren Mann. Das Schrecklichste, ganz und gar Unfassliche aber war, dass Väter und Mütter sich weigerten, ihre Kinder zu besuchen und zu pflegen, als wären es nicht die eigenen.« Das Sterben wurde einsam, und auch die Beisetzung geschah hastig und lieblos, oft ohne die Anwesenheit der Angehörigen. »Tag und Nacht verendeten Menschen auf offener Straße, und viele, die in ihren Häusern umkamen, taten, wenn nicht anders, erst mit dem Gestank ihrer verwesenden Körper ihren Nachbarn kund, dass sie tot waren. (...) Bei der Unzahl an Leichen, die Tag für Tag, ja Stunde für Stunde zu allen Kirchen gebracht wurden, reichte der geweihte Boden nicht aus für die Begräbnisse, und (...) hob man, als alles belegt war, rings um die Kirchhöfe große Gruben aus, in die man die unverhofft angekommenen Leichen wie Ware in den Schiffen, Schicht auf Schicht, nur mit wenig Sand bedeckt, zu Hunderten verstaute, bis schließlich die Gruben bis an den Rand gefüllt waren.« Der Horror der Zeitgenossen bestand nicht nur in der Angst, es mit einer Gottesstrafe zu tun zu haben. Kaum weniger verstörend war, wie die Seuche in eine Lebenswelt eingriff, die einen geradezu vertrauten Umgang mit dem Tod pflegte, die ihm am Lebensende nicht auswich, sondern ihn integrierte. Doch diesen menschlich milden und trostvollen Umgang mit dem Tod machte die Pest zunichte. Zu grausam wütete sie, zu schnell kam der Tod und in zu großer Zahl, als dass für die Rituale der Überlebenden noch Raum geblieben wäre. Als brutal und entmenschlichend musste die Pest daher auf die Zeitgenossen wirken. Wer in ungeweihter Erde massenbestattet wurde, keine letzte Beichte abgelegt und keine Sterbesakramente empfangen hatte, wen die Überlebenden nicht geordnet dem Tod übergeben konnten – wie würde es demjenigen im Jenseits ergehen?

Die Pest folgt den Handelswegen

So schnell wie heute verlief die Ausbreitung der Seuche nicht, weil die Reisegeschwindigkeit sehr viel geringer war, aber unerbittlich nahm das Unheil seinen Lauf. Da die Handelswege entscheidend waren, fächerte sich die Route der Pest auf: Während sie zum Beispiel Paris und London, aber auch Österreich und die Schweiz noch 1348 erfasste, war Deutschland ganz überwiegend erst 1349/50 an der Reihe. Nach Mitteleuropa drang die Pest zunächst von Süden über Österreich, die Schweiz und Bayern in nördlicher Richtung vor. In Österreich wurden selbst hoch gelegene ländliche Gebiete nicht verschont, in der Steiermark starben im Zisterzienserkloster Neuberg die meisten Ordensleute, und der Bau der Kirche des erst zwei Jahrzehnte alten Konvents musste wegen der Pest unterbrochen werden. Von Tirol aus erreichte die Pest im Herbst 1348 das Oberinntal, stoppte dann aber zunächst, vermutlich wegen des Winters. Eine der ersten deutschen Städte, die erfasst wurden, war im November 1348 über die Schweiz Konstanz am Bodensee, bevor die Seuche auch dort eine Winterpause einlegte. Im Frühjahr war mit Basel der Rhein erreicht, dann ging es, beschleunigt durch den Schiffsverkehr, nach Norden bis Frankfurt (Juli 1349), Mainz, Limburg und Köln (Ende 1349). Weiter östlich leistete die Donau der Verbreitung Vorschub: Wien, Passau und

Regensburg wurden Mitte 1349 infiziert, ebenso Augsburg, München oder Mühldorf am Inn. Die weitere Ausbreitung in Deutschland erfolgte bald zusätzlich von den Küsten aus, in deren Häfen die Schiffe der gut vernetzten Hansestädte den Erreger befördert haben dürften, in Richtung Osten und Süden, wohl auch von östlichen Ostseehäfen westwärts. Der genaue Verbreitungsweg ist rätselhaft; möglicherweise kam es in Norddeutschland zur Kreuzung mehrerer Routen, darunter über die Seehäfen. England war bereits früh infiziert, und von dort fuhren Schiffe in Hafenstädte bis ins Baltikum und nach Russland. Der bei Hausratten offenbar sehr beliebte Stockfisch wurde über die nördlichen Häfen reichlich transportiert. Von Mitteleuropa zog die Seuche ostwärts, 1353 starben die letzten Opfer in Russland, bevor die Pest eine Pause einlegte.

In Straßburg wütete die Seuche im Sommer und Herbst, und der Chronist und Augenzeuge Fritsche Closener schrieb, in jeder Gemeinde seien Tag für Tag »sieben oder acht oder neun oder zehn oder noch mehr« Menschen gestorben, gar nicht eingerechnet die Toten der Klöster und der Hospitäler. So unzählig viele waren es laut Fritsche, dass die Grube am Hospital nicht mehr ausreiche und man weiter weg eine weitere graben musste. Innerhalb von wenigen Tagen nach Auftreten der Beulen starben die Menschen, manche gar schon am ersten Tag. Gegenseitig steckten sich die Leute an, und wenn die Pest ein Haus erfasst hatte, blieb es fast nie bei einem infizierten Bewohner. Um die Menschen nicht noch mehr zu ängstigen, wurde das Glockengeläut für die Toten verboten und untersagt, die Toten in die Kirchen zu tragen oder über Nacht zu Hause lassen. Entgegen der den Angehörigen teuren Bräuche mussten sie vielmehr umgehend begraben werden. Matthias von Neuenburg, Rechtsberater des Straßburger Bischofs und Chronist, schrieb von einem Sterben, wie man es seit der Zeit der Sintflut nicht gesehen habe. So ansteckend sei die Krankheit gewesen, dass man die Kranken ohne Sakramente sterben ließ,

»Eltern sich nicht um ihre Kinder kümmerten und umgekehrt, die Gefährten nicht nach ihren Gefährten noch die Diener nach ihren Herren fragten« und infizierte Häuser leer standen, weil nach dem Tod aller Bewohner sich niemand mehr hineintraute.

Das Wüten des Schwarzen Todes ist für Deutschland weniger gut dokumentiert als etwa für Oberitalien. Die Vermerke der Stadtchronisten sind lückenhaft, mager und nicht allzu verlässlich; sie widersprechen auch mal zeitgenössischen Dokumenten über andere Vorgänge, die Rückschlüsse auf das Pestgeschehen erlauben, zum Beispiel Listen von neu aufgenommenen Stadtbürgern in den Jahren nach einer Pestwelle. Vielerorts ist umstritten, ob die Pest wirklich ausgebrochen ist, etwa im Fall von Würzburg und Nürnberg, ohne dass so recht erklärbar wäre, wieso bedeutende und daher gut vernetzte Handelsstädte verschont blieben. Dass Chronisten die Pest nicht erwähnen, muss aber noch nichts heißen. Obwohl es in der Rückschau merkwürdig erscheint, muss der Schwarze Tod nicht immer zu den Memorabilien gezählt worden sein. Als in späteren Zeiten die Pest zur ständigen Bedrohung geworden war, könnte mancher Chronist den Schwarzen Tod früherer Jahrhunderte gar nicht für eigens erwähnenswert gehalten haben. Auch abergläubische Furcht mag eine Rolle gespielt haben, als könne ihre Nennung die Seuche erneut heraufbeschwören.

Schon bevor die Pest Deutschland erreichte, waren die Nachrichten einer schrecklichen Krankheit mit Todeszahlen in monströser Höhe eingetroffen. Zwar war die Geschwindigkeit der Nachrichtenübermittlung damals geringer als heute, aber da dasselbe für die Ausbreitung von Seuchen gilt, war die Situation ähnlich: Die Kunde ging dem Leid voraus. Die Stadt Hamburg beispielsweise beklagte den Pesttod zweier ihrer Gesandten am päpstlichen Hof in Avignon, was dort laufende Verhandlungen unterbrach. Anfang 1350 erreichte die Pest Paderborn, Osnabrück und Minden, im Mai Bremen, Hamburg und Lübeck sowie zur gleichen Zeit Hannover, Halberstadt und Magdeburg. Als in Schleswig-Holstein vor allem

1350 die Pest Stadt und Land infizierte, kam als Infektionsroute sowohl der See- als auch der Landweg infrage. In Küstennähe erzählte man sich, die Pest habe das Festland übers Meer erreicht, auf einem führungslos treibenden Schiff, dessen Besatzung längst dahingerafft war – ein Topos, der sogar in die moderne Literatur und in aktuelle Filme Aufnahme fand. Noch im Frühjahr war Kiel an der Reihe, das Ende Juni 1350 beim Bremer Erzbischof Gottfried die Erlaubnis einholte, vor den Toren der Stadt beim Dorf Brunswik (heute ein Kieler Ortsteil) auf dem Grundstück eines Ritters einen Kirchhof mit Kapelle anzulegen. Aus Bremen berichtet in der Stadtchronik Herbort Schene als Augenzeuge, wie im Sommer 1350 pro Tag bis zu 200 Menschen der Seuche zum Opfer fielen. Ungeschützt lag die Stadt da, die Tore geöffnet, die Straßen verlassen, die Häuser menschenleer. Lübeck brauchte ebenfalls einen neuen Kirchhof vor den Stadttoren, denn wie in Hamburg explodierten dort im Sommer 1350 die Todeszahlen, wie sich an der Menge der Testamente ablesen lässt. Lübecker Bürger warfen Geld über die Mauer des Franziskanerklosters in der Hoffnung auf Fürbitten der Brüder. Daran erinnert noch heute eine Inschrift im Kreuzgang, denn mit den Spenden konnte der Konvent Reparaturen finanzieren. Auch andere Klöster und Hospitäler verzeichneten steigende Einnahmen, viele Bürger machten Stiftungen und schufen Stellen für Geistliche. In Lübeck starb offenbar rund ein Drittel der Ratsherren an der Pest, Schätzungen zufolge mehr als im Gesamtdurchschnitt der Stadt. Nachweisen lässt sich, dass unter den verstorbenen Hausbesitzern Vertreter solcher Gewerbe besonders betroffen waren, die Ratten anzogen, etwa Bäcker und Fleischer. Das deckt sich mit Befunden anderer Städte: Laut arbeitende Handwerker wie Schmiede hatten bessere Überlebenschancen, weil die Ratten den Lärm mieden. Ebenso lässt sich am Lübecker Beispiel verfolgen, wie die Städte nach dem Ende der Pestwelle Neubürger in hoher Zahl aufnahmen, um die Verluste möglichst schnell auszugleichen. Einbrüche im Handel verbuchten während der Pest insbesondere Kaufmannsstädte wie Bremen, Hamburg oder Lübeck, aber während sie danach meist einen raschen Aufschwung verzeichneten, waren die Folgen auf dem Land nachhaltiger. Vielerorts lagen Höfe und Dörfer wüst, sei es weil alle Bewohner an der Pest gestorben waren, weil Personalmangel die Weiterbewirtschaftung unmöglich machte oder weil die Überlebenden dem Werben der Städte folgten.

Wie groß die Bevölkerungsverluste im Einzelnen waren, ist so unklar wie umstritten. Durch die zeitgenössischen Schilderungen des Schwarzen Todes ziehen sich überall in Europa Todeszahlen in horrender Höhe. Sie sind mit Vorsicht zu genießen. Nicht nur bei der Pest neigten mittelalterliche Chronisten zum sorglosen Umgang mit Zahlen, vor allem wollten sie dramatische Verluste ausdrücken. Sowieso hielt sich ihr mathematisches Verständnis in Grenzen. Weder verfügte man über die Datenbasis, um mit Zahlenangaben verlässlich umzugehen, noch war man um korrekte Zahlen bemüht, wie wir es heute sind, sodass oft genug die Zahl der angeblich in einer Stadt an der Pest Gestorbenen die mutmaßliche Einwohnerzahl bei Weitem übersteigt. Doch abgesehen von übertriebenen Zahlen, stimmte der Eindruck der Chronisten wie des Straßburgers Fritsche, der vom »größten Sterben, das je gewesen« schrieb, andererseits betonte, die offenbar kursierende Zahl von 16 000 Toten sei übertrieben, überhaupt seien in Straßburg weniger Menschen an der Pest gestorben als in manch anderer Stadt. Die damalige Einwohnerzahl Straßburgs wird auf rund 20 000 geschätzt. In einer Bremer Quelle werden die Opfer der vier Pfarreien genau angegeben: 1816 Unser Lieben Frauen, 1415 St. Martin, 1922 St. Ansgar und 1813 St. Stephan, nicht eingeschlossen die Toten in den Straßen, außerhalb der Stadtmauer und auf den Kirchhöfen. Allerdings rätseln die Historiker über diese Zahlen, die weder zur Bevölkerungsstruktur noch zur weiteren politischen wie wirtschaftlichen Geschichte der Stadt so recht passen, denn bis zu 80 Prozent Todesrate hätte Bremen schwer getroffen. Die Bremer Neubürgerzahlen der Jahre nach dem Schwarzen Tod lassen eher vermuten, dass sehr viel weniger starben, denn in den Folgejahren blieb die Zahl der Zugezogenen meist unter 100 und lag selten doppelt höher als vor der Pest. Sowieso fehlte die Expertise, um so genaue Zahlen zu erheben, wie sie nach Pfarreien aufgeschlüsselt vorliegen. Kirchenbücher gab es damals noch nicht, Bremen besaß weder Arzt noch Apotheker, die in der Lage gewesen wären, Buch zu führen. Im konkreten Fall von Bremen waltete vermutlich eher operative Fantasie: Drastische Zahlen sollten bei späteren Finanzverhandlungen mit dem Erzbischof helfen, für die Stadt mehr herauszuholen.

Papst Clemens VI. ließ gar die verlockend exakt klingende Gesamtopferzahl von 42.836.486 Toten ermitteln, die jedoch genauso unrealistisch ist. Generell sind Bevölkerungszahlen für diese Zeit schlecht dokumentiert, noch am besten lassen sie sich für England ermitteln, wo wohl 40 Prozent der Menschen starben. Insgesamt dürften die Verluste je nach Land bei dramatischen 25 bis 40 Prozent gelegen haben. Eine damals häufig genannte Gesamtopferzahl entspricht heutigen Einschätzungen aber durchaus: Ein Drittel der Menschen seien an der Pest gestorben. Doch dürfte diese Angabe dem Neuen Testament entnommen sein, denn im achten und neunten Kapitel der Apokalypse des Johannes, geschrieben im 1. Jahrhundert, liefern sieben Engel Gottes mit sieben Posaunen die Begleitmusik dazu, dass jeweils »der dritte Teil« der Natur und der Schöpfung, der Geschöpfe und ihrer Werke vernichtet wird.

In jedem Fall war der Schwarze Tod der Jahre 1347–1353 der tödlichste Seuchenzug, den die Menschheit je erlebt hatte. Das stetige Bevölkerungswachstum, dessen Europa sich über die letzten 300 Jahre erfreut hatte, schwand dahin, und der Kontinent sollte sich davon für zwei Jahrhunderte nicht erholen – schon weil die Seuche immer wiederkam und zum ständigen Begleiter wurde.

Pest, Milzbrand oder Ebola?

Aber war der Schwarze Tod des Mittelalters überhaupt die Pest? Könnte es sich nicht um einen ähnlichen Irrtum handeln wie im Fall der »Attischen Seuche«, die Thukydides beschrieb? Tatsächlich gab es auch im Spätmittelalter keine so klaren Krankheitsdefinitionen, wie wir sie heute voraussetzen, noch waren die Begriffe eindeutig: Pest, lateinisch *pestis*, meinte wie schon der griechische Begriff *loimos* ganz allgemein eine Seuche und wurde erst allmählich spezifisch auf diese bezogen. (Gleichzeitig avancierte der Begriff zur Bezeichnung allen möglichen schlimmen Übels, was sich bis heute erhalten hat.) Bedeuten die mangelnde begriffliche Trennschärfe und weitere Ungereimtheiten wie die schon beschriebenen, dass wir einem Irrtum aufsitzen? Retrodiagnostik ist ein schwieriges Geschäft und der berüchtigte Schwarze Tod als medizinische Urkatastrophe durchaus attraktiv, um mit unerhörten Thesen zuverlässig Schlagzeilen zu provozieren. Nicht einfacher macht es die Tatsache, dass ganz unterschiedliche Wissenschaftsdisziplinen beteiligt und Forscher nicht notwendigerweise in allen Sachgebieten verlässlich trittsicher sind.

Die Forschung hat ja durchaus mit einigen Ungereimtheiten zu kämpfen: Dazu gehören Rattenpopulationen, klimatische Bedingungen für Flöhe, Seuchenintervalle, Symptombeschreibungen und anderes mehr. Dazu kommt noch, dass Seuchen ihr Gesicht verändern, weil die Erreger wandelfähig sind. Nimmt man zur Grundlage für die Einschätzungen des Schwarzen Todes die umfassend erforschte letzte Pestpandemie Ende des 19. Jahrhunderts, ergeben sich weitere Fragen. Vor einigen Jahren wurden deshalb fürs Mittelalter andere Seuchen ins Spiel gebracht, beispielsweise Milzbrand oder eine Ebola-ähnliche Viruserkrankung, und der Beitrag von Ratte und Floh wurde grundsätzlich infrage gestellt. Die Debatte geht weiter, doch die Kenntnis einiger Fakten und Kontroversen erleichtert die Einordnung solcher und noch kommender Pestnachrichten: Wir wissen inzwischen aus Knochenanalysen von Pestkranken des 14. Jahrhunderts, dass damals tatsächlich der Erreger *Yersinia pestis* unterwegs war, und zwar in einer seither ausgestorbenen Variante. DNA-Untersuchungen lassen außerdem vermuten, dass die viel höhere Mortalität des Schwarzen Todes der besonderen Aggressivität dieses Pathogens zuzuschreiben ist. Seither wirken die andauernden Debatten eher wie Rückzugsgefechte der Pestskeptiker.

Boccaccio beschrieb im *Dekameron* die Symptome der Beulenpest, von der wir heute wissen, dass es nach dem Flohstich bis zu einer Woche dauern kann, bevor Symptome auftreten. Ohne Behandlung mit Antibiotika schnellt die Körpertemperatur des Kranken nach oben, sein Puls beschleunigt sich, und am Lymphknoten, der dem Biss am nächsten liegt, entsteht eine Beule, die faustgroß werden kann. Während sich der Erreger in Windeseile exponentiell vermehrt, kommen heftige Kopfschmerzen, Unwohlsein und quälender Durst hinzu. Vom Pestkranken und seinen Ausscheidungen geht jetzt ein extremer Gestank aus. Indem sie weiße Blutkörperchen abtöten, greifen die Bakterien das Immunsystem direkt an. Hält die Lymphbarriere des Körpers dem Bakterienangriff stand, besteht eine Überlebenschance, aber wenn der Erreger über die Lymphe ins Blut gelangt und die Pest septisch wird, besteht wenig Hoffnung. Es kommt zu Blutungen unter der Haut, die sich dunkel verfärben, was den Begriff Schwarzer Tod erklärt. Das multiple Organversagen zeigt sich im Gesicht des Kranken: Blässe, Muskelzuckungen, blutunterlaufene Augen, schwarz verfärbte Zunge. Das Fieber steigt weiter, Delirium setzt ein, dann folgen Koma und Tod. Die wenigen Überlebenden haben mit Langzeitfolgen zu kämpfen: Sprach- und Gedächtnisverlust, Teillähmungen, Taub- und Blindheit kommen vor. Nicht einmal eine dauerhafte Immunität bleibt ihnen.

Bei der reinen Beulenpest sterben 40 bis 70 Prozent der Infizierten innerhalb von fünf Tagen. Wenn die Lunge erfasst wird, tritt der Tod in weniger als drei Tagen ein. Die fast immer tödliche Lungenpest kann außerdem von Mensch zu Mensch per Tröpfcheninfektion übertragen werden, die Symptome sind dann die einer akuten Lungenentzündung mit blutigem Auswurf, heftigem Husten, hohem Fieber, Kopf- und Brustschmerzen. Eine dritte Form der Pest ist besonders selten, aber auch so gut wie immer tödlich: Die primäre septische Pest im Fall, dass der Erreger ohne Umweg über das Lymphsystem sofort in die Blutbahn gelangt. Welche Form der Pest im 14. Jahrhundert vorherrschte, ist ein weiterer Streitpunkt der Forschung.

Keineswegs ausgerottet, lässt sich die Krankheit längst mit Antibiotika gut behandeln, doch in drei langen Pandemien forderte sie weltweit viele Millionen Tote und schrieb Geschichte: Außer der Justinianischen Pest und der mit dem »Schwarzen Tod« beginnenden zweiten Pandemie von Mitte des 14. Jahrhunderts bis ins 18. Jahrhundert gab es eine dritte Welle Mitte des 19. bis Anfang des 20. Jahrhunderts.

Den Schwarzen Tod des Spätmittelalters bezeichnen Historiker als »virgin soil«-Epidemie, weil die Menschen keinerlei Immunität besaßen und dem Erreger hilflos ausgeliefert waren – in einem anderen Sinne war er es auch, weil weder Maßnahmen entwickelt waren noch die Medizin in irgendeiner Weise helfen konnte. Über Erreger, Übertragungswege und Gegenmittel wusste man im 14. Jahrhundert nichts, entsprechend hilflos waren die Ärzte, als die Pest kam. Inzwischen kennen wir den Pesterreger *Yersinia pestis*, benannt nach dem Schweizer Arzt Alexandre Yersin, der ihn 1894 in Hongkong als Erster unter dem Mikroskop isolieren konnte. Das letzte Viertel des 19. Jahrhunderts war die Zeit der Mikrobenjagd, wobei ein hoher nationaler Konkurrenzdruck herrschte: Vor allem Louis Pasteur und Robert Koch und ihre jeweiligen Institute in Paris und Berlin lieferten sich Wettrennen, denn die Entdeckung wichtiger Erreger war damals eine Sache nationalen Wissenschaftsprestiges. Yersin arbeitete für Pasteur, zeitgleich suchte der Japaner Kitasato Shibasaburo, der zuvor bei Robert Koch in Berlin gearbeitet hatte, nach dem Pesterreger. Doch das 19. Jahrhundert lag noch in weiter Ferne, als der Schwarze Tod Europa infizierte.

Die mittelalterliche Medizin geht auf antike Vorbilder zurück, vor allem auf die Griechen Hippokrates von Kos (ca. 460 – ca. 370 v. Chr.), auch »Vater der Medizin« genannt, sowie seinen Jünger (oder Hohepriester) und kaiserlichen Leibarzt Galen (ca. 130 – ca. 216 n. Chr.), der Hippokrates nicht nur unsterblich machte, sondern die Unfehlbarkeit und Unveränderlichkeit seiner Erkenntnisse postulierte. Von moderner Wissenschaft kann dabei noch keine Rede sein, schon gar nicht von Bakteriologie, wohl aber von einem rationalen Ansatz im Verständnis von Krankheit. Das Mittelalter reicherte die antike Lehrmedizin mit christlichem Gehalt an. Krankheit konnte demnach durchaus eine Art Gottesstrafe sein, was Hippokrates allerdings als Ausrede Unfähiger bezeichnet hätte. Unsere Vorstellung von Krankheit als eine Art Programmierfehler und Abweichung von einer Norm von Gesundheit hätte Hippokrates ebenso abgelehnt, doch seine Bedeutung misst sich auch nicht an der modernen wissenschaftlichen Medizin, sondern sie liegt darin, dass er Magie und Aberglauben aus der Lehre von Krankheit und Gesundheit verbannte und stattdessen die aufmerksame Beobachtung des Körpers zur Erstellung einer Therapie vertrat. Das konnte weniger ausrichten als wissenschaftliche Medizin, aber eben mehr als die fatalistische passive Auffassung einer gottgegebenen Krankheit.

Grundlegend war die Viersäftelehre der Humoralpathologie, mit der auch die Pest erklärt wurde. Danach wirken im Universum vier Elemente mit den Eigenschaften trocken, nass, heiß, kalt. Ihnen entsprechen die vier Windrichtungen ebenso wie die vier Jahreszeiten – und eben vier Säfte, die im menschlichen Körper ausgewogen vorkommen müssen: Blut (heiß und feucht), Schleim (kalt und feucht), schwarze (trocken und kalt) und gelbe (trocken und heiß) Galle. Stimmt die Mischung nicht, ist der Mensch krank. Bei Hippokrates ist das ganzheitlich angelegt: Den vier Elementen entsprechen ebenso die vier menschlichen Grundtemperamente (melancholisch, sanguinisch, phlegmatisch, cholerisch) und die vier Lebensabschnitte. Als maßgebliche Ursache für Krankheit verstand er verdorbene Luft, die das Säftegleichgewicht des Körpers durcheinanderbrachte, und eine geeignete Therapie bestand darin, den Körper bei der Wiederherstellung dieses Gleichgewichts zu unterstützen. Das konnte von Mensch zu Mensch ganz unterschiedlich ausfallen; es gab keine Standardtherapie für ein diagnostiziertes Leiden, zumal die Klassifizierung von Krankheit gar nicht im Vordergrund stand, sondern der individuelle Patient mit Körper und Seele und der Gesamtheit seiner Verfassung. Meist spielte die Ernährung für die Behandlung eine wichtige Rolle, ebenso Bewegung und Lebenswandel.

Wie aber erklärte man sich den plötzlichen Ausbruch einer unbekannten Krankheit, tödlicher als alles bekannte? Es war nicht so, dass der Mensch des Mittelalters ängstlich und gottergeben seinem Schicksal entgegensah. Wie wir es heute kennen, suchten die Mächtigen im Angesicht der verheerenden Seuche vielmehr den Rat von Experten. Berühmt wurde das Pariser Pestgutachten, das der französische König Philipp VI. noch im Herbst 1348 beim Ärztekollegium der Pariser Universität in Auftrag gab. So zweifelhaft es aus heutiger Perspektive erscheint: Damals entsprach es dem Kenntnisstand der Wissenschaft, die sich auf ehrwürdige Autoritäten von Aristoteles über Ptolemäus bis Avicenna und eben Hippokrates berief, deren Schriften sie zu Rate zogen. Die Fachleute befanden, eine Konjunktion von Saturn, Jupiter und Mars im Sternbild des Wassermanns im März 1345 sei der Ausgangspunkt des Übels gewesen. Diese astronomische Konstellation gab es wirklich, sie bewirkte laut Gutachten klimatische Veränderungen auf der Erde, die ein Übermaß an feuchten und warmen Südwinden hervorriefen, was wiederum der Atemluft eine krank machende Fäulnis einbrachte – den Pesthauch. Er wurde verstärkt durch die Aufnahme fauler und giftiger Dämpfe aus Sümpfen, Seen oder von Leichen, die nicht begraben wurden. Ein weiterer Faktor war der unübliche Verlauf der Jahreszeiten, namentlich ein warmer Winter, ein windiger Frühling und ein kühler Sommer. Rauchende Feuer färbten den Himmel gelb und die Luft rot; Blitze, Donner und Südwinde bewegten erdigen Staub und verbreiteten die krank machende Fäulnis. Jeder war gefährdet, da jeder die korrumpierte Luft einatmete. Weil sie auch von den Pestkranken selbst ausging, waren beim Umgang mit ihnen Vorsichtsmaßnahmen zu treffen. Dass aber trotzdem nicht jeder an der Pest erkrankte, erklärten die Magister mit der individuellen Verfassung: Anfällig war, wessen körperliche Befindlichkeit ohnehin fatal zugunsten der warmen und feuchten Säfte verschoben oder generell gestört war.

Glieder der Kausalkette waren also aufeinanderfolgende Veränderungen von Planetenkonstellation, Klima, Wetter, Luftverhältnissen, Säfteverhältnis beim Menschen. Dem entsprachen die empfohlenen Maßnahmen, die sich sowohl auf die Luft als auch auf die Körpersäfte bezogen: Vor allem der richtige Lebenswandel diente der Vorsorge, ein Übermaß etwa an körperlicher Betätigung, Baden und Sex galt als schädlich. Ausgewogenheit und Mäßigung, lautete das Gebot, denn wer übertrieb, atmete notgedrungen zu viel der schädlichen Luft ein. Beim Baden sah man als Problem, dass es die Poren öffnete und damit ein Einfallstor für die vergiftete Luft entstand. Daneben empfahl sich eine Diät leicht verdaulicher, aromatisch gewürzter Speisen. Bedeutsam war zudem die seelische Verfassung, zu vermeiden waren negative Befindlichkeiten.

Als Therapie im Krankheitsfall empfahlen die Pariser *doctores* Aderlass zur Entgiftung sowie Medikamente gegen die schädlichen Säfte im Körper. Unter den empfohlenen Nahrungsmitteln waren Essig, Knoblauch, Sauermilch oder Sauerampfer, Gegengifte waren bestimmte Erden, Lärchenschwamm oder Smaragde sowie das Heilmittel der Zeit: Theriak. Positiv wirkten auch Kardamom, Safran, Zitronen, Kampfer oder Rosenwasser. Essig galt zwar als hilfreich, da der reichhaltige Genuss aber dem Magen nicht wohltut, empfahlen die Ärzte, mit anderen Stoffen entgegenzuwirken.

Zur Vorsorge empfahlen die Experten außerdem die Reinigung der Luft – oder gleich Luftveränderung, das heißt: Flucht, insbesondere aus Städten, vorzugsweise in Gegenden mit guter Luft, wenig Wind, ohne Sümpfe oder stehende Gewässer, nicht im Wald und nicht in tiefen Tälern. Während Südwind schädlich war, galt trockener und kalter Nordwind als besonders gesund. Ein weiterer Ratschlag betraf daher das Lüften: Bei geringem Luftzug sollte Nordluft eingelassen werden. Reinigen konnte man die Luft außerdem mit Feuer aus bestimmten Holzarten, trocken und duftend, am besten zur Mitternacht oder bei Sonnenauf- bzw. -untergang. Luftreinigend wirkten zudem alle möglichen Stoffe von Aloe über Muskat und Majoran bis zu Weihrauch.

Flieh früh, flieh weit, kehr spät zurück, fand als wirksamster Ratschlag weite Verbreitung, konnte allerdings nur befolgt werden, wenn Mittel und Gelegenheit dazu vorhanden waren – also folgten dem Rat insbesondere wohlhabende Patrizier, die neben ihren Stadthäusern auch Landsitze besaßen, auf die sie sich zurückziehen konnten wie die Eskapisten des *Dekameron*. Neben den fehlenden Mitteln konnten Verpflichtungen die rettende Flucht vereiteln. Von Stadtvätern, Ärzten und Geistlichen wurde erwartet, dass sie Maßnahmen trafen, Leiden linderten und Trost spendeten. Der Anteil der Geistlichen und der mittelalterlichen Pflegekräfte, die an der Pest starben, war in der Tat besonders hoch, aber es gab auch viele schwarze Schafe unter Pfarrern und Ärzten, die verschwanden und erst zurückkehrten, nachdem die Pestwelle überstanden war.

Ganz am Ende erst und geradezu pflichtschuldig eingefügt wie das Leninzitat in einer DDR-Dissertation verweisen die Gutachter der Pariser Universität noch darauf, dass Epidemien auch auf göttliches Wirken zurückgehen können, weshalb Demut angezeigt sei. Das Weltliche war dem Mittelalter nie genug, zur Deutung der Welt und der Ereignisse zog man stets den Glauben heran. Dieser religiösen Argumentation folgte 1350 auch der Regensburger Domherr Konrad von Megenberg und vertrat die Ansicht, es handele sich bei der Pest um Gottes Strafgericht über eine sündhafte Krisenzeit. Er konstatierte Sittenverfall und eine verfehlte Wissenschaft, die in ihrer Hybris mehr anstrebte als geboten und damit das Ketzertum begünstigte und die gottgefällige Ordnung der Welt durcheinanderbrachte. Es war gewissermaßen die gelehrte Version der Trinkbruderklage. Viele befanden, schon wegen der Sündhaftigkeit der Welt und ausweislich zahlreicher Bibelstellen, die Hunger und Seuchen ja schließlich als Strafen Gottes anführten, müsse der Allmächtige am Werk sein. Helfen konnte folglich der Versuch, Gott milde zu stimmen: durch Umkehr zum gottgefälligen Leben, durch Reue und Buße. Denn wenn hier Gott waltete, konnten Ärzte wenig ausrichten. Und so räsonierten medizinisch hilflose Ärzte in Traktaten, wie der Augsburger Stadtmedicus Ambrosius Jung, dass der Schöpfer die Menschen für ihre Sündhaftigkeit »strafen wollt mit pestilentz«. Dann war die beste Medizin, fromm zu sein, Reue und Buße für Sünden zu leisten. Es war auch die beste Möglichkeit, die Ratlosigkeit der Ärzte zu kaschieren.

Mit welchen Maßnahmen man aufs näher rückende Unheil reagierte, zeigt anschaulich das Beispiel des elsässischen Straßburg. Die bedeutende Handelsstadt verfügte über ein Botennetz und war stets gut informiert; erste Nachrichten einer unbekannten tödlichen Krankheit trafen wohl im Herbst 1348 aus Köln und der Schweiz ein. Nachdem die Pest mit Basel die unmittelbare Nachbarschaft des Elsass erreicht hatte, tauchte eine Gruppe auf, die im Vorfeld der Pest zu dieser Zeit häufiger in Erscheinung trat: die Geißler oder Flagellanten. Sie sind keine Erfindung der Pestzeit, aber die Seuche verschaffte ihnen Konjunktur. Geißlergruppen zogen von Stadt zu Stadt und büßten durch Selbstgeißelung ihrer nackten Oberkörper stellvertretend für die Sünden anderer – was dann gegen die drohende Pest zu helfen versprach, wenn ein den Sündigen zürnender Gott die Krankheit geschickt hatte. Und wenn es nicht half, verschaffte es den Reuigen wenigstens eine bessere Position im Jenseits. Der Kirche waren die Geißler nicht geheuer, weswegen sie auch recht bald gegen sie vorging, denn zu viel Selbstinitiative seitens der Gläubigen konnte dem Apparat gefährlich werden. Für Straßburg berichtet Matthias von Neuenburg, Mitte Juni 1349 seien 700 schwäbische Geißler in die Stadt gekommen. Mit Kreuzen vorn und hinten auf ihren Kleidern und dem Hut sowie angehängten Geißeln »bildeten sie unter Zulauf des Volkes einen weiten Kreis, in dessen Mitte sie sich entkleideten, Kleider und Schuhe ablegten und die Hemden hosenartig vom Schenkel bis zum Knöchel um sich schlagend herumgingen. Einer nach dem andern warf sich in diesem Kreise wie ein Gekreuzigter zu Boden und jeder von ihnen berührte im Vorübergehen den Hingestreckten mit der Geißel. Die letzten, welche sich zuerst niedergeworfen, standen zuerst wieder auf, schlugen sich mit Geißeln, welche Knoten mit vier eisernen Stacheln hatten, und zogen, in deutscher Sprache zum Herrn singend, unter vielen Anrufungen vorüber. In der Mitte des Kreises standen drei laut Vorsingende, welche sich dabei geißelten, ihnen sangen die anderen nach. Nachdem sie dies lange so getrieben, beugten auf ein gegebenes Zeichen alle die Knie und fielen wie Gekreuzigte unter Schluchzen und Beten auf das Antlitz. Darauf gingen die Meister im Kreise umher und mahnten sie, den Herrn anzuflehen um Barmherzigkeit für das Volk, für ihre Wohltäter, für ihre Feinde, für alle Sünder, für die im Fegefeuer Befindlichen und noch viele andere. Darauf erhoben sie sich und sangen kniend und mit zum Himmel erhobenen Händen. Endlich standen sie auf und geißelten sich lange im Herumgehen wie vorher (...)« Die Bürger Straßburgs nahmen die Geißler freudig auf, luden sie zu sich ein und versprachen, dem Aufruf entsprechend den Lebensjahren Jesu 33 ½ Tage lang Folge zu leisten.

Minderheiten als Sündenböcke – die Suche nach den Ursachen

Neben einer Ursachenforschung in Sachen eigener Sündhaftigkeit standen noch vor Ankunft der Seuche alle möglichen Schuldzuweisungen und die Suche nach Sündenböcken im Vordergrund. Vielerorts starben die ersten Opfer nicht an der Seuche, sondern wurden als ihre angeblichen Urheber umgebracht, noch vor Eintreffen der Geißler oder der Pest – wenn die überhaupt kam. Die vermeintlich Schuldigen konnten anfangs politische Gegner oder unliebsame Gruppen aller Art sein, doch rasch gerieten die Juden ins Zentrum der Beschuldigungen. So behaupteten die Nachrichten, die Straßburg vorab von der Pest erhielt, hier oder dort habe man den Juden unter Folter Geständnisse abgerungen oder bereits ganze jüdische Gemeinden ermordet oder vertrieben. Es lief hinaus auf die unselige Vorstellung einer jüdischen Weltverschwörung, durch Vergiftung der Brunnen (von der schon Thukydides aus Athen berichtete, wo angeblich die gegnerischen Peloponnesier die Brunnen der Stadt vergiftet hatten) die Christenheit auszurotten. Volkszorn gegen Juden ließ sich leicht entfachen, denn sie waren die größte und bedeutendste der Minderheiten, denen man die Rolle zum Nachteil auslegte, in die man sie gepresst hatte: die der allenfalls gelittenen Randgruppe. Religiöse Vorbehalte, niedriger Bildungsstand und wirtschaftliche Interessen taten ein Übriges. Die Informanten Straßburgs äußerten sich mal mehr, mal weniger skeptisch über den Wahrheitsgehalt der Beschuldigungen, aber die Rede war auch von angeblich beteiligten Straßburger Juden, und so entschied man im Januar 1349 in der elsässischen Metropole, gegen sie vorzugehen. Tatsächlich ging es dabei aber weniger um die Pest als vielmehr um die politischen Machtverhältnisse in der Stadt, was die Straßburger Juden auf sehr tragische Weise zweifach zum Spielball werden ließ. Die Nachrichten über ihre angebliche Verantwortung für die Pest nahm die Stadt zum Anlass, zunächst zwar einige Juden hinzurichten, aber die Gemeinde insgesamt zu verschonen. Im innerstädtischen Konflikt trug das jedoch dem Stadtrat den Vorwurf ein, für den bloßen Anschein gehandelt zu haben, tatsächlich aber von den Juden bestochen worden zu sein, damit nicht alle ermordet wurden. Zum Verhängnis wurde den Juden das folgende Bündnis zwischen Adel und Fleischerzunft, die nach mehr politischem Einfluss in der Stadt strebten. Sie entfachten den Volkszorn und erzwangen den Rücktritt mehrerer städtischer Würdenträger. Kurz darauf bauten die Straßburger Christen ein Haus, gaukelten den Juden vor, sie würden lediglich vertrieben, nur um sie dann bis auf wenige Aus-

Verbrennung der Juden bei lebendigem Leib vor den Mauern der Stadt

nahmen in das Haus zu sperren und zu verbrennen. Während der so bewerkstellige politische Umsturz erfolgreich war, das Vermögen der Juden aufgeteilt und alle Schulden bei ihnen gestrichen wurden, entging die Stadt der Pest aber keineswegs.

Ende 1349 fielen auch die Nürnberger Juden den Verfolgungen zum Opfer. Schon Monate zuvor waren Stadtväter und Karl IV. über die Verteilung der Beute einig geworden: Ganz offensichtlich also war das Pogrom zum Zwecke der Bereicherung inszeniert worden, wie dies auch in anderen Städten geschah. Ausdrücklich gestatteten oder befahlen gar diverse Landesfürsten die Ermordung derer, die eigentlich unter Schutz standen. Der Papst hingegen verurteilte die Verfolgungen ebenso scharf wie zahlreiche zeitgenössische Beobachter, die auf die Unsinnigkeit der Anschuldigungen hinwiesen, da doch die Juden genauso an der Pest starben wie die Christen.

In geringerem Ausmaß traf es auch andere Ausgegrenzte, darunter Aussätzige, Ketzer, Muslime oder Slawen, später auch Bettler, fahrendes Volk und andere an den Rand der Gesellschaft Gedrängte. Für die Juden des 14. Jahrhunderts vor allem in Deutschland aber bedeutete die Verfolgung während des Schwarzen Todes den Untergang der meisten Gemeinden. Ungezählte starben, viele der Überlebenden wanderten aus, häufig nach Polen, wo sie damals willkommen waren. In der jüdischen Geschichte Europas war dies die größte Katastrophe vor der Shoah des 20. Jahrhunderts.

Die ersten Schutzmaßnahmen

Nach dem Schwarzen Tod zog sich die Pest für ein paar Jahre aus Europa zurück, kehrte anschließend aber wieder und wieder zurück, ungefähr einmal in jeder Generation, allerdings weniger tödlich als Mitte des 14. Jahrhunderts. Sie wurde zu einer ständigen Bedrohung, konnte jederzeit ausbrechen und forderte auch in abgeschwächter Form einen hohen Blutzoll. Doch bei allem Schrecken trat eine gewisse Gewöhnung ein, während sich gleichzeitig bestimmte Schutzmaßnahmen durchsetzten. Die bekannteste davon ist die Quarantäne, die Ende des 14. Jahrhunderts in Ragusa (heute Dubrovnik), einer venezianischen Hafenstadt, erstmals eingeführt wurde. Hoch im Kurs standen außerdem Maßnahmen der Luftreinhaltung oder -reinigung, indem man besonders wohlriechende – oder abstoßende – Substanzen verbrannte. Standard wurde auch, Städte abzuriegeln und die Kranken zu isolieren. Selten gelang die Umsetzung der Maßnahmen aber so rigoros wie geplant. Stadttore etwa waren keine hermetischen Gefängnistore, sondern in etwa so durchlässig wie das Nachtportal eines Teenager-Internats. Die Isolierung pestbefallener Häuser wurde von den Bewohnern häufig durchbrochen, weil sie Geld verdienen mussten.

Der Kampf gegen die Pest entwickelte sich über die Jahrhunderte, obwohl der Durchbruch der Bakteriologie weiter auf sich warten ließ und der Pesterreger bis Ende des 19. Jahrhunderts nicht dingfest gemacht werden konnte. Nachdem die Pestmaßnahmen zunächst eher defensiv ausgefallen waren, also vor allem in Abschottung und Isolierung bestanden, begegnete man den Epidemien in Deutschland (Vorreiter war Italien) seit dem späten 15. Jahrhundert zunehmend aktiver, überlegter, systematischer: Die Häfen überwachten den Schiffsverkehr und kontrollierten ankommende Schiffe auf Pestanzeichen. Überregional wurde die Kommunikation zwischen Städten und Regionen verbessert, sodass man früher und mit besseren Aussichten eingreifen konnte, um die Seuche fernzuhalten oder ihre Auswirkungen wenigstens zu begrenzen. Der Handel mit infizierten Städten wurde eingestellt. In den Städten selbst isolierte man Infizierte, richtete Pestspitäler ein, desinfizierte mit Reinigung und Räucherung, führte Kontrollbesuche durch und verfuhr recht rabiat mit dem Besitz der Pestopfer. Kleidung und Hausrat wurden verbrannt, mitunter das Haus gleich dazu. Weil allerdings jeder Kittel, jeder Schemel damals einen ungleich höheren Wert als heute besaß, versuchten Betroffene alles, um der Maßnahme zu entgehen, wodurch wiederum Ansteckungsherde erhalten blieben. Einen wichtigen Schritt bedeuteten die Einrichtung von Institutionen zur Pestbekämpfung, der Erlass von Pestreglements sowie eine bessere Überwachung der Maßnahmen und ihre Sanktionierung bei Nichteinhaltung. Versammlungsverbote wurden verhängt, Städte in einen Lockdown geschickt. Fürs Reisen brauchte man einen Gesundheitspass, der eine pestfreie Herkunft belegen sollte – der allerdings nicht nur bei Behörden, sondern ebenso auf dem Schwarzmarkt erhältlich war. Zusätzlich verlangten manche Städte daher eine persönliche Beeidigung, was vermutlich auch nicht jeden Betrug verhindern konnte.

Nach italienischem Vorbild richteten größere deutsche Städte im 16. Jahrhundert, vorzugsweise vor den Stadttoren, Pesthospitäler ein, meist mit dazugehörigem Pestfriedhof. Da sich die Seuche als wiederkehrende Heimsuchung etabliert hatte, ergaben Dauereinrichtungen durchaus Sinn. Sie waren Teil einer aktiver werdenden Pestpolitik der städtischen Obrigkeiten und notwendig zur Isolierung, Behandlung und Versorgung von Fremden, Armen sowie Dienstleuten, die wegen ihrer Pesterkrankung entlassen und damit obdachlos geworden waren. Eines der ersten in Deutschland war das Nürnberger Sebastianshospital, das ab 1498 errichtet wurde. Wurde ein Hospital innerhalb der Stadtmauern geplant, kam es häufig zu massivem Widerstand der Nachbarn, denen die Einrichtung nicht nur als hochansteckend, sondern auch anrüchig galt, weil die Seuche Unzucht und Alkoholexzesse, Gewalt und Gottlosigkeit im Gefolge hatte.

Schutzvorkehrungen wurden vor allem für jene entwickelt, die täglich mit der Pest zu tun hatten. Ärzte behandelten die Kranken aus einiger Entfernung, wandten beim Pulsnehmen den Kopf ab

und trugen seit Mitte des 17. Jahrhunderts Schutzkleidung aus Leder oder gewachstem Stoff, die jedenfalls für Flöhe wenig attraktiv war und daher durchaus genutzt haben könnte. Geradezu ikonisch wurde die Schnabelmaske, die meistens mit dem Mittelalter in Verbindung gebracht wird, obwohl auch sie erst für die Frühe Neuzeit nachweisbar ist – und ohne dass zu quantifizieren wäre, wie verbreitet sie war.

Ob es die Schutzmaske bis nach Deutschland schaffte, ist völlig unklar. Ihr Träger muss mit Hut und Schutzanzug vogelartig und ausgesprochen furchterregend gewirkt haben. Als Erstes stach der Schnabel ins Auge, gebogen und spitz zulaufend sowie mit Luftlöchern versehen. Er diente der Reinigung der Atemluft durch eingesteckte Schwämme oder Stoffe, die wiederum so behandelt waren, dass sie als reinigend galten: etwa in Essig oder Kräutersud getränkt oder mit Schwefel oder anderen Substanzen beräuchert. Man versuchte sich auch in einer frühen Form der Desinfektion mit Essig oder Salzwasser, sowohl der Kontaktpersonen der Kranken als auch zur Reinigung von befallenen Häusern oder festen Stoffen, mit denen die Kranken in Berührung gekommen waren, etwa Geschirr oder Münzen.

Im Gefolge der Pest kam es zu sozialen Verwerfungen durch die vielen Toten: Kinder verwaisten, Verwitwete heirateten allzu schnell wieder. Eine kuriose Auswirkung betraf auch Vermögensverschiebungen: Plötzlicher Reichtum per Erbschaft wurde in den Städten zu einem ernsten Problem. Zur Schau gestellter Reichtum und verschwenderischer Lebensstil galten als höchst verwerflich, weshalb Städte Luxusverordnungen erließen. Sie verboten, oft mit ausdrücklichem Verweis auf die Pest, das Tragen bestimmter Kleidungs- oder Schmuckstücke oder die Verwendung bestimmter teurer Materialien. Das sollte gewährleisten, dass jeder sich seinem Stand entsprechend kleidete und Feste im akzeptablen Rahmen blieben, statt in Angeberei auszuarten. Demut und Mäßigung als christliche Werte sollten im Rahmen einer Sozialdisziplinierung durchgesetzt werden – schon als eine Art religiöse Prophylaxe gegen kommende Seuchen. Hunderte solcher Verordnungen sind überliefert, und ihre Zahl stieg während und nach der Zeit des Schwarzen Todes im 14. Jahrhundert auffällig an. Es hat wohl auch damit zu tun, dass die Überlebenden häufig nicht so demütig und geläutert aus einer Pestwelle hervorgingen, wie das die Sittenwächter erwartet hatten. Im Gegenteil: Es gab viel Kritik an denen, die in den Tag hineinlebten, der Wollust und Völlerei frönten, nach Kräften feierten und Müßiggang trieben. Eine Chronik aus dem hessischen Limburg bekrittelte insbesondere neue Kleidung, die bei Männern durch engen Schnitt den Körper, bei Frauen das Dekolleté ausstellte und geschlechterübergreifend unziemlich kurz ausfiel. Beide Geschlechter schienen den spitz zulaufenden Schnabelschuhen verfallen, die als unschicklich galten. Konrad von Megenberg sah als Ergebnis der Pest die Mode als genauso deformiert an wie den Geist. Als 1505 die Stadt Hof von der Seuche heimgesucht wurde, machte man nicht nur eine angebliche Hexe dafür verantwortlich, sondern auch zwei heimkehrende junge Männer, die fremdartige Kleidung trugen. Fraglich ist, wie erfolgreich die Verordnungen waren, wo sie doch so auffallend häufig wurden. Aus dem 15. Jahrhundert werden noch drastischere Maßnahmen vermeldet: Man verbrannte die Luxusgüter öffentlich.

Der Dreißigjährige Krieg in der ersten Hälfte des 17. Jahrhunderts gilt als bleibendes Trauma der Deutschen. Weil die Lage mitten in Europa das Land zum Hauptaustragungsort der Kämpfe machte, wurde es immer wieder arg verheert und erholte sich nur allmählich. Dabei waren die Zeiten schon vor Kriegsbeginn seit vielen Jahren schwierig gewesen, auch aufgrund einer vorübergehenden Kaltzeit in Europa, sodass Hunger, Seuchen und Krankheiten wieder häufig geworden waren. So wie der Krieg in Wellen über das Land brandete, so taten es in seinem Gefolge die Epidemien; irgendwo wüteten sie immer. Die Verluste an Menschenleben waren so hoch wie nie seit dem Schwarzen Tod des 14. Jahrhunderts, und die Pest spielte dabei eine Hauptrolle. Allerdings ist die Diagnose Pest nicht in jedem Fall gesichert, weil auch andere ansteckende Krankheiten ausbrachen. Insgesamt jedoch starben an Hunger und Krankheit mehr Menschen als an Kriegshandlungen, und während der Krieg selbst vor allem die Landbevölkerung traf, grassierten die Seuchen in den Städten besonders stark. Wenn Truppen dort Quartier nahmen, egal ob die eigenen oder eine Besatzung, erschwerte das den Kampf gegen Seuchen erheblich, denn die Menschen mussten noch enger zusammenrücken, hygienische Vorkehrungen griffen noch weniger – und die Soldaten kümmerten geschlossene Trinkstuben oder verriegelte Pesthäuser nicht. Krieg und Krise erwiesen sich wieder einmal als Nährboden der Seuche, die in kurzen Abständen eine demoralisierte, geschwächte Bevölkerung traf.

Pestkreuz bei Leiberg (1635)
zur Erinnerung an die Opfer
der großen Seuche

Die 1630er-Jahre waren beispielsweise für das Kurfürstentum Brandenburg die schlimmste Zeit des Krieges. Auf halbem Weg zwischen den schwedischen und kaiserlichen Landen gelegen und im Bemühen um Eigenschutz glücklos, zumal die Stadt keine Wehrbefestigung besaß, blieb Berlin damals nichts erspart. Das Jahrzehnt brachte allein vier Pestjahre, und die Stadt verlor ein Drittel bis die Hälfte ihrer Bevölkerung. Zahllosen anderen deutschen Städten erging es nicht besser, vor allem in der Pfalz, in Württemberg, in Thüringen, im heutigen Sachsen-Anhalt und in den Städten der Ostseeküste starben große Teile der Bevölkerung. Von im Ganzen 17–20 Millionen Menschen in Deutschland waren nach dem Westfälischen Frieden 1648 vielleicht noch 12 oder 13 Millionen übrig.

Die Pest in Deutschland nach dem Dreißigjährigen Krieg

Als keine 20 Jahre nach Kriegsende 1666 das thüringische Erfurt Nachricht erhielt, dass in Mainz die Pest ausgebrochen war, musste man reagieren, denn Erfurt gehörte zum Mainzer Herrschaftsbereich. Strenge Zugangskontrollen zur Universitätsstadt wurden eingeführt, damit niemand aus einem Pestgebiet einreisen konnte. Wem der Einlass durch eins der Stadttore verweigert wurde, der konnte immerhin darauf hoffen, vor der Stadt versorgt zu werden. Erfurter Bürger wiederum wies man an, nicht in infizierte Gegenden zu reisen sowie für eine gute Luftqualität die Gassen und Gewässer der Stadt sauber zu halten. Eine Pestordnung der medizinischen Fakultät klärte entsprechend der gängigen Lehrmeinung auf, nicht allein die Pestkranken selbst, sondern ebenso ihre Bettsachen, Kleidung, Geld, Papiere und anderes seien ansteckend. Die Bürger sollten sich zur Vorsorge einem tadellosen Lebenswandel verschreiben, also beim Essen und Trinken ebenso auf Mäßigung achten wie beim Geschlechtsverkehr, und ihre Häuser stets gut lüften. Allerlei Mittelchen zur Prophylaxe wurden empfohlen, wie sie schon das Pariser Gutachten erwähnt hatte. Das Beste sei, das Haus nur zu verlassen, wenn es wirklich nötig ist, und dann stets zum Schutz mit Substanzen im Mund, sei es wohlriechender oder strenger Duft, etwa von Schwefel. Die Maßnahmen halfen offenbar, weniger wegen ihrer wissenschaftlichen Grundlagen als aufgrund der generellen Vorsicht, die die Erfurter walten ließen: Die Stadt blieb verschont. Als die Pest 1679 Thüringen erneut erreichte, ergriff Erfurt abermals Vorsichtsmaßnahmen. Vorsorglich ernannte man einen »Pestilenzialpfarrer«, der sich um Pestkranke und Pesttote kümmern, aber auch die Neugeborenen in isolierten Häusern taufen sollte. Die Maßregeln von 1666 wurden erneuert, und bis auf zwei schloss man alle Stadttore für Fremde. 1680 und 1681 durften die Erfurter nicht zur Peter-und-Paul-Messe nach Naumburg reisen, weil dort die Pest grassierte. Als einige trotzdem fuhren, wurden sie bei ihrer Rückkehr nicht in die Stadt gelassen, sondern außerhalb zu einer vierwöchigen Quarantäne gezwungen. Weitere Maßnahmen ergingen in immer kürzeren Abständen: Verbot der Schweinehaltung in der Stadt, dann Schlachtverbot, Handelsverbot für Kleider und Bettsachen, Sauberhaltung der Gassen und Gräben, Beherbergungsverbot – alles unter Androhung schwerer Strafen. Anreisende mussten nicht nur genaue Angaben machen, von wo sie kamen, sondern dies auch beschwören. Bald wurde schon weit vor der Stadt auf den Straßen kontrolliert und Post aus Pestgebieten außerhalb beräuchert, bevor sie zugestellt wurde. Die Mehrkosten sollte eine Sondersteuer abdecken, um die sich die Erfurter allerdings überwiegend drückten.

Doch die Pestgefahr war nicht gebannt. 1680 erfasste die Seuche in etwa 25 Kilometern Entfernung von Erfurt die Ortschaften Guthmannshausen und Orlishausen, die von kursächsischen Truppen nunmehr abgeriegelt wurden. Unerbittlich rückte die Pest jetzt in Fünfkilometerschritten näher. Als Nächstes erreichte sie Ottmannshausen, eingeschleppt von einem Bauern, der sich in Dresden als Krankenpfleger und Totengräber verdingt und angesteckt hatte. Frau und Kinder starben dem armen Mann weg, der als Superspreader in Ketten gelegt werden sollte, aber nach Erfurt floh, dort gefasst und ausgeliefert wurde. Die Stadt verfügte, die Bürger sollten sich für sechs Monate bevorraten, und verbot bei Todesstrafe, zur Leipziger Messe zu fahren. Wieder schienen die Maßnahmen zu greifen, und Ende April 1681 sah man genügend Anlass, in allen Kirchen Dankgebete abzuhalten. Erfurt schottete sich trotzdem weiter ab und begann im Hochsommer 1681 mit der Bevorratung und dem Bau von Lazarett und Waisenhaus. Pestpfleger, Wärterinnen und Totengräber wurden bestellt und Apotheken bestimmt, die auf Rechnung der Stadt Medikamente an Arme auszugeben hatten. Zur Vorsorge empfahlen die Ärzte den Erfurtern, statt des üblichen Branntweins Präservierweine aus der Apotheke zu trinken, ein alkoholhaltiges Prophylaktikum.

Falls die Pest ausbrach, sollten auf beiden Seiten eines infizierten Hauses, das mit Kreuzen zu markieren war, die Nachbarhäuser evakuiert sowie Seuchenopfer vor der Stadt bestattet werden. Die italienischen Fruchthändler wurden angewiesen, genügend Zitronen vorzuhalten. So ging auch dieses Jahr zu Ende, ohne dass in Erfurt ein Pestfall diagnostiziert wurde. 1682 jedoch erwischte es nicht nur Halle, sondern bei Erfurt das Dorf Niederzimmern in nur noch 15 Kilometer Entfernung. Noch einmal wurden die Zugangskontrollen verschärft, und die Beschränkungen ließen die Lebensmittelpreise merklich ansteigen. Niederzimmern wurde abgeriegelt und den Bewohnern unter Androhung der Todesstrafe verboten, das Dorf zu verlassen. Darin wütete die Pest sehr gründlich: In manchen Häusern starben alle Bewohner.

Dieses Mal allerdings blieb auch Erfurt nicht verschont. Am 13. Juli 1683 wurde aus der Neuengasse nicht weit vom Krämpfertor der erste Pestfall gemeldet. Doch so entschieden die Stadt bisher gehandelt hatte, um ein Eindringen der Pest zu verhindern, so

Gedenkmedaille zur Pest in Erfurt 1683

zögerlich verhielt sie sich jetzt, da die Seuche die Stadt erreicht
hatte. Das klingt zwar abwegig, kommt in der Seuchengeschichte
aber immer wieder vor: Abwehr durch Leugnung, Festhalten an
der irrigen Hoffnung, es sei gar nicht die Pest oder die Ausbreitung könne noch eingedämmt werden. Eine Rolle spielte zudem
die Furcht vor den wirtschaftlichen Folgen und vor einer klaren
Diagnose, die die Sache unwiderruflich machte. So verstrich auch
in Erfurt kostbare Zeit für wirksame Maßnahmen der Eindämmung, und die Krankheit konnte sich ausbreiten. Zögernd nur erfolgte die Isolierung des betroffenen Hauses, lange warteten die
Ärzte trotz eindeutiger Symptome mit einer eindeutigen Diagnose
– bis schließlich am 21. August die Pest offiziell festgestellt wurde.
Auf Betreiben des Mainzer Erzbischofs wurden andere Städte aber
nicht informiert. Erst im September wurde die Stadt abgesperrt,
und kurz schien es noch, als wollte die Seuche schon Ende des Monats wieder abflauen, doch Schein und Hoffnung trogen: Ende
Oktober waren bereits 140 Tote zu beklagen. Viele nahmen das
zum Anlass, die Stadt zu verlassen: Beamte und der Mainzer Statt-
halter ebenso wie Studenten und Handwerksgesellen. Im November wurden die Schulen weitgehend geschlossen, zum Jahresende

zählte man weitere 184 Opfer. Im Vergleich zu den Vorjahren lag die Übersterblichkeit jetzt bei fast 100 Prozent.

Rund um Erfurt traf es weitere Dörfer, die Totengräber wurden knapp. Schief ging außerdem der Versuch, die Seuche vor der Außenwelt zu verbergen, vielmehr wurde Erfurt von den umliegenden Städten rigoros abgeriegelt. Weimar, Gotha und Jena entgingen so tatsächlich der Pest, während in Erfurt der Höhepunkt noch bevorstand. Zwar wurde es noch einmal vorübergehend besser, sodass die Schulen wieder öffnen konnten und am Sonntag nach Ostern sogar ein Dankfest mit Gebeten und Salutschüssen begangen wurde. Dann allerdings schoss die Zahl der Pesttoten ein weiteres Mal in die Höhe, allein in der letzten Juniwoche starben 130 Erfurter an der Seuche. Abermals setzte ein Exodus ein, die Reichen suchten das Weite, die Armen campierten vor den Toren der Stadt auf den Feldern. Immer neue Gruben mussten ausgehoben werden, um die Toten zu beerdigen. Im Seuchenmanagement verbuchte Erfurt weitere Fehlschläge: Lebensmittel wurden knapp, die Todeszahlen ungenau, immer wieder wurden verriegelte Häuser aufgebrochen und hielten sich Angehörige nicht an das Beerdigungsverbot. All das sorgte für weitere Ansteckungen, aber auch für Unruhe und Verrohung, nicht zuletzt unter den überforderten Totengräbern, die häufig betrunken waren und mal Tote in den Gassen liegen ließen, mal noch Lebende in die Gruben warfen, mal Kranke erschlugen und sich an deren Geld bereicherten. Mitte Juli sollte deswegen ihr Vorgesetzter vor dem Hospital standrechtlich erschossen werden, kam aber mit einer Verwarnung davon.

Der Schrecken fand kein Ende: Im Hochsommer starben pro Tag bis zu 100 Erfurter, mehr als 600 waren es pro Woche. Auf dem Höhepunkt im September forderte die Pest innerhalb eines Monats über 2000 Opfer. Die noch lebenden Kranken konnten nicht mehr angemessen versorgt werden. Weil Landbewohner weiterhin ihren Dienst in Erfurt leisten mussten, breitete sich die

Seuche auch weiter in den Dörfern aus, die längst nicht mehr abgeriegelt werden konnten. Die Stadt war derweil ruiniert: Alles war zum Erliegen gekommen, die Wirtschaft lag am Boden, und angesichts der Todeszahlen sackten die Steuereinnahmen bei steigenden Ausgaben bedenklich ab. Ende September wurden die Straßen Erfurts sechs Tage lang mit Geschützen ausgeräuchert, um die Luft zu reinigen. Zum Jahresende endlich erlosch die Pest in Erfurt, am 18. Januar 1684 wurde das letzte Opfer begraben, eine alte Magd.

Die Bilanz der Erfurter Pest fiel verheerend aus. Fast 9500 Menschen waren während der Pestzeit gestorben, das entsprach knapp 58 Prozent der Bevölkerung, wie die Stadt erheben ließ. Über 93 Prozent der Toten waren Pestopfer, nicht einmal 650 Erfurter waren in diesem Zeitraum anderen Krankheiten erlegen. Auch einige Dörfer des Umlands waren stark getroffen, manche verloren zwei Drittel ihrer Bewohner. Fortan war Erfurt, im Verbund mit anderen Städten, sehr darum bemüht, neue Pestwellen abzuwehren, die 1691, 1707 und 1713 abermals drohten. Die letzte Pestverordnung erhielt Erfurt 1739, als während des Krieges zwischen dem Habsburger und dem Osmanischen Reich die Pest noch einmal bis Ungarn vorgedrungen war. Thüringen erreichte sie aber nicht mehr.

Während des Großen Nordischen Krieges (1700–1721), der August den Starken vorübergehend die polnische Krone, Zar Peter den Großen und den ehrgeizigen schwedischen König Karl XII. jedoch das Leben kostete, wurde Deutschland noch einmal von einer Pestwelle erfasst. Betroffen war insbesondere der Ostseeraum. Es begann im November 1708 in Danzig (heute Gdańsk), wo der Winter die Seuche zunächst im Zaum hielt; dafür brach sie im kommenden Frühjahr umso stärker aus. Wie wir es aus Erfurt kennen, wurden Maßnahmen gegen die arg mangelhafte Stadthygiene getroffen und Wacholderrauch zur Reinigung aller Häuser verordnet. Pestfälle waren umgehend zu melden, Pestbedienstete wurden bestellt, drei neue Friedhöfe angelegt. Ankommende Schiffe wurden scharf kontrolliert, ebenso die Stadttore, und die Ausstattung der Apotheken wurde inspiziert. War allerdings die Pest da, sollte als wichtigstes Mittel die Quarantäne dienen. Jedoch: Wie im früheren Fall Erfurts fiel es offenbar leichter, Maßnahmen zur Abwehr zu treffen, als sich die Ankunft der Pest einzugestehen, wenn es so weit war. In Danzig dokumentieren das Meinungsverschiedenheiten zwischen dem Pestarzt Kanold und dem Stadtrat, der die erste Pestdiagnose des Mediziners voreilig fand. Solcherart Abwehr der ärztlichen Expertise zieht sich durch die Pestgeschichte wie ein dicker roter Faden geradewegs bis ins 21. Jahrhundert, missachteten Entscheidungsträger doch immer wieder kundigen Rat, assistierten der Seuche mal direkt, mal versteckt oder ließen Gutachten einfach verschwinden. Die Stadt musste sich darüber hinaus mit einem »losen Scribenten« befassen, der ganz Deutschland mit Schreckensnachrichten über die Seuche versorgte: Sie habe bereits 40 000 Opfer gefordert, von denen nicht wenige in stinkend verräucherten Straßen lägen, es herrsche blanke Anarchie, und es sei vorgekommen, dass Kranke lebendig begraben wurden. Nicht alles, was der anonyme Autor einträglich verbreitete, dürfte gestimmt haben, doch ist zu vermuten, dass er nicht nur Falsches berichtet hat. Um die negative PR für die bedeutende Handelsstadt zu beenden und den Schreiberling dingfest zu machen, setzte Danzig 100 Taler Belohnung aus. Ein volles Jahr blieb die Stadt im Griff der Pest, erst im November 1709 gingen die Opferzahlen zurück.

Inzwischen war allerdings weiter westlich die Hafenstadt Stettin (heute Szczecin) betroffen, wo man für ein Lazarett vor der Stadt sorgte, Quarantänehäuser auswies und das übliche Pestpersonal rekrutierte. 1709 verlief noch vergleichsweise glimpflich, wie sich 1710 erwies, als man weit über 900 Beerdigungen verzeichnete. Das war das Doppelte des Vorjahres; in gewöhnlichen Jahren trug man sogar nur rund 150 Menschen zu Grabe. Dramatisch waren die Auswirkungen auf den Handel, die man mit sogenannten Pestmärkten abzumildern versuchte. Auf einer Oderinsel durften unter militärischer Aufsicht Stettiner Kaufleute sogenannte nicht giftfangende Waren anbieten, zu denen man Wein, Hering oder gepökelten Lachs ebenso zählte wie Eisen. Das Münzgeld wurde zu diesem Zweck in Essig desinfiziert.

Östlich von Danzig erreichte die Pest im Hochsommer 1709 außerdem die ostpreußische Hauptstadt Königsberg (heute Kaliningrad). Der preußische König Friedrich I. zögerte zunächst, ließ dann aber Mitte November die Stadt unter Quarantäne stellen, während dort längst, wie ein Königsberger namens Oker schon Anfang September an seinen Bruder in Stralsund schrieb, »die Menschen hinweckfallen wie die Fliegen« und in Pestgruben massenbestattet wurden. Wie so oft starb in Danzig ganz überwiegend der ärmere Teil der Bevölkerung. Die Gründe dafür sind kaum anders als heute: Arme konnten sich nicht zum Selbstschutz aus dem Arbeitsleben zurückziehen; vielmehr waren sie es, die der Seuche besonders schlecht aus dem Weg gehen konnten. Viele verdingten sich in prekären Jobs wie Totengräber oder Pestpfleger. Der ärmere Teil der Stadtbevölkerung lebte außerdem sehr viel gedrängter, näher an Tieren und an Ratten. Und schließlich bot sich ihnen kaum die Option, der Pest durch Flucht zu entgehen. Schon damals etablierte sich die abwertende bis diskriminierende Sicht auf Armut als Seuchenrisiko, die bis heute verfängt.

Während Ostseestädte wie Greifswald, Rostock, Wismar oder Lübeck bei diesem Pestzug verschont blieben, erreichte die Seuche 1710 Stralsund. Auf erste Gerüchte über den Ausbruch der Pest in Polen sowie in Danzig und Stettin folgten die üblichen Quarantänemaßnahmen für Schiffe; dazu kamen zusätzlich Pestsperren zu Land, denn von Truppen des Nordischen Krieges, die marodierend durch die Lande zogen, ging besondere Gefahr aus. Wie durchlässig jedoch die Pestsperren waren, erwies sich an den mitziehenden Soldatenfrauen eines Stralsunder Regiments, die die

Stadt vor dem heimkehrenden Heer erreichten und nicht unter die Quarantäne gestellt wurden. In die schickte man Ende 1709 das ankommende Regiment, bevor es sein Quartier in der Stadt beziehen durfte. Auch diese Quarantäne erwies sich als nur leidlich durchsetzbar. Der Stadtrat machte denn auch die Garnison für den Ausbruch der Pest verantwortlich; dabei war es offenbar ein Schiffer namens Christian Brandt, der die Pest nach Stralsund trug, als er für eine unbekannte Auftraggeberin aus dem pestbefallenen Stettin einen Nachlass transportierte. In seinem Haus traten die wohl ersten Pestfälle der Stadt auf. Die Toten begrub man nachts, aber immerhin durfte die Familie einen Trauerzug abhalten, allerdings mit leerem Sarg.

Dringlich war nun die Verabschiedung einer Pestordnung, um Schutzmaßnahmen einleiten und auch durchsetzen zu können. Der Stadtrat zögerte aber aufgrund der zu erwartenden nachteiligen Folgen für den so wichtigen Handel der Stadt. Sie erschien daher erst im Herbst 1710, als die Pest nicht mehr zu leugnen war, man sie vor der Außenwelt aber trotzdem noch so lange wie möglich vertuschte. Die Hoffnung, es könne bei isolierten Fällen bleiben, trog jedoch ebenso wie die, dass man die wirtschaftlichen Folgen begrenzen könne, zum Beispiel mit der Behauptung, betroffen sei die Unterschicht und nicht die Kaufmannschaft. Schließlich wurde die Stadt auf Anordnung der Stettiner Regierung abgeriegelt. Den Bürgern empfahl man zunächst dringend, »daß ein Jeder der drohenden Zorn-Ruthe Gottes des Allerhöchsten mit inbrünstigem Gebet und hertzlicher Bereuung aller bißhero begangenen Sünden und Missethaten« begegnen solle, um das Unheil abzuwenden. Sodann erfolgten handfestere Maßnahmen wie die Reinhaltung der Stadt, zweimal tägliche Beräucherung der wichtigsten Straßen mit Fichten- und Eichenholzfeuern, Maßregeln für bestimmte Gewerbe, Tötung aller Hunde und Katzen (was den Ratten nur zugutekam), Bevorratung mit Lebensmitteln und Medikamenten. Ein Sanitätskollegium und ein Pestprediger wurden bestellt, ebenso ein Pestmedicus, der in Schutzkleidung arbeiten sollte, die täglich auszuklopfen und zu reinigen war. Wer sich weigerte, ein Pestamt zu übernehmen, musste zwar erheblichen Druck seitens der Stadt aushalten, aber letztlich keine Nachteile befürchten. Andererseits wurde die gefährliche Tätigkeit überdurchschnittlich entlohnt, was trotz aller Infektionsgefahr offenbar genügend Interessenten überzeugte. Zur Trennung von Kranken und Gesunden wurden infizierte Häuser gekennzeichnet und verschlossen; die Bewohner versorgte man von außen. Das städtische Leben wurde heruntergefahren: Trinkstuben mussten schließen, Festlichkeiten waren ebenso verboten wie der Besuch von Badestuben, nur der Kirchgang blieb erlaubt. Doch die Seuche verbreitete sich, schon weil insbesondere Patrizierfamilien die Maßgabe zu Isolation und Quarantäne immer wieder missachteten. Familien verheimlichten ihre Pestfälle so lange wie möglich, denn die drohende Einweisung ins Pesthaus schien dem sicheren Tod gleichzukommen (was keineswegs immer der Fall war) und schloss außerdem aus, eine würdige Bestattung auszurichten. Weil Pesttote umgehend bestattet werden mussten, stand an jedem Stadttor ein Fuhrwerk bereit, um die Toten nach außerhalb zu bringen. Beerdigungen waren nur spätabends, nachts oder frühmorgens erlaubt, und die Teilnahme der Angehörigen war verboten. Für die Hinterbliebenen bedeutete das eine arge Pflichtverletzung den Verstorbenen gegenüber. Doch auch hier wurden die Regeln offenkundig vielfach durchbrochen, anders lassen sich die zahlreichen Beerdigungen auf den städtischen Friedhöfen Stralsunds während der Pestepidemie nicht erklären. Infizierte Häuser wurden 14 Tage nach dem letzten Pesttod wieder geöffnet, und nach weiteren zwei Wochen Quarantäne durften die verbliebenen Bewohner wieder nach draußen, allerdings herrschte weitere 14 Tage Kontaktverbot. Weil andere Städte Stralsund vom Handel ausschlossen – sowohl aufgrund der Ansteckungsgefahr als auch aus wirtschaftlichen Gründen, denn Lücken, die der Ausfall Stralsunds im Handelsgefüge riss, schlossen Konkurrenzstädte nur zu gern –, lag das Wirtschaftsleben der Stadt darnieder. Der Stadt fehlten wichtige Einnahmen angesichts der kostspieligen Maßnahmen gegen die Pest.

Die Verluste in Stralsund waren erheblich, was aus zeitgenössischen Berichten ebenso hervorgeht wie aus der großen Zahl von Leichenpredigten, Vormundschaften für Waisenkinder und der aufgenommenen Neubürger nach Ende der Seuche. Vermutlich fielen rund 30 Prozent der Stralsunder der Pest zum Opfer, und zwar in fast allen Vierteln der Stadt. Erst im Frühling 1711 sanken die Todeszahlen, dann jedoch sehr schnell, und bald wurde in Gottesdiensten für das Ende des Sterbens gedankt.

Der Ausbruch der Pest weit im Osten des preußischen Königreichs hatte auch die Residenzstadt Berlin zu Schutzmaßnahmen veranlasst. Die Grenzen zwischen Schwedisch-Pommern und Preußen wurden geschlossen, und auf Anordnung des Königs sollte bei Zuwiderhandlung scharf geschossen werden. Wer die Pestsperren überstieg, musste damit rechnen, an derselben Stelle standrechtlich erschossen zu werden. Im November 1709 verfügte der preußische König unter anderem den Bau eines Lazetthauses vor den Toren Berlins, um zu erwartende Pestkranke zu isolieren: ein zweistöckiger Fachwerkbau mit Innenhof, der sich für seinen eigentlich Zweck als unnötig erwies, weil die Pest Brandenburg gar nicht mehr erreichte. Der Ort war mit Bedacht ausgewählt worden: Er lag nördlich der Stadt außerhalb der Stadtmauern, zwei Wasserläufe sorgten nach medizinischer Lehre für die Reinigung der Luft. Das Gebäude wurde als Militärlazarett, dann als Arbeits- und Armenhaus genutzt, bis es 1726/27 unter dem Namen Charité zur Ausbildungsstätte für Militärärzte bestimmt wurde. Heute ist die Charité das größte Universitätsklinikum Europas und führt in seiner Ahnenliste große Namen wie Robert Koch, Paul Ehrlich, Christoph Wilhelm Hufeland oder Rudolf Virchow, die sich um Seuchenbekämpfung verdient gemacht haben.

Das letzte Aufflackern der Pest

Mehr als vier Jahrhunderte blieb die Pest die Geißel Europas, bis sie im 18. Jahrhundert den Rückzug antrat. 1720 erreichte sie auf dem Dreimaster *Grand-Saint-Antoine* Marseille, das verheerend getroffen wurde: Über 40 Prozent der Einwohner fielen dem Erreger zum Opfer. Aus wirtschaftlichen Gründen hatte man die Quarantäne des Schiffes verkürzt, was eine infizierte Stoffladung in die Stadt brachte, und den folgenden Ausbruch zunächst verheimlicht. Er konnte aber durch Abriegelung auf die Provence beschränkt werden.

In Messina auf Sizilien kam es 1743 noch einmal zu einem großen Sterben, das gar 60 Prozent der Einwohner dahingerafft haben könnte. In Osteuropa grassierte die Pest noch Jahrzehnte später, ein Übergreifen nach Westen verhinderte aber wohl ein fast 2000 Kilometer langer Militärkordon in Form eines Grenzzauns, der das Habsburgerreich an seiner Ostgrenze vor der Pestgefahr aus dem Osmanischen Reich schützen sollte. Temporäre Pestsperren wurden seit Mitte des 17. Jahrhunderts eingesetzt, in Deutschland von 1680 bis 1682 an Elbabschnitten oder 1709 innerhalb Preußens. Die »immerwährende Pestsperre« des Habsburgerreiches jedoch wurde länger als ein Jahrhundert aufrechterhalten; neben der bewachten Grenze wurden »Kontumazstationen« eingerichtet, um dort medizinische und Quarantänemaßnahmen vorzunehmen, aufgrund »langer Erfahrniß die guten Militar-Dispositiones das beste und fast einzige Mittel seynd, dem contagiosen Uebel und der Ausbreitung desselben zu steuern«, wie ein kaiserliches Patent 1737 vermerkte. Die Bewachung der Grenze mit normalerweise 4000 Mann konnte in Gefahrenzeiten aufgestockt werden bis auf 11 000 Mann, die mit einem Schießbefehl ausgestattet waren. Um rechtzeitig handeln zu können, waren nicht nur die Patrouillen untereinander gut vernetzt, sondern es ermittelte auch ein Gesundheitsnachrichtendienst nach Pestausbrüchen auf osmanischer Seite, aber auch nach Falschnachrichten. Die wurden immer wieder in die Welt gesetzt, um einen wirtschaftlichen Vorteil zu erlangen. Der österreichische Geheimdienst war auch sonst sehr tüchtig, und offenbar wusste man in Wien über einen Pestausbruch im Osmanischen Reich früher Bescheid als in Konstantinopel. Die Kontumazstationen waren ähnlich ausgeklügelt wie der gesamte Pestkordon: Nicht nur mussten ankommende Verdachtsfälle und ihre gesamte Habe abgefangen, sondern die Betroffenen gleichzeitig untereinander isoliert und medizinisch behandelt sowie desinfiziert werden. Zum mühseligen Prozedere gehörten zunächst Befragung und Untersuchung in gebührlichem Abstand von den Kontumaz-Angestellten. Für die Quarantäne, die zu manchen Zeiten sogar acht Wochen betrug, standen kleine Wohnungen zur Verfügung, streng voneinander isoliert. Ein Plan von 1770 sah vor, inmitten der Quarantäneplätze eine Kirche zu errichten, sodass die »Kontumazisten« die heilige Messe verfolgen konnten, ohne miteinander in Kontakt zu kommen. Streng verfuhr man auch mit Waren und mitgeführten Tieren, die mal mit Hitze oder Rauch, mal mit Schwefel- oder Chlordampf desinfiziert wurden. Verstarb ein Insasse, trugen ihn vier Männer mit Tastzangen zu Grabe, die Grabbeigabe bestand aus der Asche seiner Kleidung. Der österreichische Pestkordon wurde über die Zeit fortentwickelt: Während im frühen 18. Jahrhundert die verfügten Maßnahmen nur begrenzt umsetzbar waren, wurden sie später sogar entschärft, insbesondere um wirtschaftliche Nachteile auszugleichen. Von der besonderen Strenge profitierten nämlich konkurrierende Handelsmächte wie Venedig, das mit ungehinderten Transporten auf dem Seeweg aushalf. Der Militärkordon gegen die Pest erwies sich als wirksamer Schutz, auch wenn 1786 die Pest noch einmal die Grenzregion Siebenbürgen im heutigen Rumänien erreichte. Weit östlich tobte sie während des Russisch-Türkischen Krieges 1771/72 noch einmal in Moskau sowie noch 1814 dicht vor dem österreichischen Kordon in Serbien, entlang von Save und Donau bis nach Belgrad. Den Balkan erwischte es noch bis Mitte des 19. Jahrhunderts.

Warum genau die Pest schließlich aus Europa verschwand, ist Gegenstand weiterer leidenschaftlicher Debatten unter Forschern verschiedener Disziplinen. Vermutlich war es ein Zusammenspiel von Faktoren. Wohl kein Zufall ist der Umstand, dass zur selben Zeit, als sich die Pest aus Europa zurückzog, die schwarze Hausratte *(Rattus rattus)* zunehmend von der graubraunen Wanderratte *(Rattus norvegicus)* verdrängt wurde. Dass die Wanderratte Menschen eher meidet, könnte der Verbreitung entgegengewirkt haben; ebenso eine gesteigerte Hygiene, die den Flöhen das Treiben erschwerte. Als weiterer Faktor gilt eine bessere Ernährung, die die Widerstandskraft der Menschen erhöhte. Angeführt wurde zudem, dass aus Feuerschutzgründen immer mehr Steinbauten und Ziegeldächer die Fachwerkhäuser und Strohdächer ersetzten, beides zum Nachteil der Ratten. Daneben kommt als weiterer möglicher Faktor eine Mutation des Erregers in Betracht, die ja nicht immer zu seinem Vorteil ausfallen muss. Auch die Abkühlung in Europas »Kleiner Eiszeit« seit Ende des 16. Jahrhunderts mit sehr kalten Wintern wurde ins Feld geführt, aber das dürfte allenfalls ein Randfaktor gewesen sein. Schließlich wurde eine möglicherweise erworbene Immunität der Ratte ins Spiel gebracht, was wiederum dem Menschen zugutegekommen wäre. Allerdings führt das sogleich wieder zur Kontroverse, welche Art der Pest nun eigentlich vorherrschte: Beulenpest, die von Flöhen übertragen wird, oder Lungenpest mit der direkten Ansteckung von Mensch zu Mensch?

Als bedeutsamer Faktor kommt hinzu, dass Menschen, Städte, Regierungen im Rahmen ihres Wissensstandes und ihrer Möglichkeiten Maßnahmen entwickelten. Dass die Medizin den entscheidenden Sprung durch die Entwicklung der Mikrobiologie noch nicht getan hatte, täuscht darüber hinweg, dass die Erfahrung mit der Krankheit und ihrer Infektiosität vorangeschritten war.

Verstärkte Schutzmaßnahmen und ihre verbesserte Um- und Durchsetzung halfen bei der Eindämmung, von der Kontrolle der Reisenden über vorsorgliche Quarantänemaßnahmen bis zur rigorosen Isolierung der Kranken und ihrer Kleidung. Von großer Bedeutung war, dass bereits im 16. Jahrhundert, vor allem aber seit dem Ende des Dreißigjährigen Krieges 1648 die europäischen Staaten moderner wurden und durch die Entwicklung einer leistungsfähigen Bürokratie ein Ordnungsstreben umsetzten, das Seuchenbekämpfung im Vergleich zu früher als staatliche Aufgabe begriff. Die Städte druckten Pestordnungen, wurden in ihrer Umsetzung konsequenter und zählten ihre Toten. Das mag unseren modernen Vorstellungen der Gesundheitspolitik eines leistungsfähigen Staates nicht entsprechen, aber es verbesserte die Situation nach und nach erheblich. Der absolutistische Staat hatte für seine Maßnahmen gute Gründe, denn er verstand die Bevölkerungszahl als Kennziffer des Reichtums, und schon aus steuerlichen Gründen war nur ein lebendiger Untertan ein guter Untertan.

Die Bedeutung der Pest für die Entwicklung Europas

Wie auch immer die Faktoren im Einzelnen zu gewichten sind: Ein Fortschritt über die Jahrhunderte ist klar erkennbar. Ist also womöglich der Pest, die Europa über Jahrhunderte so tödlich in Schach hielt, etwas Positives abzugewinnen?

In der Tat wird die Seuche in der Forschung sogar als bedeutender Faktor für die ganz große historische Dimension angeführt: für das weltgeschichtliche Rätsel nämlich, wieso eigentlich Europa für ein halbes Jahrtausend das Weltgeschehen dominieren konnte. Dass diese Entwicklung der Welt ebenso Vorteil wie Unheil brachte, sei erwähnt, doch um eine wertende Einordnung geht es hier nicht. So oder so bestimmte dieser Umstand die Weltgeschichte, und Generationen von Forschern widmeten sich der Frage, wie ein kleiner Kontinent eigentlich zu den nötigen Voraussetzungen kam, um derart expansiv und dominant zu werden. Wieso richtet sich bis heute ein Großteil der Menschheit nach dem Gregorianischen Kalender? Was ermöglichte dem kleinen Europa, im Kolonialismus den größeren Teil der Erde zu beherrschen? Wie gelangte die westliche Denkweise in fernste Weltenwinkel? Natürlich wäre es allzu simpel anzunehmen, allein eine Seuche könne die europäische Vormachtstellung hervorgebracht haben. Gründe und Faktoren für die Vorherrschaft des Westens gibt es viele, mal wirtschaftlich oder institutionell, mal mentalitätsbezogen, politisch oder militärisch, mal technologisch, mal religiös. Ein dickes Bündel an Gründen war es, das Europa seine jahrhundertelange Vorherrschaft über die Welt verschaffte und dafür sorgte, dass nicht etwa China, die Mongolen oder die islamische Welt in diese Position gelangten. Für unseren Zusammenhang ist von Belang, dass als ein Bestandteil dieses Gründebündels die Pest genannt wird. Wenn wir mit Forschern diverser Disziplinen davon ausgehen, dass Europas Vorsprung auf das Spätmittelalter zurückgeht, ist sie als epochales Ereignis Teil der Argumentation. Zumal noch im Jahr 1300, also vor dem Schwarzen Tod, Europa keineswegs in den Startlöchern stand, um diese Rolle einzunehmen.

Auf welches Europa die Pest im 14. Jahrhundert traf, haben wir bereits gesehen. Keine Frage, der Schwarze Tod bedeutete einen multiplen Schock. Nicht nur war die Krankheit schrecklicher als alles Bekannte, nicht nur war sie ohne Vorbereitung über den Kontinent hereingebrochen. Sie verwandelte ihn außerdem grundlegend, allein durch den Umstand, dass ein großer Teil der Menschen hinterher fehlte und man mit dieser Lücke umgehen musste, nicht zuletzt wirtschaftlich. Zu viele der Grundlagen, auf denen das Mittelalter vorher beruhte, galten hinterher nicht mehr: Europa musste umdenken. Die Pest als Krisenerfahrung und bleibende Bedrohung lässt sich daher einstufen als Impuls, Fesselndes abzuschütteln, als Anschub für eine Wende, die in die Moderne führen sollte, sei es mit technologischen Innovationen, durch das Aufkommen des Kapitalismus oder das neue Bewusstsein von Individualität. Der vielleicht stärkste Impuls war die Entwicklung einer zunehmend rationaleren Weltsicht – im Unterschied zur damals insgesamt weiterentwickelten islamischen Welt, die aber der Seuche aus religiösen Gründen keinerlei Widerstand entgegensetzte. Der Bevölkerungsverlust ermöglichte vor allem in Westeuropa außerdem eine Entwicklung weg vom mittelalterlichen Feudalwesen hin zu mehr persönlicher Freiheit, was wiederum sowohl politisch als auch wirtschaftlich und ideell in Richtung Moderne weist.

Wirtschaftshistoriker haben den apokalyptischen Reitern der Offenbarung, die Krieg, Hunger und Krankheit brachten, die »Reiter des Reichtums« zur Seite gestellt: Seuche, Krieg und Urbanisierung als Agenten des europäischen Vorsprungs. Da die Pest als dauerhafter Schock aufgrund eines dauerhaft niedrigeren Bevölkerungsniveaus zu dauerhaft höheren Einkommen führte, ermöglichten entsprechend höhere Steuergewinne den rivalisierenden Herrschern eines politisch zerklüfteten Kontinents mehr Kriege, die wiederum der Verbreitung von Seuchen Vorschub leisteten und Bevölkerungszuwächse vereitelten, dabei aber das wirtschaftliche Kapital bewahrten. Hinzu kam ein weltweit einzigartiger, massiver Rückgang der Zinsen, der wirtschaftliche Vorteile verschaffte. Höhere Einkommen führten zu mehr Konsum, was den Handel beflügelte und wiederum den Pesterreger zirkulieren ließ. Der steigende Anteil an Stadtbewohnern wirkte ähnlich, denn die Städte blieben eng und ungesund bei einer vielleicht 50 Prozent niedrigeren Lebenserwartung als auf dem Land – mit der Pest als einem der Gründe dafür. Ein Kreislauf aus Kapital und Kriegen, niedrigen Zinsen und stagnierender Bevölkerung bestimmte Europas Geschicke.

Da Menschen mittleren Alters der Pest häufiger zum Opfer fielen als Kinder oder Alte, war der Verlust an Arbeitskräften besonders hoch. Im Ergebnis verdoppelten sich die Löhne für ein Jahrhundert fast überall in Europa. Der Wohlstand verteilte sich auf weniger Köpfe, was das Wirtschaftsgefüge durcheinanderbrachte; beispielsweise gehörten die landbesitzenden Schichten zu den Verlierern, die arbeitenden Schichten hingegen gewannen. Daneben profitierten die Frauen: Höhere Löhne machten sie unabhängiger, sie heirateten später oder gar nicht, was die Geburtenrate drückte. Auf dem Land fanden sich Arbeitskräfte sehr viel schwerer, folglich mussten ihre Arbeitsbedingungen verbessert werden. Statt Getreideanbau wurde vermehrt Viehhaltung betrieben, die weniger personalintensiv ist, zumal die Nachfrage nach Fleisch ebenso anstieg wie die nach Luxusgütern. Langfristig aber führten die dauerhaften strukturellen Veränderungen zur Modernisierung und zu einer verbesserten Wettbewerbsfähigkeit in der Landwirtschaft. Die Nachfrage nach Arbeitskräften ermöglichte außerdem eine vermehrte Mobilität, was wiederum den Austausch von Ideen und die Verbreitung von Innovationen förderte, die im Handwerk häufig darauf abzielten, Arbeitskraft zu sparen.

Die Städte konnten dank ihrer Attraktivität die Bevölkerungsverluste durch die Aufnahme von Neubürgern gut ausgleichen. Die Verstädterung schritt trotz der städtischen Todesraten weiter voran, sie sorgte für Innovationsgeist und Selbstbehauptungswillen, Wissens- und Technologietransfer. Die Zünfte gelangten zu mehr Macht und Einfluss in den Städten. Überhaupt scheinen die städtischen Gewerbe technologisch besonders schnell vorangekommen zu sein, eindrucksvoll ablesbar an der Weiterentwicklung der Schusswaffen oder der Erfindung der Gutenberg'schen Druckpresse ein Jahrhundert nach dem Schwarzen Tod – Quantensprünge für Kriegswesen und Geistesleben. Mit den Turmuhren, zuerst in italienischen Städten, dann überall in Europa setzte sich außerdem ein ökonomisches Zeitverständnis durch, das in Richtung Moderne weist. Weitere Innovationen kamen dem Handel zugute, zum Beispiel größere Schiffe, die mit weniger Besatzung auskamen. Insgesamt profitierten von all diesen Bedingungen besonders jene Regionen Europas, die flexibel und aufgeweckt genug waren, sie anzunehmen und einzusetzen. Das galt vor allem für Nordwesteuropa, und dort insbesondere für England und die Niederlande, während das vorher so dynamische Südeuropa immer mehr zurückblieb. Die Umstände brachten also vor allem Nordwesteuropa voran – von wo aus Europa die globale Vorherrschaft antreten sollte.

So betrachtet, war der Nachhall der Pest eine der Voraussetzungen, die Europa in die Lage versetzten, den entscheidenden globalen Vorsprung zu erlangen. Im weltgeschichtlichen Rätsel wäre die Pest damit ein recht großes Puzzleteil. Die Bedeutung der Seuche in diesem komplexen Gewebe von Faktoren wird deutlich, wenn man sie aus der Kausalkalkulation entfernt. Dann sieht es so aus, als wäre Europa ohne die Seuche eher nicht in die Position gelangt, die der Alten Welt ermöglichte, sich zum globalen Taktgeber aufzuschwingen: Der Bevölkerungsverlust wäre viel früher ausgeglichen worden, was die Löhne hätte sinken und die Zinsen hätte steigen lassen. Ohne die Pest (und andere Krankheiten) wären Kriege viel weniger tödlich verlaufen. Insgesamt wäre folgenlos verpufft, was sich nun jedoch als so bedeutender Vorteil mit langer Laufzeit erwies.

Dieser vornehmlich wirtschaftshistorische Befund ergänzt einen älteren, kulturhistorischen. Seine epochemachende *Kulturgeschichte der Neuzeit* von 1926 beginnt Egon Friedell mit der Pest und befindet:»Das Konzeptionsjahr des Menschen der Neuzeit war das Jahr 1348. Das Jahr der ›schwarzen Pest‹.« Nicht dass Friedell die gängige Epocheneinteilung unserer Zeitrechnung in Zweifel zöge, derzufolge das Mittelalter um 1500 zu Ende ging. Ihm geht es um den vorbereitenden Übergang zur Moderne, also gewissermaßen ihre Inkubationszeit, deren Beginn er auf das erste europäische Pestjahr datiert.»Mit dem aufgehenden sechzehnten Jahrhundert ist die Neuzeit in die Welt getreten; aber im vierzehnten und fünfzehnten Jahrhundert ist sie entstanden, und zwar durch Krankheit.« In den anderthalb Jahrhunderten nach Auftreten der Pest habe sich der moderne Mensch herausbilden können. So wie der Körper durch Krankheit lerne, indem er sich stärkt, so habe das Mittelalter aus der Seuche gelernt.»Der Körper ist in einem kriegerischen Ausnahmezustand, in einem Stadium allgemeiner Erhebung, wo die einzelnen Zellen Energieleistungen, Vitalitätssteigerungen, Regulierungen, Reserven, Reaktionen einsetzen, die man ihnen nie zugetraut hätte.« Zwar wird in der Zeit des Schwarzen Todes die Seele des Mittelalters erschüttert, doch weil sich das Verständnis der Welt hin zur Moderne zu verschieben beginnt, erweist sich,»dass das, was das Gesicht einer verheerenden, ja tödlichen Krankheit trug, ein heilkräftiges Fieber war, in dem sich der ganze Organismus erneuerte«, was Friedell im italienischen Cinquecento verortet, von wo es dann auf ganz Westeuropa übergreift.»Um die Wende des 15. Jahrhunderts ereignet sich also etwas sehr Merkwürdiges. Der Mensch, bisher in dumpfer andächtiger Gebundenheit den Geheimnissen Gottes, der Ewigkeit und seiner eignen Seele hingegeben, schlägt die Augen auf und blickt um sich. Er blickt nicht mehr über sich, verloren in die heiligen Mysterien des Himmels, nicht mehr *unter* sich, erschauernd vor den feurigen Schrecknissen der Hölle, nicht mehr in sich, vergrübelt in die Schicksalsfragen seiner dunkeln Herkunft und noch dunkleren Bestimmung, sondern geradeaus, die Erde umspannend und erkennend, dass sie sein Eigentum ist. Die Erde *gehört* ihm, die Erde *gefällt* ihm; zum erstenmal seit den seligen Tagen der Griechen.«

Kulturell oder wirtschaftlich oder gar welthistorisch kommt der Pest in dieser Perspektive also eine größere Bedeutung zu, als man sie einer so schrecklichen Seuche zugestehen möchte. Und so wie Petrarca mit seiner Klage an die Nachwelt als Zeitzeuge der Pest in dieses Buch einführte, bemüht Friedell den Dichter als Beleg für den Ausgang aus dem Mittelalter, wenn er ihn als»ersten modern empfindenden Menschen« bezeichnet. Nicht nur hat

Petrarca an der Wiederbelebung der Antike großen Anteil. Er schrieb außerdem die erste Autobiografie der Moderne, war eitel und ichbezogen, rastlos und leidenschaftlich, Einzelgänger und Skeptiker – der erste Schriftsteller des Humanismus ist ein Prototyp des modernen Menschen. Petrarcas Klage an uns Nachgeborene ist von seiner Zeitzeugenschaft bestimmt, von seiner Verzweiflung angesichts der Schrecken in dieser schlimmsten aller Pestzeiten. Wir aber können im Rückblick nicht nur unter dem Eindruck der Corona-Pandemie seine Nöte zumindest ansatzweise nachfühlen. Doch der große zeitliche Abstand und die Erkenntnisse der Forschung befähigen uns Nachgeborene darüber hinaus, dem Schrecken in der Rückschau über Jahrhunderte hinweg etwas Positives zur Seite zu stellen: in der Einordnung der Pest als einen der Katalysatoren, die das Mittelalter zur Moderne befähigten.

Dem traurigen Pesttod der geliebten Laura, die allerdings weit von ihm entfernt in Avignon starb, verlieh Petrarca eine lyrische Anmut, die dem grässlichen Sterben wohl kaum entspricht. Aber so ringt auch der Dichter dem Grauen Schönheit ab:

Nicht einer Flamme gleich, die ausgeblasen,
wohl eher einer, die zu glüh'n verzichte,
aufflog die Seele rein zum Himmelsrasen.
Nicht anders als ein Lämplein, klar und lichte,
dem nach und nach entzogen ist die Speise,
bis dass, wie üblich, endet das Gesichte.
Nicht bleich, wohl eher so wie Schnee, ganz leise,
der windstill auf den schönen Hügel flocke,
schien sie zu ruh'n, wie müde von der Reise.
Ein süßer Schlummer, so wie Goldgelocke
um ihre Stirn, daraus der Geist geschwunden,
war, was man Sterben nennt. O Sterbeglocke!
Der Tod ward schön auf dem Gesicht befunden.

KAPITEL 2

Seuchen begleiten Eroberer – mikrobielle Agenten in der Neuen Welt

Von zweifach historischer Bedeutung, ist der Schwarze Tod des 14. Jahrhunderts nicht nur ein traumatischer Einschnitt in der europäischen Geschichte, sondern ebenso ein gewichtiger Faktor, als sich das Mittelalter in Richtung Moderne in Gang setzte und Europa den Weg der Expansion über den Kontinent hinaus zur globalen Vormacht einschlug. Diese Entwicklung wurde aus westlicher Perspektive allzu lange als rundheraus positiv gewertet, weil Europa in dieser Position als so etwas wie der Motor des Weltfortschritts angesehen wurde – dabei stillschweigend voraussetzend, was keineswegs zwingend war: Die Menschheit hätte andernfalls nicht recht vorankommen können. Zwar mag der globale Westen der Welt eine Menge gegeben haben, und sowieso ist in der Rückschau kaum einzuschätzen, wie sich die Geschicke des Erdballs anders hätten entwickeln können. Doch bei allem Vorteil brachte die europäische Expansion zugleich eine Menge Unheil über die Welt, und so hat die Dominanz der Alten Welt über den Großteil des Globus neben der Sonnen- auch eine umfängliche Schattenseite. Für einen besonders düsteren Teil dieses Schattens müssen wir Seuchen und ihre Erreger in den Fokus nehmen. Sie waren in der Expansion wesentlicher Bestandteil eines »ökologischen Imperialismus«, wie der Titel eines wegweisenden Buches lautet. Er verbreitete in einer Art biologischer Globalisierung Pflanzen und

Kolumbus landet 1492
auf der Insel Guanahani.

Tiere – aber eben auch Erreger und ihre Krankheiten. In seiner Globalgeschichte über die europäische Expansion schreibt Wolfgang Reinhard vom »größten biokulturellen Austauschprozess der Weltgeschichte«. Die Europäer eigneten sich Kartoffeln, Mais, Tabak und wohl auch die Syphilis an und brachten Pferd, Schaf und Rind, Weizen und Oliven, Malaria, Masern und Pocken nach Amerika. Ganz abgesehen vom Austausch von Menschen im Zuge von Auswanderung, Sklaverei, Zwangsarbeit.

Die Neue Welt war zwar schon vorher keineswegs frei von Krankheiten gewesen. Die uramerikanischen Völker litten zum Beispiel unter Tuberkulose oder Mangelkrankheiten, mitunter in Folge einer vorindustriellen ökologischen Überbeanspruchung der Natur. Von einem gesundheitlichen Eldorado kann also keine Rede sein, und ein Auf und Ab in den Bevölkerungszahlen gab es bereits vor 1492. Doch was auf die Ankunft des Christoph Kolumbus folgte, darüber ist sich die Forschung weitgehend einig, war und blieb beispiellos, denn die von den Europäern eingeschleppten Krankheiten sollten sich für die indigenen Amerikaner als verheerend erweisen. Allerdings sei vermerkt, dass ein Forschungsgebiet von so großer Bedeutung, beackert von verschiedensten Disziplinen und noch dazu politisch und ideologisch heikel, in vielen Details höchst umstritten ist.

Mikroorganismen – unsere ständigen Begleiter

Wie aber konnte es überhaupt dazu kommen, dass Seuchen über die Menschheit hereinbrachen? Haben sie die Spezies Mensch seit allem Anbeginn bedroht? Oder anders gefragt: Welche Bedingungen müssen bestehen, damit sich Viren und Bakterien durch Infektionskrankheiten massenhaft verbreiten können? Mikroorganismen begleiten unser Leben schon immer, im Guten wie im Schlechten. Dutzende Billionen Mikroben, Bakterien und Pilze, leben in und auf jedem menschlichen Körper, vor allem im Darmtrakt sowie auf der Haut und den Schleimhäuten. Wir neigen dazu, ihr positives Wirken zu übersehen, aber dafür ihre pathologische Einwirkung umso stärker wahrzunehmen, vom bloßen Unwohlsein über Krankheit bis zum Tod. Das ist zwar ziemlich ungerecht, weil wir ohne die Mikroorganismen nicht gut zurechtkämen – in Titeln populärer Sachbücher werden sie als »Herrscher der Welt« oder »unsere Freunde« bezeichnet. Andererseits ist unsere einseitige Wahrnehmung nur zu verständlich, denn obwohl nur ungefähr jede tausendste Mikrobenspezies dem menschlichen Organismus übelwill, rangiert ihr Wirken trotzdem als Nummer drei unter den Todesursachen in der westlichen Welt.

Mikroben sind darauf aus, sich zu vermehren, was sie enorm schnell tun; außerdem sind sie überaus anpassungsfähig. Zur Vermehrung nutzen Mikroben unter anderem den Menschen, weswegen der Tod des menschlichen Wirts den Mikroorganismen eigentlich gar nicht zugutekommt. Besser gelingt ihre Mission, wenn sie möglichst lange im menschlichen Körper verbleiben, um sich im Fall der pathogenen, also Krankheiten verursachenden Keime in möglichst vielen weiteren Menschen niederzulassen und ihr fatales Spiel fortzusetzen. Und doch sind sie mitunter effizienter, als für sie gut ist, etwa wenn ihre Anpassungsfähigkeit Veränderungen zum eigenen Nachteil hervorbringt.

Im Fall von Infektionskrankheiten sind die Erreger lediglich der Auslöser einer Krankheit, für deren Symptome der menschliche Körper verantwortlich ist, wenn er gegen die Erreger ankämpft – und dessen Immunabwehr mitunter zum Tode führt. So wie sich der Organismus mit der juckenden Schwellung eines Mückenstichs zur Wehr setzt, reagiert der Mensch auf andere Infektionen mit Abwehrmaßnahmen, seien es Husten, triefende Nase oder Pestbeulen. Im günstigen Fall funktioniert das Immunsystem, indem infizierte Zellen Signale aussenden, worauf die weißen Blutkörperchen als Abwehrtruppe ausschwärmen. Es ist, als besäße der menschliche Körper ein Computerprogramm, das sich ständig updatet, um auf neue Gefahren zu reagieren. Der Organismus lernt also, doch oft genug sind externe Waffen in Form von Medikamenten zur Unterstützung nötig. Die Wunderwaffe Antibiotikum jedoch, noch vor 60 Jahren gepriesen als Mittel zur gänzlichen Ausrottung von Infektionskrankheiten, hat die Erwartungen nicht erfüllt, denn der allzu breite Einsatz von Antibiotika hat Gegenreaktionen bewirkt: Die Mikroorganismen entwickeln Resistenzen.

Auslöser der Infektionskrankheiten sind vor allem Bakterien und die viel kleineren und einfacher gestrickten Viren – über letztere sagte einmal der Nobelpreisträger Peter Medawar, sie seien »schlechte Nachrichten, verpackt in Nukleinsäure«. Die meisten potenziell epidemischen Krankheiten brauchen eine gewisse Populationsgröße und -dichte ihrer Opfer, damit sie um sich greifen können. Am Beispiel der Pest wurde die Bedeutung von Mobilität, Krieg, dichten Siedlungen und mangelnder Hygiene für die Verbreitung von Viren und Bakterien bereits deutlich. Geht man aber noch weiter zurück zum Ursprung der Seuchen, landet man irgendwann in der Jungsteinzeit, dem Neolithikum. Damals – je nach Weltgegend schon vor fast 12 000 Jahren oder auch ein paar Jahrtausende später – begannen die Menschen, eben noch Jäger und Sammler, sesshaft zu werden und Ackerbau und Viehzucht zu betreiben. Sie bauten planmäßig Pflanzen an und domestizierten Tiere, beispielsweise Geflügel, Rinder, Schafe, Ziegen oder Hunde. Damit legten die Menschen die Saat für einen ungeheuren Aufschwung, der Jahrtausende später die Moderne ermöglichte und die Lebensgrundlagen unserer Zeit schuf. Allerdings lieferte die Sesshaftwerdung ebenso die Voraussetzungen für die Entwicklung von Seuchen. Die Jungsteinzeit als Petrischale der Pandemien ist daher Debattenthema geworden – in einer Variation der berühmten Sentenz des Blaise Pascal, wonach alles Unheil der Ursache entspringt, dass die Menschen nicht in Ruhe in ihrer Kammer sitzen können, versteigen sich manche Autoren zur Verteufelung der Neolithischen Revolution als den »Moment«, an dem die Menschheit die falsche Ausfahrt nahm, als eine Art Vertreibung aus dem seuchenlosen Paradies.

Nun ja. In der Tat aber begannen die Menschen damals, dauerhaft in Siedlungen zusammenzuleben – dicht beieinander, was den Erregern die Verbreitung erleichtert. Hinzu kommt, dass der sesshafte Mensch auch seinen eigenen, vielleicht bakteriell belasteten Hinterlassenschaften näher war als der Jäger und Sammler, der sich entlang des Weges erleichtert, und nicht an einem dauerhaften Siedlungsplatz. Als zweiten Umstand ergaben sich mit Viehzucht und Domestizierung von Haustieren aufgrund der Nähe zwischen Mensch und Tier neue Möglichkeiten für Viren und Bakterien, vom Tier auf den Menschen überzugehen. Weitere

Faktoren befördern die Verbreitung von Erregern, darunter das Düngen mit menschlichen Exkrementen oder bestimmte Formen von Ackerbau, Vorratshaltung und Tierzucht. Zum Beispiel locken der Anbau und die Lagerung von Getreide Ratten an; diese bringen wiederum Flöhe mit, die die Pest übertragen können.

Masern und Rinderpest

Eine andere Infektionskrankheit, die epidemisch werden kann, sind die Masern. Molekularbiologen konnten nachweisen, dass der nächste Verwandte des Masernvirus der Erreger der Rinderpest ist – die Rinderzucht ermöglichte folglich dem Erreger, seinen Tätigkeitsbereich vom Rind auf den Menschen auszuweiten. Wie alt die Masern sind, ist unklar, auch weil die Krankheit lange nicht eindeutig von den Pocken oder anderen Krankheiten unterschieden wurde, die mit Hautausschlag einhergehen. Selbst Autoren wie Hippokrates oder Galen erwähnen die Krankheit nicht, sondern erst im 9. Jahrhundert n. Chr. der persische Mediziner Rhazes, einer der bedeutendsten Ärzte des orientalischen Mittelalters und Übersetzer der Schriften Galens. Allerdings bezieht er sich auf die Schrift des jüdischen Arztes El Jahudi, der drei Jahrhunderte vor ihm lebte. Aufgrund dieser Quellenlage wurde lange vermutet, die Masern seien vergleichsweise spät aufgetreten. Vor Kurzem konnte jedoch anhand der in der Berliner Charité aufbewahrten Lungenprobe eines Mädchens, das 1912 an den Masern starb, nachgewiesen werden, dass das Masernvirus wahrscheinlich bereits im 6. Jahrhundert v. Chr. aus dem Rinderpestvirus hervorging – also zu einer Zeit, in der es die nötigen städtischen Siedlungen bereits gab.

Wir kennen die Masern heute als eher harmlose Kinderkrankheit, doch in Jahrhunderten ohne Virologie und Impfschutz konnten sie tödlich verlaufen. Die Krankheit ist hochansteckend, das Virus wird meist durch Tröpfcheninfektion oder Direktkontakt übertragen. Die Inkubationszeit beträgt rund zwei Wochen, nach acht bis dreizehn Tagen tritt Fieber auf, begleitet von Husten, Schnupfen und Bindehautentzündung; nach weiteren drei bis sieben Tagen ist der charakteristische rötliche Ausschlag zu sehen. Ohne breiten Impfschutz wird die Krankheit alle zwei bis fünf Jahre epidemisch, bei Kindern insbesondere von unter zwei Jahren. Zum Tod führt die Krankheit vor allem bei den ganz Jungen und den ganz Alten. Erwachsene können die Masern bekommen, falls sie nicht aus Kindheitstagen dagegen immun sind. Wenn die Masern nicht komplikationslos wieder abklingen, können außerdem Mittelohr- und Lungenentzündung sowie Durchfall und Enzephalitis hinzukommen. Wegen des charakteristischen Hautausschlags wurden Masern, Pocken und Krankheiten mit ähnlichen Symptomen lange Zeit leicht verwechselt. Der britische Arzt Thomas Sydenham, im ungesunden London mit viel Anschauungsmaterial versorgt, gilt als derjenige, der Anfang der 1670er-Jahre Masern studiert, beschrieben und klar von Pocken, Scharlach und Röteln unterschieden hat. Ein knappes Jahrhundert später fand sein schottischer Kollege Francis Home heraus, dass es sich um eine Infektionskrankheit handelte, und experimentierte mit Impfungen.

Stammen die Pocken aus Afrika?

Auch die Herkunft der Pocken konnte bisher nicht eindeutig geklärt werden. Wahrscheinlich ging der Erreger durch eine Zoonose von Nagetieren auf den Menschen über, möglicherweise schon vor rund 12 000 Jahren in Afrika. Befunde von ägyptischen Mumien, insbesondere die des Mitte des 12. Jahrhunderts v. Chr. jung verstorbenen Pharao Ramses V., deuten auf die Pocken hin, die sich außerdem im Orient und bis nach Indien und China verbreiteten. Nach Europa wurde das Pockenvirus von Römern und Wikingern sowie während der Kreuzzüge eingeschleppt. Im

15. Jahrhundert war die Krankheit in vielen Teilen Europas endemisch geworden, wurde aber erst 200 Jahre später aufgrund von Bevölkerungswachstum und Urbanisierung zur gefährlichen Seuche.

Im Fall der Pocken erfolgt die Ansteckung in den meisten Fällen als Tröpfcheninfektion über die Atemwege. Wenn der Patient niest oder hustet, kann das Virus jeden anstecken, der sich im selben Raum aufhält. Bis zum Ausbruch der Krankheit vergehen acht bis zwölf, manchmal sechzehn Tage, denn setzt Fieber ein, und wenige Tage später zeigt sich der charakteristische Ausschlag, dessen Bläschen zu Pusteln werden, austrocknen und verschorfen. Der Ausschlag erfasst den ganzen Körper, doch wenn sich in der Lunge Pusteln bilden, führt das meistens zum Tod. Nachwirkungen bei Überlebenden sind häufig Pockennarben, zumal im Gesicht, oder auch Blindheit. Infizierte können bis zu vier Wochen lang ansteckend sein, am höchsten ist die Ansteckungsgefahr in der Woche nach Auftreten des Ausschlags. In Kleidung oder Bettwäsche oder in getrocknetem Speichel kann das Virus noch eine Weile überleben und ist weiter infektiös. Beide Krankheiten, Masern und Pocken, wurden in Europa insbesondere im 18. Jahrhundert in wiederkehrenden Epidemien zu Nachfolgern der Pest. Da Gesundete lebenslange Immunität genießen, wurden beide zu Kinderkrankheiten. Die Pocken, die deutlich häufiger tödlich verliefen als die Masern, verdienten sich als Schreckenskrankheit der Barockzeit die volkstümliche Bezeichnung »Kinderpest«.

Todbringende Helfer der Konquistadoren

Die Viren von Pocken und Masern zählten zu den wichtigsten mikrobiellen Komplizen der Europäer bei ihrer Eroberung des amerikanischen Doppelkontinents. Unter den schutzlosen indigenen Amerikanern, die gegen viele Erreger keinerlei Immunität besaßen, konnten die Krankheiten ungehindert wüten. Schon den Zeitgenossen war bewusst, welch gewichtige Faktoren der europäischen Eroberung Amerikas bestimmte Krankheiten bildeten. Dass Infektionskrankheiten zu den wichtigsten Killern in der Neuen Welt zählten, erhielt aber erst nach dem Zweiten Weltkrieg wissenschaftliche Aufmerksamkeit. 1947 bezeichnete der Militärarzt Percy Ashburn die Pocken als Hauptmann, den Typhus als Oberleutnant und die Masern als Unterleutnant der europäischen Eroberer. »Schrecklicher als die Konquistadoren hoch zu Ross, tödlicher als Schwert und Schießpulver machten sie die Eroberung der Weißen zu einem Durchmarsch verglichen mit dem, was ohne ihre Hilfe gewesen wäre. Sie waren die Vorboten der Zivilisation, die Gefährten des Christentums, die Kameraden der Invasoren.«

Als Christoph Kolumbus auf der Suche nach einem westlichen Seeweg nach Indien Ende 1492 auf eine Insel stieß, die er Hispaniola taufte, kam sie ihm paradiesisch vor. (Heute teilen sich Haiti und die Dominikanische Republik die Insel.) Die dort lebenden Taíno erschienen den Europäern höchst ansehnlich, friedfertig und ihr Land gut bestellt. Die Insel, nicht sehr viel kleiner als Portugal, wirkte bevölkerungsreich, doch die damalige Einwohnerzahl ist so unklar wie umstritten; moderne Schätzungen reichen von 60 000 bis 8 Millionen. Eine gute Schätzzahl dürfte bei einer Million liegen. Nach kurzem Aufenthalt verließ Kolumbus Hispaniola wieder in Richtung Spanien, um den vermeintlichen Beweis eines neuen Seewegs nach Indien kundzutun, und ließ eine Handvoll seiner Leute zurück. Sie gründeten La Navidad, die erste spanische Kolonie in der Neuen Welt, starben aber offenbar bald darauf, mal durch Hunger, mal durch Krankheit, mal getötet von doch nicht so friedfertigen Einheimischen. Monate später kehrte Kolumbus mit 17 Schiffen und 1500 überwiegend männlichen Spaniern aus Cádiz zurück. Da kurze Zeit darauf Siedler wie Einheimische erkrankten und sich außerdem acht Schweine an Bord befunden hatten, zugeladen auf La Gomera, wurde vermutet, Kolumbus höchstpersönlich könnte den ersten amerikanischen Ausbruch der Schweinegrippe in Gang gesetzt haben. Allerdings sind die überlieferten Symptome keineswegs eindeutig, und eine Übertragung der Schweinegrippe ist auf diesem Weg sowieso sehr unwahrscheinlich. Ebenso gut könnte es sich um den ersten Fall der aus Europa stammenden Malaria gehandelt haben. Jedenfalls wurde Kolumbus so krank, dass sein Tagebuch eine Lücke von drei Monaten aufweist, und nach der Landung infizierten sich zudem die Taíno in großer Zahl. Kolumbus selbst gab zur Art der Krankheit keine genaueren Hinweise, vermerkte allerdings, dass die Spanier häufiger wieder genasen als die Einheimischen. Als Krankheitsursache hatte er die Klimaveränderung oder die ungewohnte Ernährung in Verdacht.

Möglicherweise waren es die Pocken, die Kolumbus mit seiner Flotte erstmals in die Neue Welt brachte; das lassen jedenfalls infektiologisch-mathematische Computermodelle vermuten. Als seine Schiffe von Spanien aus in See stachen, befanden sich an Bord sieben Taíno, die er als Übersetzer mit nach Spanien genommen hatte. Alle sieben wurden bald krank: Drei von ihnen starben sehr schnell, zwei weitere im Verlauf der Überfahrt, die verbliebenen zwei überlebten nur um Haaresbreite. In der Besatzung dürfte sich der Erreger weiterverbreitet haben, jedenfalls war er ausreichend virulent, um nach der Ankunft in Hispaniola eine Infektionskette in Gang zu setzen. Nach einem Bericht des Dominikanerbruders Bartolomé de Las Casas, der ein paar Jahre später auf die Insel kam, starben bis 1496 zwei Drittel der Inselbewohner. Damals gründeten die Spanier außerdem Santo Domingo, das zum Anlaufpunkt eintreffender Schiffe aus Europa wurde – und zum Einfallstor von Krankheitserregern. 1517 – inzwischen wurde die Insel durch den Hieronymitenorden verwaltet – begann man eine Untersuchung und Zählung der ursprünglichen Bewohner der Insel, der Taíno. Man wollte herausfinden, ob sie europäisiert werden konnten oder besser versklavt werden sollten. Kurz darauf starben die meisten der Taíno während einer verheerenden Pocken-Epidemie, dem ersten größeren Ausbruch der Pocken in der Neuen Welt, der als gesichert gelten kann. Diese Epidemie gilt als Wendepunkt, weil sie die Macht der Seuche und ihre Bedeutung offenbarte, für ihre spanischen Nutznießer ebenso wie für ihre Opfer, die einheimische Bevölkerung. Inmitten des Sterbens auf der Insel schrieben die Hieronymiten an den spanischen König Karl V., die Pocken hätten bereits jeden dritten Einheimischen dahingerafft, und noch sei kein Ende abzusehen. Wenn es so weitergehe, werde man in diesem Jahr kein Gold fördern können, um es nach Spanien zu schicken. Noch dazu verbreite sich die Krankheit über die Insel hinaus, die Nachbarinsel Puerto Rico sei bereits erfasst. Das wurde dem König von dortigen Informanten bestätigt. Die Menschen stürben, teilte man ihm mit, weil ihr Körper so schwach sei wie ihr Glaube. Die Spanier würden im Übrigen seltener krank und hätten viel bessere Überlebenschancen. Eine Vorstellung von einer *virgin soil*-Epidemie unter einer Bevölkerung, die noch nie mit dem Erreger in Kontakt gekommen war, besaßen die Briefautoren natürlich nicht, dafür aber jede Menge religiöse Überheblichkeit. Dass aber die Krankheit aus Spanien eingeschleppt worden war, lag auf der Hand. Mehr Besorgnis als die Nachricht von massenhaft sterbenden Indios dürfte in Europa die Sache mit dem ausbleibenden Gold erregt haben, denn es war schließlich vor allem die Gier nach dem Edelmetall, die den Eroberungsdrang der Spanier beflügelte.

Wenige Jahre später schrieb der Spanier Hernando Gorjón, der 1502 nach Hispaniola gekommen war und in einem kleinen Dorf westlich von Santo Domingo wohnte, von der rapide schwindenden Zahl Einheimischer und machte dafür vor allem die von Spaniern eingeschleppten Krankheiten verantwortlich. Er nannte insbesondere Masern, Pocken und Grippe. Ein weiteres Jahrzehnt später schrieb der Ulmer Nikolaus Federmann, Handelsagent der

Augsburger Welser und stets auf der Suche nach dem sagenhaften Goldland El Dorado, dass auf der Insel inzwischen weniger als 20 000 Taíno lebten, obwohl es 40 Jahre zuvor noch 500 000 Bewohner gegeben habe. Neben Krieg und Zwangsarbeit nannte er als Grund für diesen massiven Einbruch der Bevölkerungszahl vor allem die Pocken. Doch welche Krankheiten im Einzelnen wüteten, ist schwer auszumachen und entsprechend umstritten.

Für Hispaniola lässt sich aufgrund mehrerer Wellen von tödlichen Seuchenzügen vermuten, dass es eine Fülle europäischer Erreger war, die dafür sorgten, dass die Taíno von Hispaniola bereits ein Vierteljahrhundert nach Kolumbus' erster Ankunft fast völlig von der Insel verschwunden waren. Aber, und das berührt die eingangs erwähnte Forschungskontroverse, nie waren es allein die Krankheiten, die den Bevölkerungsschwund der Ureinwohner hervorriefen. Faktoren im bösen Spiel waren stets ebenso der Schock durch die Ankunft der Europäer, deren Gewalt und die Zwangsarbeit und Sklaverei, in die sie die Indigenen zwangen. Welcher Aspekt welchen Anteil am großen Sterben hatte, ist natürlich kaum zu quantifizieren, doch die Frage ist hochsensibel: Denn wenn es Erreger waren, die die Europäer unwissentlich mitbrachten, lässt sich das noch heute ähnlich entlastend anführen wie damals, als die Europäer auf die göttliche Vorsehung verwiesen. In beiden Fällen soll das die Verantwortung für Gewalt und Vertreibung, Versklavung und Tod mindern.

Die Masern kamen erst nach den Pocken und der Grippe in die Neue Welt. Dafür gibt es eine gute Erklärung: Eine überstandene Grippe lässt den Gesundeten nicht immun zurück, sodass man immer wieder daran erkranken kann. Das Pockenvirus ist besonders aggressiv; nicht nur sind Pockenkranke lange ansteckend, die Viren sind selbst ohne menschlichen Wirt recht gute Überlebenskünstler. Eine überstandene Masern-Infektion dagegen bringt lebenslange Immunität gegen das Masernvirus – vor allem aber kommt und geht die Krankheit sehr schnell, was für die Einschleppung aus Europa bedeutete, dass an Bord eines Schiffes mehrere Passagiere ohne Immunität sein mussten, am ehesten afrikanische Sklaven. Sie wurden in immer größerer Zahl in die Karibik verschifft, um dort die rapide schwindende indigene Bevölkerung als Arbeitskräfte zu ersetzen. Erreichten so die Masern Amerika, wüteten sie meist zerstörerisch, denn während Europäer und Afrikaner gute Überlebenschancen hatten, lag die Todesrate unter den Einheimischen bei 25 bis 30 Prozent. Zuerst traf es die Karibik: 1529 starben vermutlich zwei Drittel der indigenen Kubaner daran, ganz überwiegend die Kinder. Zur Unterscheidung von den Pocken nannte man die Masern *sarampión*, kleiner Ausschlag, wobei klein hier verharmlosend klingt, weil die Todesrate zwar niedriger war als bei den Pocken, aber immer noch erschreckend hoch.

Das Infektionsgeschehen nach Ankunft der Europäer blieb nicht auf die Inseln Hispaniola und Kuba beschränkt, sondern befiel ebenso das Festland. Viren und Eroberer arbeiteten Hand in Hand. Zwar half den Europäern bei der Eroberung der Neuen Welt, die den dortigen Hochkulturen den Untergang brachte, ihre Überlegenheit durch Pferde und Feuerwaffen, um bei geringer eigener Mannesstärke Millionen indigene Amerikaner bezwingen zu können. Doch der militärtechnologische Vorteil allein hätte ihrem Siegeszug nicht eine solche Wucht verliehen, dass nur Generationen später die europäische Herrschaft über Mittelamerika niemand mehr infrage stellte. Selbst die einheimischen Verbündeten, die die spanischen Konquistadoren unterstützten, waren zu wenige, um einen schnellen Sieg über die mächtigen Reiche der Inka und Azteken herbeiführen zu können. Zeitgenossen erklärten den raschen Erfolg der Spanier entweder mit der ungeheuren Grausamkeit, die die Eroberer an den Tag legten. Sie hätten in völkermordender Manier einfach niedergemetzelt, was sich ihnen in den Weg stellte. Das ist der Stoff der *Leyenda Negra*, die besonders bei den Gegnern Spaniens Gehör fand; sie ist zwar nicht substanzlos, aber zugleich ein Werk der Propaganda zu Hause in Europa. Natürlich war der Plan der Spanier nicht, die Einheimischen auszurotten, denn man wollte sie durch Zwangsarbeit und Versklavung ausbeuten. Oder die Spanier bemühten auf der anderen Seite Gründe, die sie besser dastehen ließen denn als grausame, blutrünstige und goldgierige Ungeheuer. Geradezu bescheiden begnügten sie sich gewissermaßen mit einer Nebenrolle der Eroberung, als nachrangige Akteure der göttlichen Vorsehung nämlich, die der Verbreitung des Christentums und Mehrung seines Ruhms unterstützend zur Seite sprang, indem sie den heidnischen Indigenen mit Pestilenz den Garaus machte. Es wäre danach also der göttlichen Vorsehung zuzuschreiben, dass die spanischen Konquistadoren den Vormachtanspruch der spanischen Krone erstaunlich schnell und fast mühelos durchsetzen konnten. Tatsächlich lagen die Dinge anders: So wie in der Alten Welt in Kriegen bis ins 20. Jahrhundert mehr Menschen an den begleitenden Krankheiten und Seuchen starben als an den eigentlichen Kriegshandlungen, so brachten im Zuge der spanischen Eroberungsfeldzüge den Ureinwohnern des amerikanischen Kontinents vor allem jene Infektionskrankheiten den Tod, die die Europäer einschleppten. Und weil die Ur-Amerikaner gegen diese Erreger keinerlei Resistenzen besaßen, konnten die Seuchen besonders heftig wüten. Hinzu kam die Verzweiflung angesichts der immensen Opferzahlen, die auch jene demoralisierte, die zur Abwehr der Invasoren noch in der Lage gewesen wären. War man nicht unweigerlich dem Untergang geweiht, wenn die eigenen Leute in riesiger Zahl an Krankheiten starben, die den Angreifern nichts anhaben konnten? Waren sie womöglich Götter, gegen die Widerstand letztlich nichts ausrichten konnte? Wie auch immer: Unfassbare 90 Prozent der indigenen Amerikaner starben Forschern zufolge in den ersten anderthalb Jahrhunderten nach Kolumbus' Ankunft.

Als 1520 der Spanier Hernán Cortés mit seinen Truppen Mexiko eroberte, waren die Pocken der eigentliche Grund für seinen Sieg. Andernfalls hätte er die kriegerischen Azteken kaum in wenigen Monaten besiegt. Nicht nur knapp die Hälfte von ihnen starb schon sehr bald an den Pocken, sondern in Tenochtitlan auch ihr König Cuitláhuac, nach nicht mal drei Monaten auf dem Thron. Ein fähiger Feldherr ging damit verloren, der gegen die Spanier vielleicht noch etwas hätte ausrichten können. In Mexiko hatte die Epidemie schon im September 1519 begonnen und so zerstörerisch gewütet, dass die Einheimischen später die Zeit ab diesem epochalen Ereignis in ein Davor und Danach einteilen würden. Weil die Zahl der Kranken so hoch war, gab es nicht ausreichend Gesunde, um sie zu pflegen, und ohnehin war die Angst groß, den Kranken nahe zu kommen – die sozialen Verwerfungen ähneln denen des Schwarzen Todes in Europa. Da Menschen fehlten, kam es anschließend zu Hungersnöten, an denen viele der Überlebenden zugrunde gingen. In Tenochtitlan grassierten die Pocken über zwei Monate, und als die Spanier die Hauptstadt einnahmen, lagen die Straßen voller Leichen der Seuchenopfer. Ein Dominikaner aus der Entourage des Cortés schrieb dazu: »Als die Christen erschöpft vom Krieg waren, gefiel es dem Herrn, den Indianern die Pocken zu schicken, und es war eine Pestilenz in der Stadt.« Doch mit der Krankheit war es nicht genug, ihre tödlichen Folgen versetzten die überlebenden Azteken zugleich in Verzweiflung und lähmten ihren Willen, den Eroberern weiter zu widerstehen.

Nicht besser erging es den Menschen einer weiteren Hochkultur – der Maya in Yucatan und Guatemala, die in großer Zahl an den Pocken oder den Masern starben. Woran genau sie zugrunde gingen, lässt sich nicht mehr feststellen; es mag beides gewesen sein. Noch im August 1520 berichtete ein Brief dem König von entvölkerten Städten in Yucatán infolge der Pocken, die anscheinend aus Kuba eingeschleppt worden waren.

Ähnliches erlitten die Inka weiter südlich, nachdem der spanische Konquistador Francisco Pizarro auf seiner dritten Expedition 1532 bei Tumbes den Nordwesten Perus erreicht hatte. Offenbar schon 1524 hatte es das Pockenvirus auf dem Landweg zu den Inka geschafft und bis zu fünfzig Prozent der Bevölkerung getötet – vor den Schwertern mordeten die Seuchen, da sie schneller vorankamen. Zu den fatalen Folgen gehörte, dass nach dem Pockentod des Königs Huayna Cápac Kämpfe um die Thronfolge mitsamt blutigem Bürgerkrieg entbrannten, die den Spaniern die Eroberung maßgeblich erleichterten. Die öffentliche zeremonielle Überführung des einbalsamierten königlichen Leichnams, nach dem Pockentod hochinfektiös, von Quito nach Cuzco dürfte der Ausbreitung der Seuche Vorschub geleistet haben. Wie Cortés in Mexiko brauchte auch Pizarro in Peru nur wenige Monate, um die stolzen Inka zu unterwerfen.

Die mitgebrachten Erreger machten ihre Arbeit gründlicher, als es die spanischen Eroberer je vermocht hätten. Die Bevölkerung Zentralmexikos schrumpfte von fünfzehn auf anderthalb

Die Spanier töten den letzten Inka-Herrscher Atahualpa.

Millionen, ganz ähnlich erging es dem Reich der Inka. Den größten Anteil an diesem Bevölkerungsschwund hatten aus Europa eingeschleppte Erreger. Die Masern arbeiteten sich an der Westküste Mexikos in Richtung Norden bis Sinaloa voran. Aus Guatemala beklagte 1533 ein Kronbeamter, so viele Einheimische seien an den Masern gestorben, dass es an Arbeitern zur Ausbeutung der Goldminen mangele. Honduras, Nicaragua, Panama, Peru – die Verbreitung der Erreger war nicht zu stoppen. Inmitten einer Epidemie schrieb ein Spanier von der Atlantikküste Panamas an seinen König, zwei Drittel der Einheimischen sowie Sklaven seien bereits gestorben, und auch Europäer blieben nicht verschont. »Ich bezeuge Ihrer Majestät, dass ich nie etwas Fürchterlicheres gesehen habe, denn selbst die Stärksten überleben nicht länger als anderthalb Tage, manche gar nur zwei oder drei Stunden (...) Die Kirche hat Prozessionen und Gebete veranlasst, doch selbst dieses Flehen hat den Zorn Unseres Herrn nicht gemildert, sodass ich nicht glaube, dass auch nur ein einziger Mensch im ganzen Land überleben wird.« So viele starben in Panama, dass Indigene aus Nicaragua und Peru hergebracht wurden, um sie zu ersetzen, was oft genug ein Todesurteil über die Neuankömmlinge war.

Möglicherweise kamen die Masern Anfang der 1530er-Jahre bis nach Florida, das 1513 von Juan Ponce de León »entdeckt« worden war, der aber zunächst die Halbinsel umrundete und nur gelegentlich an Land ging. 1521 kehrte er mit drei Schiffen voller Kolonisten zurück: mindestens 200 Mann sowie eine unbekannte Zahl Frauen, Kinder und Sklaven. Doch da die indigenen Calusa die Spanier attackierten, war die Kolonie nicht von Dauer, und der geringe Kontakt ließ Erregern wenig Möglichkeit, auf die Einheimischen überzugehen.

Seit dem Erstkontakt könnten sich eingeschleppte Erreger auf dem Landweg auch in Richtung Norden verbreitet haben. Das jedenfalls würde erklären, wieso der Spanier Hernando de Soto, als er 1540 durch Mississippi zog, verlassene und von Wildwuchs überwucherte Städte vorfand. Dann wären auch hier die Seuchen schneller gewesen und hätten einen Großteil der schmutzigen Eroberungsarbeit schon vorab erledigt. Allerdings ist dieser Befund umstritten, möglicherweise blieb der Südosten der heutigen USA noch mehr als ein Jahrhundert weitgehend unberührt von Pocken, Masern, Pest und anderen aus Europa eingeschleppten Seuchen. Daher ist auch nicht klar, welche Krankheit den Konquistador de Soto befiel, dessen Grausamkeit der Schwarzen Legende vielleicht noch am nächsten kam. Er war im Frühling 1539 aus Spanien kommend in Florida eingetroffen, nach einem Aufenthalt auf Kuba. An Bord seiner Schiffe befanden sich außer rund 1000 Menschen Hunderte Pferde und Schweine. Auf dem langen Weg von Florida über Georgia nach South Carolina, Tennessee, Mississippi, Arkansas und zurück zum Mississippi brachen unter den Spaniern Krankheiten aus, und de Soto selbst starb im Frühjahr 1542 nicht weit von Memphis nach einer Woche Fieber, das mit jedem Tag stieg. Um welche Krankheit auch immer es sich handelte, denkbar sind außer Infektionskrankheiten auch Lebensmittelvergiftung oder Parasiten. Und abgesehen von Pocken und Pest, Grippe und Masern, kommt für den heutigen Südwesten der USA noch die Malaria infrage. Verheerend mögen zudem wie bei Taíno, Azteken, Maya und Inka Faktoren wie der Schock durch Invasion, die enorme Brutalität der Spanier, Hunger infolge von Lebensmittelraub der Europäer und Zwangsarbeit gewirkt haben. Zu bedenken sind darüber hinaus die Folgen der Besatzung: Wenn größere Verbände der Spanier sich in indigenen Siedlungen niederließen, sprengte ihre Zahl schnell die ökologischen und hygienischen Kapazitäten, was gesundheitlich fatale Auswirkungen haben konnte. In den späteren Südstaaten der USA wohnten damals Schätzungen zufolge fast 600 000 Ureinwohner, deren Zahl in den folgenden anderthalb Jahrhunderten um zwei Drittel zurückging.

Die demografische Katastrophe in Nordamerika

In den zahlreichen Forschungskontroversen um den Einfluss der europäischen Seuchen jenseits der spanischen Eroberungszüge in Mittelamerika geht es weniger darum, ob die importierten Krankheiten überhaupt eine Rolle spielten, sondern vielmehr um das Ausmaß ihrer Wirkung und den Zeitpunkt, ab dem sie zum maßgeblichen Faktor wurden. War das für Nordamerika erst die Gründung von Missionsstationen ab 1568 mit der nachfolgenden Integration der indigenen Bevölkerung in den atlantischen Handel, der das Infektionspotenzial merklich erhöhte? Der Fall der Pest in Europa hat gezeigt, wie sich die Erreger über Handelswege verbreiteten und Handelskontakte zwischen Einheimischen und Ankömmlingen sich rasch zu *superspreading events* auswachsen konnten. In Amerika scheinen abgelegen siedelnde Bergvölker bessere Chancen gehabt zu haben, ungeschoren davonzukommen, während in Küstennähe lebende Ureinwohner ungleich stärker gefährdet waren. Mit Sicherheit trug die Jagd auf potenzielle Sklaven ab 1659 zur Verbreitung von Pocken und Masern bei, weil die allgemeine Mobilität enorm stieg. Außer Sklavenjägern und -händlern waren die Sklaven selbst unterwegs sowie diejenigen, die dem Schicksal der Versklavung zu entkommen versuchten. 1696 kam es denn auch im Südosten der späteren USA zu einer großen Pockenepidemie (der ersten historisch unstrittigen dort) – in Virginia, wo ein boomender Sklavenhandel zu immer mehr Bewegung und Kontakten führte. Offenbar wurde das Virus auf Schiffen voller afrikanischer Sklaven eingeschleppt und traf sowohl bei den Siedlern, deren Bevölkerung sich gerade erst stabilisierte, als auch bei Indigenen und Afrikanern auf Menschen ohne Immunität. Von Virginia trugen Händler die Epidemie weiter nach South Carolina, wo sie besonders heftig wütete – unter den Siedlern, aber noch viel stärker unter den Ureinwohnern. Die Seuche zog weiter nach Mississippi und

Arkansas und zur Golfküste, verschont blieb hingegen Florida. Das Ausmaß der Katastrophe wurde den Europäern schnell klar, doch häufiger als über die menschliche Tragödie für die Indigenen räsonierten sie darüber, ob die immensen Todeszahlen unter den indianischen Völkern Aufstände gegen die Kolonisten unwahrscheinlicher machten und ob die Epidemie dem einträglichen Sklavenhandel schadete. Vier Jahre dauerte die Pockenepidemie, die ungefähr ein Drittel der Indigenen das Leben kostete. Noch Jahre später stießen durchziehende Europäer auf verlassene Siedlungen und Überreste von Menschen, die niemand mehr hatte begraben können. Für die Ureinwohner bedeutete die demografische Katastrophe, dass dezimierte Siedlungen und Stämme gezwungen waren, sich in neuen Gemeinschaften zusammenzuschließen – und dass sich die Sklavenjagd nunmehr auf die wenigen Überlebenden konzentrierte.

Verabschiedet hat sich die Wissenschaft jedoch von der lange gehegten, bequemen Auffassung, Nordamerika sei bei Ankunft der Europäer überaus dünn besiedelt gewesen. Lange herrschte die Ansicht vor, in den späteren Vereinigten Staaten hätten vor Ankunft der Europäer nur wenige Ureinwohner gelebt – etwa eine Million. Das ist verschwindend wenig in einem so riesigen Raum und diente den Ankömmlingen als willkommenes Argument, denn war damit nicht mehr Platz als genug vorhanden? Längst aber ist klar, dass diese Zahl nicht stimmen kann, und heute gehen die Forscher nach seriösen Schätzungen von bis zu sieben Millionen Ureinwohnern für Nordamerika aus.

Die demografische Katastrophe erfasste die indigene Bevölkerung Amerikas nicht nur da, wo die Spanier einfielen. Dasselbe verursachten Portugiesen, Engländer, Franzosen oder Niederländer – denn alle brachten außer einem meist brutalen Eroberungswillen Krankheitserreger mit in die Neue Welt, gegen die ihre eigene Immunabwehr gut aufgestellt sein mochte, aufseiten der Indigenen jedoch gar keine bestand. Im Umfang übertraf die Katastrophe sogar die Ausmaße des Schwarzen Todes in Europa, der Pest des 14. Jahrhunderts.

Die Ostküste Neuenglands erlebte bereits 1616 eine Reihe von Epidemien, die bis 1619 fast 95 Prozent der einheimischen Bevölkerung tötete, was die eintreffenden europäischen Siedler als göttliche Vorleistung betrachteten. In seinem *Wunderwerk der Vorsehung* von 1654 lieferte Edward Johnson ein künftig allseits bemühtes Narrativ, das den Neuankömmlingen jegliche schlechte Gedanken verwehte: »Denn solcherart schuf Jesus Christus (dessen große und glorreiche Taten auf Erden allesamt für das Wohl seiner Kirchen und der Auserwählten gedacht sind) nicht allein Platz, damit sein Volk pflanzen konnte; sondern bezwang auch die harten und grausamen Herzen dieser barbarischen Indianer insofern, als dass die Handvoll seiner Leute, die nicht lange danach in Plymouth eintrafen, kaum Widerstand erfuhren.« Es war also nur zum Besten derer, auf die allein es ankam, dass Epidemien den größten Teil der Einheimischen hatten sterben lassen, bevor die englischen Protestanten eintrafen. Damit verbunden war die einigermaßen merkwürdige Auffassung, dass die Indianer dem Leben in der Neuen Welt nicht gewachsen waren, ganz im Unterschied zu den englischen Siedlern.

Abermals sind die Zahlen Gegenstand hitziger Debatten, aber die Beschreibung eines englischen Zeitzeugen, wonach so viele der Indianer gestorben waren, dass sie einander nicht hatten beerdigen können und überall menschliche Knochen und Schädel herumlägen, spricht eine deutliche Sprache. Umstritten ist zudem die Frage, um welche Krankheit oder Krankheiten es sich gehandelt haben mag. Mangels Nachweis wird sich die Frage vielleicht nie beantworten lassen, doch für die Seuchen, die nach Ankunft der englischen Siedler die Zahl der Einheimischen so drastisch dezimierten, kommen vor allem Pocken und Masern, die häufig gleichzeitig auftreten, infrage, und nicht Typhus oder Pest. Aus vielen Berichten geht hervor, dass jene Krankheiten, die die Indianer heimsuchen, den Europäern oft nichts oder nur wenig anhaben konnten. Es dürften also Erreger gewesen sein, gegen die die Siedler bereits Immunität erworben hatten.

Die Auffassung der Europäer, Masern und Pocken erleichterten die Eroberung und Besiedlung der Neuen Welt durch göttliches Wirken, entspricht durchaus der damaligen Zeit. Wenn der Herrgott sündige Christen mit schlimmen Krankheiten strafen konnte, dann mussten sie doch Ungläubige noch viel schlimmer treffen. Doch warteten nicht alle demütig auf das Eingreifen Gottes, andere nutzten ihr Wissen um Ansteckung und wurden selbst aktiv. Eine berühmte Episode handelt von mit Pockenviren infizierten Decken, die im Sommer 1763 englische Soldaten aus Fort Pitt (heute Pittsburgh in Pennsylvania) an Indianer weitergaben, um deren Belagerung der Festung zu vereiteln. Historischer Hintergrund ist der Siebenjährige Krieg auf seinem amerikanischen Schauplatz, wo Frankreich und England um die Vorherrschaft rangen und beide jeweils auf Unterstützung durch die Ureinwohner zurückgriffen. Damals hatten es die Briten im Pontiac-Aufstand mit vereinten indigenen Stämmen aus Ohio zu tun, die unter Pontiac, dem Kriegshäuptling der Ottawa-Indianer, bereits mehrere britische Festungen erobert hatten und schließlich Fort Pitt belagerten. Mitte Juni 1763 schrieb der diensthabende Offizier Simeon Ecuyer an seinen Vorgesetzten in Philadelphia, die ohnehin schwierige Lage werde noch erschwert durch die Pocken, die im Fort ausgebrochen seien. Eine Woche darauf kamen zwei hochrangige Vertreter der Delaware-Indianer in die Festung und erhielten beim Aufbruch nach ergebnislosen Verhandlungen über einen Abzug als Abschiedsgeschenk »zwei Decken und ein Tuch aus dem Pockenlazarett« der Festung, wie der Augenzeuge William Trent schrieb. Er fügte hinzu: »Ich hoffe, das hat den erwünschten Effekt.« Wer den Plan ausheckte, ist unklar, aber das britische Militär erstattete die Auslagen für zwei Decken und zwei Tücher »aus dem Lazarett, um den Indianern die Pocken zu schicken«, wie die Quittung vermerkt. Die Taktik verfing, und die Pocken trafen die belagernden Stämme hart, wie den Indianern entkommene britische Gefangene bestätigten. Am 10. August 1763 wurde Fort Pitt befreit, aber die Seuche grassierte in den beteiligten Indianerstämmen noch bis 1765.

Wie wir am Beispiel der Pest bereits gesehen haben, sind dies nicht die ersten Hinweise auf den Einsatz von Seuchenerregern als biologische Waffe, aber im Unterschied zum nicht gesicherten Beschuss der Krim-Festung Kaffa mit Pesttoten handelt es sich hier um ein frühes Beispiel, das in Form besagter Quittung aktenkundig wurde. Zum häufigen Gesprächsthema wurde der Einsatz der Pocken als biologische Waffe aber nicht nur in den Kriegen gegen die Ureinwohner Nordamerikas, sondern ebenso im Unabhängigkeitskrieg Ende des 18. Jahrhunderts. Als die Siedler der englischen Kolonien die britische Oberherrschaft abschütteln wollten, verfuhren beide Seiten ziemlich skrupellos bei der Wahl der Mittel. Heutzutage ist der Einsatz von Erregern als befürchteter Terrorakt immer mal wieder eine Schlagzeile oder einen Grusel wert, während »reguläre« militärische Auseinandersetzungen den Einsatz von Krankheiten als Waffe aus ethischen Gründen nicht kennen. Damals aber war im Fall des Kampfes gegen Ungläubige oder Wilde mehr erlaubt, und selbst gegen die Rebellen, als die die aufständischen Kolonisten in den Augen der britischen Krone galten, weil sie sich von ihrem König losgesagt hatten, zog man die Grenzen akzeptabler Kriegführung weiter. War der Gegner heidnisch, barbarisch oder abtrünnig, gestattete sein verwerfliches Tun den Einsatz besonderer Mittel und machte sogar seine vorsätzliche Infektion mit Pockenviren zu einer legitimen Taktik. Ob allerdings diese Waffe nicht häufiger erwogen als eingesetzt wurde, ist in der Forschung umstritten, denn nicht jede Pockenepidemie in einem Krieg muss vorsätzlich veranlasst worden sein und der Nachweis des Vorsatzes ist schwer zu erbringen. In jedem Fall war die Seuche als biologische Waffe im amerikanischen Unabhängigkeitskrieg Teil der militärischen Vorstellungswelt geworden, zumal sie sich dafür gut eignete und schon ohne Vorsatz bei den Ureinwohnern unübersehbar effektiv gewesen war. Man hatte gelernt, wie man die Ausbreitung der Krankheit eindämmen, aber eben auch, wie man sie vorsätzlich verbreiten konnte. Aufgrund entsprechender Hinweise verdächtigte der Oberbefehlshaber der Kontinentalarmee und spätere erste US-Präsident George Washington 1775 die Briten, gegen die Belagerung Bostons durch die Aufständischen mit der vorsätzlichen Verbreitung der Pocken vorzugehen. Zunächst hielt er das für mehr, als selbst den Engländern zuzutrauen war, aber dann brachen die Pocken unter dem Belagerungsheer tatsächlich aus, und Washington änderte seine Einschätzung. Weiter nördlich führte 1775/76 die Belagerung Quebecs, das seit dem Siebenjährigen Krieg britisch war, durch die Kontinentalarmee zu einem folgenreichen Desaster – begleitet von einem heftigen Pockenausbruch unter den Kämpfern gegen die Briten. Im Ergebnis brach die Revolutionsarmee ihren Feldzug in Kanada ab, das britisch blieb, anstatt Teil der Vereinigten Staaten zu werden. Ungezählte Soldaten sollten ihre Heimat nicht mehr wiedersehen, weil sie auf dem Rückzug nach Süden an den Pocken starben. Wie hier ist es in den meisten Fällen bislang aber nicht gelungen, Gerüchte über den Einsatz der Pocken als Biowaffe von gesicherten Fällen zu unterscheiden. In mindestens einem weiteren Fall kann der Vorsatz der Infektion aber als gesichert gelten: Als sich die britische Armee 1781 nach Yorktown in Virginia zurückzog, kam es zum Showdown des Unabhängigkeitskrieges. Die Kontinentalarmee belagerte die Stadt, in die afrikanische Sklaven trotzdem zogen – bereits 1775 hatten die Briten ihre Befreiung versprochen, um so die Aufständischen zu schwächen – und infizierten sich mit den Pocken. Angesichts der drohenden Niederlage schickten die Briten die pockenkranken Schwarzen aus der Stadt, um die Krankheit unter den Belagerern zu verbreiten und die Kapitulation vielleicht noch abzuwenden.

KAPITEL 3

»Vertilgt wäre unendliches Elend« – das Wirken der Pocken

Die Pocken (auch Blattern genannt) entvölkerten nicht nur die Neue Welt auf für die europäischen Eroberer wundersam bequeme Weise von ihren angestammten Bewohnern. Ebenso unaufhaltsam wüteten sie insbesondere im 18. Jahrhundert in Europa, wo sie als Schreckenskrankheit die allmählich verschwindende Pest ablösten. Der Vergleich zwischen Pest und Pocken kommt uns heute gewagt vor, doch das liegt vor allem daran, dass einerseits die Pest als Referenzseuche schlimmsten Ausmaßes zum Mythos wurde und andererseits die Pocken nicht nur aus unserem Leben, sondern aus dem kollektiven Gedächtnis weitgehend verschwunden sind. Beim Wort Pocken denken wir heute meist an die harmlose Kinderkrankheit Windpocken, die wie die Masern lange als leichtere Ausprägung der echten Pocken galten, bis Letztere seit Mitte des 18. Jahrhunderts nicht nur immer häufiger, sondern zunehmend als eigene Krankheit wahrgenommen wurden. Zwar handelt es sich bei den Windpocken ebenfalls um eine Viruserkrankung mit Hautausschlag und Fieber, die jedoch von einem Herpesvirus hervorgerufen wird und, von seltenen Komplikationen abgesehen, harmlos ist.

Die echten Pocken aber begriff man, da sie vor allem die Kinder trafen, als eine Art gottgewollter Reinigung. Als Ursache vermutete man einen Stoff, den jedes Neugeborene in sich trug und der über Blutreste in der Nabelschnur weitergegeben werde. Nach gängiger Auffassung war ein Kind erst dann so recht zum Leben befähigt, wenn es die Pocken überstanden hatte. In der Nachwuchsplanung wurde ohnehin eingepreist, dass ein Teil der Kinder vor dem fünften Lebensjahr sterben würde; zum richtigen Familienmitglied wurde ein Kind erst nach durchlittener Pockeninfektion. Natürlich wollen Eltern ihren Nachwuchs nicht sterben sehen, doch wenn der pockenkranke Nachwuchs starb, wurde das zwar beklagt, war aber alltäglicher als ein Kindstod heute. Und da die Pocken so unvermeidlich trafen wie die Liebe (so eine gängige Lebensweisheit), ging es weniger um den Schutz vor der Krankheit als darum, die Kinder durchzubringen. Angesichts fehlender Therapiemöglichkeiten glich das einem Glücksspiel: Während die einen rieten, das kranke Kind warm zu halten, empfahlen die anderen das genaue Gegenteil. Auch sonst waren die Therapieangebote, nun ja, vielseitig. Eines empfahl, die Kranken möglichst umfassend der Farbe Rot auszusetzen.

Die Bedrohung betraf zwar die Städte stärker als das Land, ansonsten aber waren, weil das Virus hochinfektiös war, alle gesellschaftlichen Schichten betroffen. Kinderschicksale finden über Klassen und Stände hinweg in historischen Quellen selten breiteren Niederschlag – weil aber auch Erwachsene die Pocken bekommen konnten, wenn sie als Kinder verschont geblieben waren und folglich keine Immunität erworben hatten, lässt sich der Einfluss der Pocken auf den Lauf der Geschichte anhand berühmter Namen ausschnittsweise illustrieren: Als zum Beispiel 1694 die englische Königin Mary II. kinderlos an den Pocken verstarb, verhalf das zwei Jahrzehnte später, nachdem ein englischer Thronfolger den Pockentod gestorben war, dem Haus Hannover zur englischen Krone (seine Nachfahren regieren bis heute). Im selben Jahr bestieg in Dresden Kurfürst August den Thron, weil sein Bruder Johann Georg IV., nur 25-jährig, an den Pocken gestorben war, angeblich nachdem er seine sterbende Geliebte Gräfin Rochlitz geküsst hatte. August der Starke sollte als Herrscher über Sachsen und Polen einige Bedeutung erlangen; ohne die Pocken wäre er mit ziemlicher Wahrscheinlichkeit nie an die Macht gekommen. 1711 grassierten die Pocken in Wien und töteten neben den ungezählten Vergessenen niedrigeren Standes Kaiser Joseph I., der als Einziges von 16 Geschwistern die Krankheit noch nicht gehabt hatte. Politisch erwies sich das als folgenreich: Weil sein Bruder und Nachfolger bereits spanischer König war und die europäischen Großmächte im Spanischen Erbfolgekrieg gerade um Europas dynastisches Machtgefüge rangen, verloren die Habsburger Spanien an die (noch heute regierenden) Bourbonen. Josephs Nichte Maria Theresia wurde noch mit 50 Jahren krank, weil sie ihre pockenkranke Schwiegertochter gepflegt hatte, und litt zeitlebens unter ihren Pockennarben. Beide Frauen ihres Sohnes, Kaiser Joseph II., starben innerhalb weniger Jahre an den Pocken: zuerst 1763 Isabella, eine Enkelin Ludwigs XV. (der wie schon sein Großvater 1774 selbst den Pocken erlag, 64-jährig), und bereits 1767 seine zweite Frau Maria Josepha, eine Schwester des bayrischen Kurfürsten Max III. Joseph. Der wurde 1777 ein weiteres fürstliches Pockenopfer, was den Bayrischen Erbfolgekrieg auslöste, weil Max Joseph kinderlos starb. Dieser morbide Reigen verhinderter Thronfolge ließe sich fortsetzen. Eine stets auf Kinder lauernde Seuche wie die Pocken war ein bedeutender historischer Faktor zu einer Zeit, in der die Landesherrschaft an Dynastien gebunden war und Lücken in der Erbfolge fast unweigerlich zu kriegerischen Auseinandersetzungen führten.

Doch ist selbst in den Fürstenhäusern die größere Zahl der Pockentoten vergessen, weil sie nicht einmal eine Chance erhalten hatten, Figuren im europäischen Schachspiel der Dynastien zu werden Fürstengrablegen wie die Wiener Kapuziner- oder die Berliner Hohenzollerngruft führen Besuchern die hohe Kindersterblichkeit im 17. oder 18. Jahrhundert anhand der zahlreichen Kindersärge vor Augen. Dass aber das zunehmend aggressivere

Virus durch seine enorme Infektiosität keine Standesgrenzen kannte, sollte dem Erreger noch zum Nachteil gereichen.

Weil die Ansteckungsgefahr so hoch war, schauten Adel, Großbürgertum und Fürstenhäuser beim Personal sehr genau hin: Pockennarben wurden häufig zur Einstellungsvoraussetzung gemacht, wenn man irgendwo in Dienste treten wollte. Steckbriefe vermerkten neben anderen Erkennungsmerkmalen etwaige Pockennarben der Gesuchten – oder dass sie fehlten, was kaum weniger auffällig war. Im fernen Russland und verheiratet mit dem russischen Thronfolger, bekam es Mitte des 18. Jahrhunderts Großfürstin Katharina (vor der Hochzeit Prinzessin Sophie Auguste von Anhalt-Zerbst) mit der Angst zu tun, als einer ihrer Diener an den Pocken erkrankte, aber sie hatte sich nicht infiziert. Ihr dürfte vor Augen gestanden haben, dass eine Generation zuvor die männliche Stammfolge der Romanows zu Ende ging, nachdem Zar Peter II. mit 14 Jahren an den Pocken gestorben war. Als Zarin Katharina die Große schuf sie später Einheiten ausschließlich mit pockennarbigen Soldaten, was weniger eine Marotte war als eine Versicherung gegen Epidemien im Heer.

Natürlich machten die Pocken auch vor Kulturgrößen nicht halt. Wie so viele andere Zeitgenossen blieben Schiller, Mozart und Beethoven zeitlebens von der Krankheit gezeichnet. Johann Wolfgang von Goethe bekam die Pocken im Alter von acht Jahren, wie er in seinen Lebenserinnerungen *Dichtung und Wahrheit* schreibt: »Das Übel betraf nun auch unser Haus und überfiel mich mit ganz besonderer Heftigkeit. Der ganze Körper war mit Blattern übersäet, das Gesicht zugedeckt, und ich lag mehrere Tage blind und in großem Leiden. Man suchte die möglichste Linderung und versprach mir goldene Berge, wenn ich mich ruhig verhalten und das Übel nicht durch Reiben und Kratzen vermehren wollte. Ich gewann es über mich; indessen hielt man uns nach herrschendem Vorurteil so warm als möglich und schärfte dadurch nur das Übel. Endlich, nach traurig verflossener Zeit, fiel es mir wie eine Maske vom Gesicht, ohne daß die Blattern eine sichtbare Spur auf der Haut zurückgelassen; aber die Bildung war merklich verändert. Ich selbst war zufrieden, nur wieder das Tageslicht zu sehen und nach und nach die fleckige Haut zu verlieren (...)«

Doch der überwältigenden Mehrzahl der Pockenopfer blieb versagt, erinnert zu werden: Rund 80 Prozent der Kinder erkrankte an den Pocken, die alle 4 bis 7 Jahre auftraten, wenn das Virus genügend Nachwuchs vorfand, der noch nicht immun war. In Deutschland waren es jedes Jahr Hunderttausende Kinder, von denen rund 15 Prozent starben. Vielen anderen blieben Nachwirkungen, von denen die Narben noch harmlos waren, denn die Krankheit konnte auch zu Blindheit, Taubheit oder Lähmungen führen. Ein Drittel aller Blinden in Europa hatten ihr Augenlicht infolge der Pocken verloren. Nach zeitgenössischen Berechnungen starben zehn Prozent der Bevölkerung an den Pocken, während fünf Prozent bleibende Schäden davontrug. Die Krankheit war damit ein wesentlicher Grund für die hohe Kindersterblichkeit, möglicherweise war eine Pockeninfektion sogar noch vor Magen- und Darminfektionen die häufigste Todesursache von Kindern. Schätzungen zufolge starben pro Jahr in Deutschland rund 70 000 Menschen daran, in ganz Europa (ohne Russland) waren es 400 000.

Das Grauen der Pocken rührt nicht zuletzt daher, dass vor allem Kinder betroffen waren und den Eltern viel abverlangt wurde, wenn der Nachwuchs durch dieses Tal ging. Der Bericht eines Berliner Arztes aus dem Jahr 1796 illustriert dies:

»Die Blatternkranken beklagten sich oft nur einige Tage vor dem Ausbruche der Krankheit über Müdigkeit der Glieder, Mangel des Appetits, Kopfweh, dann bekamen sie gewöhnlich anfangs ein grasgrün gallichtes Erbrechen, nicht selten auch dergleichen Stuhlausleerungen. Gleichzeitig befiel die Kranken ein heftiges Fieber, zu welchem sich schon in den ersten Tagen eine entsetzliche Unruhe einstellte, der bald Irrereden folgte. Auf der Fläche des Körpers zeigten sich irregulaire Blattern von der Größe der Hirsekörner, gewöhnlich ward in der Folge der größte Theil des Körpers damit bedeckt. Die Blattern, die ein wiedriges bläuliches, beinahe bleistiftfarbiges Aussehen hatten, erhoben sich nur wenig, fielen nach ihrem Ausbruch wieder ein, bekamen Gruben, liefen zusammen und enthielten bald eine wäßrichte Feuchtigkeit, bald eine blutige Jauche. Im höheren Grad der Krankheit sahen die Blattern schwarzblau aus und zeigten sich als sogenannte Aasblattern. Dann erhoben sich hin und wieder Brandblasen, die bei der Unruhe der Kranken aufplatzten und den Körper mit blutiger Jauche beschmutzten. Es floß nicht selten aus Mund und Nase aufgelößtes Blut, man sah mehrmalen den Harn mit Blut gefärbt und folgten blutige, stinkende Stuhlausleerungen. Die Zunge glich einer Kohle. Die Ausdünstungen und Ausleerungen des Kranken verbreiteten einen entsetzlichen Gestank und deuteten auf den Übergang der Säfte in Fäulniß. Das Bewußtsein fehlte, deliria suavia traten ein (…) Knirschen mit den Zähnen, widurch oft Geschirre zerbissen wurden und welches herzzerschneidend war, stellten sich ein. Die Blatternkranken gingen beinahe bei lebendigem Leibe in Verwesung über. Kaum konnte man bei dem Anblick solcher scheußlicher Gestalten die menschliche Bildung wiedererkennen. Ohngeachtet der Erneuerung der Luft, ohngeachtet der besten Räucherungen war man bei der fortdauernden Entwicklung faulichter Partikel kaum im Stande, diese verpestete Luft zu reinigen und den widrigen Eindruck derselben auf die in den Zimmern befindlichen Personen zu schwächen.«

Wen als Kind die Pocken verschont hatten, der blieb zeitlebens gefährdet, denn die Krankheit konnte in jedem Alter zuschlagen. Der größere Teil der Erwachsenen aber war seit Kindheitstagen immunisiert. Mindestens zwei Drittel der Menschen, vielleicht erheblich mehr, bekamen irgendwann in ihrem Leben die Pocken.

Die Inokulation – eine frühe Abwehrmaßnahme

Im Unterschied zur Pest und später zur Cholera war der Pockenerreger in der Bevölkerung stets endemisch und schlug zu, sobald
eine ausreichend große Zielkohorte nicht immunisierter Kinder
bereitstand. Abwehrmaßnahmen wie die erprobten Seuchenkor-
dons waren daher wirkungslos. Eine Pockenwelle konnte aber
unterschiedlich stark ausfallen, sodass die Überlebenschancen
schwankten. Mal starb eins von drei Kindern, mal nur eines von
zehn oder zwölf. Vor allem wenn eine Pockenepidemie eher
schwach ausfiel, gab es eine Methode, die eine Art Vorstufe der
Impfung darstellte: die Inokulation oder Variolation. Man infizierte gesunde Kinder mit der Pockenlymphe Kranker, entweder
durch Ritzen der Haut oder indem man sie getrocknet in die Nase
blies. Die Hoffnung war, dass das so behandelte Kind die Pocken
zwar bekam, aber abgeschwächt und mit besseren Überlebenschancen. Das ging häufig gut und verschaffte den Inokulierten
lebenslange Immunität. Weil es aber auch schiefgehen konnte,
waren nicht alle Eltern bereit, dieses Risiko einzugehen. Die
Inokulation kam aus dem Orient nach Europa. Die Türken hatten
die Anwendung wohl um 1670 aus China oder Indien importiert,
auch in Afrika war sie bekannt. Die wissbegierige und rührige
Frau des britischen Botschafters in Konstantinopel, Lady Mary
Wortley Montagu, hatte von der Praxis im Osmanischen Reich
gehört, sich kundig gemacht, ihren Sohn immunisieren lassen und
das Verfahren in ihrer Heimat beworben. Ihr Beitrag wurde bekannter als vorangehende Publikationen, zumal sie 1721 angesichts eines Pockenausbruchs in London erfolgreich dafür stritt,
ihre Tochter inokulieren zu dürfen. Bevor jedoch der englische
König seine Kinder behandeln ließ, wurde das Verfahren an sechs
zum Tode Verurteilten sowie elf Waisenkindern erprobt. Der Erfolg löste in der Aristokratie größte Nachfrage an der Behandlung
aus. Auch aus den nordamerikanischen Kolonien traf die Nach-

richt ein, das Verfahren sei dort erfolgreich angewandt worden. In den Kolonien ging man bald dazu über, Sklaven zu inokulieren, weniger aus humanen als aus wirtschaftlichen Gründen, und in Russland ließ sich Zarin Katharina 1768 behandeln und das Verfahren propagieren.

Bereits 1721 erschien in Wittenberg eine der ersten deutschen Publikationen zum Thema: eine kleine ledergebundene Schrift des Mediziners und Professors der Wittenberger Universität Abraham Vater mit dem Titel *Das Blattern-Beltzen oder Die Art und Weise die Blattern durch künstliche Einpfropfung zu erwecken.* Obwohl Deutschland schon bald dem englischen Beispiel folgte, verbreitete sich die Inokulation erst in der zweiten Hälfte des 18. Jahrhunderts und nur in bescheidenem Umfang vor allem unter der gebildeten Oberschicht und in den Städten. Für und Wider wurden ein ums andere Mal diskutiert, und die Prophylaxe hatte mal mehr Befürworter, mal stand sie unter starkem Beschuss. Regional hing das sicher auch davon ab, zu welchen Erfolgen oder Fehlschlägen es zuletzt gekommen war. Skeptiker zweifelten den Nutzen des Verfahrens an, viele Eltern mochten aber auch nicht abrücken von der Überzeugung, die Krankheit komme oder nicht und verlaufe tödlich oder nicht. Es dürfte auch damit zu tun gehabt haben, dass die Inokulation nun einmal ein Wagnis blieb und es für viele die leichtere Entscheidung war, die Sache Gott zu überlassen, als im schlimmsten Fall den Tod des eigenen Kindes zu verschulden. Vom Einzelschicksal abgesehen, erwies sich allerdings auch, dass das Verfahren eine Pockenepidemie überhaupt erst auslösen konnte.

Damals wie heute gab es diejenigen, denen mit Statistik und Wahrscheinlichkeit nicht beizukommen war. In *Dichtung und Wahrheit* beklagt Goethe die Vorbehalte gegen die Inokulation: »Die Einimpfung derselben ward bei uns noch immer für sehr problematisch angesehen, und ob sie gleich populare Schriftsteller schon faßlich und eindringlich empfohlen, so zauderten doch die deutschen Ärzte mit einer Operation, welche der Natur vorzugreifen schien. Spekulierende Engländer kamen daher aufs feste Land und impften gegen ein ansehnliches Honorar die Kinder solcher Personen, die sie wohlhabend und frei von Vorurteil fanden. Die Mehrzahl jedoch war noch immer dem alten Unheil ausgesetzt; die Krankheit wütete durch die Familien, tötete und entstellte viele Kinder, und wenige Eltern wagten es, nach einem Mittel zu greifen, dessen wahrscheinliche Hülfe doch schon durch den Erfolg mannigfaltig bestätigt war.«

Wissenschaftler erklärten, ohne Variolation sei die Wahrscheinlichkeit eines Pockentodes zehnmal größer als mit ihr. Im verbreiteten Ressentiment den angeblich unbelehrbaren niedrigen Ständen gegenüber wurde Ärmeren vorgeworfen, sich der segensreichen Medizin zu verweigern, aber womöglich war der eigentliche Grund für die Ablehnung die hohen Kosten der Behandlung, denn die Vorsorgemaßnahme war teuer. Ärmere konnten sich die Pocken-Inokulation gar nicht leisten, zumal von staatlicher Seite eine Förderung ohnehin ausblieb.

Stärker denn als Jahrhundert der Pocken ist das 18. Jahrhundert in Erinnerung als dasjenige der Aufklärung, die unter anderem für die Medizin große Erwartungen weckte, wenn sie den aufkommenden Naturwissenschaften den Weg ebnete. Viele Vertreter der Aufklärung verstanden Gesundheit als Naturzustand, von dem Krankheit abwich und daher auszumerzen war – nicht nur im Einzelfall, sondern auch grundsätzlich, mithilfe von Vernunft und Wissenschaft. Die Fortschrittseuphorie legte nahe, man werde sich der Krankheiten dereinst völlig entledigen können, befeuert durch die Fortschritte der Wissenschaft, deren Erkenntnisse die hippokratische Säftelehre zunehmend widerlegten. So rational und empirisch Hippokrates seine Überzeugungen gewonnen haben mochte, so klar stellte die aufstrebende Naturwissenschaft ihn infrage. Einer der wichtigsten Frühaufklärer aber, der Schweizer Jean-Jacques Rousseau, konnte der Inokulation trotzdem nichts abgewinnen. Er bezweifelte, dass ärztliche Heilkunst in jedem Fall segensreich wirkte; Lebensverlängerung war für ihn ganz grundsätzlich kein Wert an sich. Vielmehr galt ihm, was den Menschen weiter von seinem Naturzustand der Glückseligkeit entfernte, mithin auch Kultur und Wissenschaft, als von Übel. In *Emile oder Über die Erziehung* von 1762 plädierte Rousseau gegen die Inokulation: Besser war es, »die Natur allein walten zu lassen, was sie bald aufgibt, wenn der Mensch sich einmischt. Der naturverbundene Mensch ist immer bereit: Lassen wir also diesen Meister selber impfen. Er wählt den rechten Augenblick besser als wir.« Das hieß auf die Vorsorgemaßnahme zu verzichten und die Natur entscheiden zu lassen, wer die Pocken wann bekam und daran starb.

Andere Aufklärer waren entschieden anderer Auffassung: Den Naturzustand der Gesundheit zu erhalten, war auch eine individuelle Aufgabe des Einzelnen, so durch einen gesunden Lebenswandel und »die Sorge um sich«, beispielsweise mittels einer Präventionsmaßnahme gegen Krankheit. Und bedeutete es umgekehrt nicht eine individuelle Verfehlung, wenn man trotz Anleitung sowie der Unterstützung durch Wissenschaft und staatliche Gesundheitsinstitutionen krank wurde? War es überdies nicht ein Sinnbild der Aufklärung, wenn ein von menschlicher Vernunft entwickeltes Verfahren einer Krankheitsgeißel zu Leibe rückte und so den Menschen in den Naturzustand der Gesundheit zurückversetzte? Als Ausgang des Menschen aus seiner selbst verschuldeten medizinischen Unmündigkeit? Ein Stand Professioneller sollte den Laien zur Seite stehen, dem unnötigen Leid zu entgehen und sich glücklicher Gesundheit zu erfreuen: die ärztliche Elite.

Medizinische Kollektivmaßnahmen und der erste Impferfolg

Im 18. Jahrhundert setzte ein, was später als Medikalisierung der Bevölkerung bezeichnet wurde. Man kann den Vorgang verstehen als eine Ausprägung der Modernisierung, eine Auswirkung der allgemeinen Verstaatlichung, als Teil staatlicher Bevölkerungspolitik. Das Volk rückte in den Fokus gesundheitlicher Kollektivmaßnahmen, weil der Staat die Größe seiner Bevölkerung als Reichtumsindikator zu verstehen begann, weil der produktive Untertan wirtschaftliche und der besteuerte fiskalische Bedeutung erhielt und weil überhaupt erst Staatlichkeit gesundheitspolitische Maßnahmen größeren Stil ermöglichte. Da zu dieser Zeit außerdem stehende Heere zum Standard wurden, führte das Interesse an gesunden, weil kampfstarken Soldaten zu besserer medizinischer Versorgung mit besser ausgebildeten Militärärzten, die außer Soldaten auch deren Familien und die unteren Schichten medizinisch betreuten.

Breitenwirksame medizinische Maßnahmen wurden also angestrebt, und aufgeklärte Despoten des Jahrhunderts verfolgten ihre Ziele mit einer »medizinischen Polizey«, ein Begriff des Ulmer Stadtphysikus Wolfgang Rau von 1764. Raus Wortschöpfung erhielt nach seinem Tod von einem badischen Kollegen eine einflussreiche systematische Ausformung: Der Leibarzt des Fürstbischofs von Speyer Johann Peter Frank veröffentlichte 1779 sein *System einer vollständigen medicinischen Polizey,* das als wichtigstes Werk des Jahrhunderts zum Gesundheitswesen gilt und sich an die Regierenden richtete. Es deckte nahezu jeden Aspekt des Lebens ab und ist – ein bisschen totalitär – gespickt mit Ratschlägen und Vorschriften: Partnerwahl und Körperhygiene, Wasserversorgung und Wohnverhältnisse, Ernährung und Kindererziehung. Innere Sicherheit und Gesundheitssystem gehören für Frank zusammen, um beides müsse sich der Staat im eigenen Interesse klassenübergreifend kümmern. Der Verweis auf die Pocken lag auf der Hand: Sie seien eine Bedrohung der Bevölkerung und daher Maßnahmen angezeigt, weniger aus ethischem Ideal als staatlichem Eigeninteresse. Man muss Frank zugutehalten, dass er das Volk nicht bloß als Objekt eigennütziger Maßnahmen des Staates verstand. Er sah vielmehr die Notwendigkeit, die unteren Schichten politisch besserzustellen, um so ihre Lebensverhältnisse und Gesundheit zu verbessern. Das aber nahmen sich die Regierenden einstweilen weniger zu Herzen, als konkrete medizinische Maßnahmen anzustreben.

Zum Gegenstand der ersten größeren Maßnahme einer staatlichen medizinischen Polizey wurde die Bekämpfung der Pocken, allerdings nicht mittels Variolation, sondern mithilfe der Kuhpockenimpfung. Ende des 18. Jahrhunderts veröffentlichte ein englischer Landarzt namens Edward Jenner aus Berkeley in Gloucestershire die Ergebnisse seiner Untersuchungen und propagierte die Methode der Immunisierung durch Impfung mit Kuhpocken. Jenner war berichtet worden, dass Melkerinnen sich häufig am Euter der Milchkühe mit den für Menschen ungefährlichen Kuhpocken ansteckten und wie die Kühe am Euter an den Händen einen Ausschlag bekamen. Entscheidend an dieser Beobachtung war, dass die Frauen in der Folge auch gegen die Menschenpocken immun waren. Dass Melkerinnen selten Pockennarben trugen, war auch anderswo in Europa beobachtet worden, aber ohne dass man daraus Schlüsse gezogen hätte. Jenner jedoch, der als Achtjähriger inokuliert worden war, wurde neugierig und machte schließlich einen Feldversuch: Er impfte Mitte Mai 1796 einen Jungen namens James Phipps mit Material aus den Pockenpusteln der Melkerin Sarah Nelmes, worauf der Achtjährige die Symptome der Kuhpocken entwickelte. Die Impfung hatte also angeschlagen. Nach sechs Wochen und abermals nach einigen Monaten impfte Jenner den jungen James mit echten Pocken, doch beide Male zeigte der Junge keinerlei Reaktion: Er schien tatsächlich eine Immunität aufgebaut zu haben. Der Arzt erweiterte den Versuch auf 13 Personen, die mit Kuhpocken infiziert gewesen waren, und erneut schlug bei keiner das Virus an.

Edward Jenner bei einer der ersten Impfungen gegen die Pocken

Als Edward Jenner seine Ergebnisse 1798 veröffentlichte, wurde er zunächst heftig angefeindet, doch bald darauf bestätigten ihn die Versuche anderer Ärzte. Und schon drei Jahre nach der englischen Originalveröffentlichung lag Jenners Publikation in Deutsch, Französisch, Latein, Italienisch und Niederländisch vor. Unter anderem in Berlin, Wien und Hannover traf der Impfstoff noch 1799 ein, und der weltweite Siegeszug der Kuhpockenimpfung konnte beginnen. Allein in Großbritannien wurden bis 1801 bereits mindestens 100 000 Kinder immunisiert. Jenner bezeichnete seine Methode der Pockenbekämpfung als Vakzination, abgeleitet vom lateinischen Wort *vacca* für Kuh. (Zu Ehren Jenners erweiterte Louis Pasteur später die Nutzung des Begriffs auf alle Formen der Impfung gegen eine Infektionskrankheit.) Die Methode schlug ein – nicht allein, weil hier ein wirksames Mittel gegen die gefürchtete »Kinderpest« gefunden schien, sondern ebenso, weil es auf reges Interesse der sich entwickelnden Gesundheitsverwaltungen der frühmodernen Staaten stieß. Mit der ersten Impfung wurde zugleich erstmalig im großen Umfang ein Projekt der Medikalisierung angestoßen.

Die Pockenimpung – erste Erfolge in deutschen Landen

Jenner erwies nicht nur der Medizin im Allgemeinen einen großen Dienst, sondern auch dem eigenen Berufsstand. Denn die Ärzteschaft wurde durch die Pockenimpfung zum Instrument der Medikalisierung, konnte die Impfung aber gleichzeitig dafür nutzen, den eigenen Status zu verbessern und den Kreis potenzieller Patienten auf alle Schichten zu erweitern. Damals begann der Aufstieg der Ärzte zum anerkannten professionellen Berufsstand, und die Pockenbekämpfung bildete dafür ein Sprungbrett: sowohl durch den Umfang des Einsatzgebietes als auch durch den Autoritätszuwachs. Waren akademische Ärzte bisher eine Mischung aus medizinischem Berater und Lifestyle-Coach der Oberschicht gewesen, die sich allein diese fachliche Konsultation überhaupt leisten konnte, kamen sie jetzt in Kontakt mit allen sozialen Schichten und konnten nach und nach zu anerkannten Experten aufsteigen. Da sich ihre Zielgruppe erweiterte, verbesserten sich die Forschungsmöglichkeiten, denn mit immer mehr Praxis nahm die Datenbasis entsprechend zu: Die Expertise wuchs, und damit die Professionalität. Kein Wunder also, wenn die Ärzte erbittert darum stritten, als Einzige impfen zu dürfen. Doch ganz so einfach klappte es nicht mit dem Aufbau eines Monopols, denn vielerorts durften auch die handwerklich ausgebildeten Wundärzte und

Hebammen, oft sogar Lehrer und Pfarrer impfen. Hinnehmen mussten die Ärzte gleichzeitig eine Regulierung von Ausbildung, Arbeit, Zuständigkeit – und Verantwortung. Kurz gefasst: Der Berufsstand modernisierte und professionalisierte sich.

In zahlreichen größeren deutschen Städten wurden um das Jahr 1800 die ersten Impfungen nach Jenner'schem Vorbild vollzogen. In Berlin, wo damals ungefähr jedes vierte Neugeborene an den Pocken starb, hatten sechs Epidemien zwischen 1766 und 1795 jeweils etwa 1000 Opfer gefordert. Erster Impfarzt der preußischen Hauptstadt wurde Ernst Ludwig Heim, einer der populärsten Ärzte der Stadt, der noch 1799 begann, die Kinder des Stahlfabrikanten Voigt zu impfen. Der Pastorensohn aus dem Thüringischen hatte in Halle studiert, Europa bereist und dabei unter anderem die Pockeninokulation kennengelernt (und auch deren Gegner Jean-Jacques Rousseau getroffen). Dann wurde Heim Arzt in Spandau bei Berlin, praktizierte für Arme kostenlos, suchte sein Wissen beständig zu erweitern und führte öffentliche Sektionen durch. Er war bodenständig und nahbar und entsprechend beliebt, entsprach er doch so gar nicht dem entrückten akademischen Arzt der Oberschicht. Ausweislich seiner Tagebücher bestand sein Leben aus nicht viel mehr als Arbeit und Schlafmangel, doch er liebte seinen Beruf. Als Heim nach Berlin zog und einer der königlichen Leibärzte wurde (aber gleichzeitig Armenarzt blieb), hatte er mit ebendiesen elitären Medizinern zu tun, darunter Christoph Wilhelm Hufeland, mit dem er sich trotzdem allmählich anfreundete. Heim und Hufeland gelang es mit Kollegen, den König vom Potenzial der Jenner'schen Impfung zu überzeugen, sodass Friedrich Wilhelm III. 1801 einen Praxistest anordnete, der ergab, dass im Unterschied zur echten Pockenerkrankung die Impfung »nach allen angestellten Erfahrungen als eine äußert leichte gefahrlose Krankheit wirkt«. Bereits 1802 wurde das erste preußische Impfinstitut gegründet, das zum Ausbund preußischer Emsigkeit wurde und ähnliche Institutionen anderer Länder schon sehr bald in den Schatten stellte. Der preußische König war zudem der erste europäische Souverän, der in seiner Familie mit Kuhpocken impfen ließ; die Wahl fiel auf den jüngsten Prinzen: Carl. Es lag sicher in erster Linie an den dynastischen Verwerfungen, die die Pocken europaweit immer wieder auslösten und die jedem Oberhaupt eines Fürstenhauses warnend vor Augen standen, dass überall in Europa die Regierenden die Pockenimpfung schon so bald förderten. Wären nur »niedere Schichten« von der Seuche betroffen gewesen, hätten sie sich vermutlich noch zurückgehalten. So aber konnten euphorische Leibärzte ihren Fürsten nicht nur eine breitenwirksame, sondern zugleich eine machtsichernde Maßnahme andienen.

Zunächst erwog man, das Berliner Impfinstitut in der Charité anzusiedeln, entschied sich dann aber für das Waisenhaus der Stadt, in dem fortan an jedem Sonntag von 12 bis 14 Uhr Bedürftige kostenlos geimpft wurden. Sonst kostete die Impfung bis zu fünf Taler. 1803 machte ein Erlass des preußischen Königs »die Beförderung der Schutzblatternimpfung nunmehr zu einem besonderen Augenmerk unserer Staatsverwaltung«, auf dass »das menschliche Pockenübel, welches im Durchschnitt jährlich mehr als 40 000 Menschen in Unseren Landen wegraffte, sobald als möglich vertilgt und ausgerottet werde«. Dafür bedurfte es in Preußen wie anderswo der Werbung und Aufklärung. Plakate warben dafür, Impfurkunden und -medaillen sollten locken, und tatsächlich war der Erfolg zunächst groß: Bis April 1804 wurden rund 100 000 preußische Kinder geimpft. Preußen konnte angesichts dieses Erfolgs von der Einführung einer Impfpflicht Abstand nehmen, abgesehen von Militärangehörigen und im Fall einer ausgebrochenen Pockenepidemie. Nach und nach aber erweiterte man den indirekten Impfzwang auf Schüler und Lehrlinge, Waisenkinder oder Stipendiaten und koppelte den Bezug von Armenfürsorge daran, sodass die Maßnahme breitenwirksam wurde und einem indirekten Impfzwang gleichkam.

Die Frage eines Impfzwangs war in Preußen wie auch anderswo höchst umstritten – das debattenfreudige Zeitalter der Aufklärung war uneins, ob zum Wohl der allgemeinen Gesundheit die Entscheidungsfreiheit des Einzelnen zurückstehen sollte oder nicht. Hufeland war sehr entschieden, was die Impfung betraf: »Die Vaccination ist das einzige aber auch sichere Mittel, die Menschenpocken unmöglich zu machen. Es ist also jeder Staatsbürger, wenn er auch für seine Person sich jener Gefahr aussetzen wollte und dürfte, für andere verbunden, davon Gebrauch zu machen, und wer nun noch Menschenpocken bekommt (nehmlich aus Vernachlässigung der Vaccination), der hat sich eines Staatsverbrechens schuldig gemacht und ist strafbar.« Wie auch immer in den vielen deutschen Staaten die Entscheidung ausfiel: Im Impfergebnis machte dies zunächst gar keinen so großen Unterschied, denn die Impfquoten unterschieden sich nicht allzu sehr. Das rührte zum einen daher, dass der Impfzwang, wo er eingeführt wurde, nicht so streng durchgesetzt werden konnte, und weil zum anderen Staaten wie Preußen das Impfziel auf indirektem Weg ansteuerten. Und schließlich erzielten Aufklärung und Werbung ihre Wirkung bei den Eltern, ganz abgesehen vom leuchtenden Beispiel des Impferfolgs bei Kindern anderer. Allerdings zeigte sich nach erfolgreichen Jahren das Präventionsparadox, das eintritt, wenn der Erfolg einer Maßnahme zu Nachlässigkeit führt: in unserem Fall, weil die Pocken seltener wurden und an Schrecken verloren.

In Westfalen begann das kleine Fürstentum Lippe bereits 1801, das neuartige Verfahren anzuwenden, worüber die lokalen Zeitungen ausführlich berichteten. Ein umfassendes Impfprogramm entstand daraus aber offenbar zunächst nicht, denn als Anfang 1804 in Schötmar (heute ein Ortsteil von Bad Salzuflen) die Pocken ausbrachen, schrieb der Salzuflener Amtsarzt Gevekoth an die Regierung in Detmold bezüglich der »jetzt wichtigsten Sache der Menschheit«, der Kuhpockenimpfung, »die durch so viel tausendfältige Erfahrung als sicheres Gegenmittel der natürlichen

Pokken schon jetzt erkannt ist, höchsten Orts künftigst zu empfehlen durch Mitteilung dieser Angelegenheit an Hochfürstl. Konsistorium den Predigern dieses Landes Reskripte zu erlaßen, wodurch es denselben zur Pflicht gemacht würde, durch öffentliche Belehrung und Aufruf der Gemeinden sich dieser Sache aufs eifrigste anzunehmen, um der Kuh-Pokken-Impfung in hiesigem Lande mehr Eingang zu verschaffen«. In Detmold hielt man den Zeitpunkt aber für verfrüht, erst im Herbst des folgenden Jahres nahm man sich der Sache an, sah jedoch Hindernisse, vor allem in der Skepsis der Bevölkerung. Die Regierung diskutierte ein Impfgesetz, belief es zunächst aber bei der Förderung. Lehrer und Pfarrer erhielten, um die Impfung zu propagieren, Argumentationshilfen an die Hand. Unter anderem rieten sie dazu, den Eltern zu vermitteln, dass sich des Mordes schuldig mache, wer sein Kind nicht impfe, falls es später an den Pocken sterbe. Der Erfolg scheint aber trotzdem mäßig gewesen zu sein, jedenfalls kam es 1807 und 1808 in verschiedenen Gegenden des Fürstentums zu Pockenepidemien mit vielen Toten. Durch Befragung der Pfarrer aller Gemeinden versuchte die Regierung herauszufinden, was den Erfolg des Impfangebots behinderte. Dem Rücklauf zufolge war es außer den Kosten die »Halsstarrigkeit« der Eltern, mitunter gar die Gleichgültigkeit, ob die Kinder sterben oder leben würden. Zudem waren die Impfaktionen nicht gut organisiert, die Impfärzte zu weit entfernt, oder war die Terminlage diffus. Impfstoffmangel war ein weiteres Problem, das galt hier wie anderswo. Diese Schwierigkeiten sind wenig erstaunlich, wenn ein unerprobtes Verfahren zur Anwendung kommt – auch Maßnahmen gegen Kinderkrankheiten haben Kinderkrankheiten.

Andere Faktoren erhöhten die Bereitschaft der Eltern, ihre Kinder impfen zu lassen: die unmittelbare Erfahrung einer Epidemie, Autoritätspersonen mit Vorbildfunktion, die die eigenen Kinder impfen ließen, gut vermittelte Impfaufklärung sowie der Nachweis, dass geimpfte Kinder die Pocken nicht bekamen. Um das unwiderlegbar zu demonstrieren, legte man mitunter geimpfte zu pockenkranken Kindern ins Bett.

Im Sommer 1809 erließ die Regierung in Detmold eine erste Impfverordnung, die allerdings die Impfung weiterhin nicht vorschrieb, sondern lediglich dringend empfahl: »(…) dünkt Uns der Zeitpunct nun erschienen zu seyn, wo Landesmütterliche Fürsorge die Schutzblattern-Impfung nicht mehr blos wie bisher wünschen, aufmuntern und befördern, sondern laut empfehlen und ernstlich alles verhindern und aus dem Wege räumen muß, was ihre Wohltaten hemmen und vereiteln könnte.« Die Pocken wurden zu einer meldepflichtigen Krankheit erklärt, die Inokulation wurde verboten, doch ansonsten vertraute man weiter auf die sanfte Kraft der Überzeugung und die Einsicht der Eltern. Dass dies nicht in ausreichendem Maße gelang, belegen Klagen des Dr. Ochs, der sich für Impfzwang und Strafen aussprach, zumal widerspenstige Eltern ihm gegenüber eingeräumt hatten, bei behördlichem Zwang durchaus einlenken zu wollen. Doch die Angelegenheit blieb noch eine ganze Weile ungelöst: Erst Anfang 1822 erließ das Fürstentum Lippe ein umfassendes Impfgesetz, das die Impflicht einführte. Ausweislich der nunmehr geführten Impftabellen, von denen allerdings nur wenige erhalten sind, belief sich der Erfolg auf eine Impfrate zwischen 60 und 80 Prozent. Noch klarer belegen die Sterbelisten den Erfolg des Impfgesetzes: Von 1776 bis 1849 ging der Anteil Pockentoter pro 1000 Einwohner von 3,4 auf 0,07 zurück, ein im deutschlandweiten Vergleich besonders niedriger Wert.

Weiter südlich, im ebenfalls sehr kleinen, doch unabhängigen Fürstentum Hohenlohe-Kirchberg, heute Teil von Baden-Württemberg, schritt man bedeutend schneller voran als im Westfälischen: Im Januar 1803 erhielten alle Pfarrer die Weisung, von der Kanzel die neuartige Schutzpockenimpfung zu propagieren. »Das Wohl des von Gott uns anvertrauten Landes und seiner Einwohner liegt uns zu sehr am Herzen, als dass wir es unterlassen könnten, besonders da die natürlichen Blattern wieder in der Nähe zu grassieren anfangen, jedermann darauf aufmerksam zu machen, sich zum Besten der jungen Leute und Kinder, welche die gefährliche und oft verderbliche Krankheit der natürlichen Blattern noch nicht überstanden haben, jenes sichere, leichte und unschädliche Verwahrungsmittel zu bekennen.« Als vertrauensbildende Maßnahme mochte dienen, dass die beiden beauftragten Ärzte Leibarzt und Leibchirurg des regierenden Fürsten Christian waren. Der Landesvater empfahl also dringend die Impfung und stieß damit offenbar auf einige positive Resonanz. Christians Neffe, Fürst Karl Ludwig des benachbarten Hohenlohe-Langenburg, war in Sachen Pockenbekämpfung zwar offenbar nicht in Kontakt mit seinem Onkel, stand dafür aber in Korrespondenz mit dem rührigen Bückeburger Arzt und Impfpropagandist Faust, dessen Aufruf zur Impfung unter anderem in den Gaststätten der Gemeinden Hohenlohe-Langenburgs plakatiert wurde.

Fürst Karl Ludwig von Hohenlohe-Langenburg führte 1805 die Pflichtimpfung gegen die Pocken ein.

Um aber einen größtmöglichen Effekt zu erzielen, entschied man zugunsten einer Pflichtimpfung, die im Januar 1805 eingeführt wurde – Hohenlohe-Langenburg wurde damit als Kleinstfürstentum zum medizinischen Pionier unter den deutschen Staaten. Vermutlich erwies sich als Vorteil, dass die fürstliche Regierung weniger staatlich-absolutistisch daherkam als patriarchalisch und daher die landesväterliche Maßnahme eine persönliche Handschrift trug. Angesichts der geringen Einwohnerzahl war die Aufgabe allerdings durchaus überschaubar: Hohenlohe-Kirchberg umfasste nur wenige Quadratkilometer. Der beauftragte Impfarzt Dr. Bäumlein zog von Februar bis Juli 1805 durch die 18 Ortschaften des Fürstentums und impfte insgesamt 189 Kinder im Alter zwischen zehn Wochen und zehn Jahren. Die Kontroverse um einen Impfzwang hatte er zuvor mit einer rhetorischen Frage kommentiert, die bis heute im Zentrum der Impfdebatte steht: »Fordert nicht das Wohl der übrigen Mitbürger, dass oft die Freiheit einiger beschränkt werde?« Der Hohenlohe-Langenburger Impfzwang bestand allerdings nur kurz, weil im Zuge der Napoleonischen Mediatisierung die Hohenloher Zwergstaaten bereits 1806 Teil des neu gegründeten Königreichs Württemberg wurden, das die Pockenimpfung als Innovation zwar unterstützte, aber einstweilen nicht vorschrieb.

In der württembergischen Hauptstadt Stuttgart hatte der herzogliche Leibarzt August Christian von Reuß spätestens 1801, vielleicht auch schon 1800 die erste Pockenimpfung getätigt und vermeldete nach drei Monaten, schon über 500 Impfungen vorgenommen zu haben, nach weiteren sechs Monaten 1121. Rasch machte das Beispiel Schule in Stadt und Land, ganz überwiegend ausgehend von der Initiative einzelner Ärzte, die über die kommenden Jahre in manchen Ortschaften bereits flächendeckend impften.

Die württembergische Regierung stand der Impfung zwar positiv gegenüber und leistete ihr mit verschiedenen Maßnahmen behutsamen Vorschub, verließ sich aber zunächst auf die Eigeninitiative der Ärzte und wollte außerdem die öffentlichen Kassen nicht mit einem kostenlosen Impfangebot belasten, nicht einmal für Arme. Wohlwollender wäre die Erklärung, wonach man den Eingriff in die individuellen Freiheitsrechte scheute; möglicherweise handelte es sich auch um eine Anlehnung an Napoleon, der für Frankreich einen Impfzwang ebenfalls ablehnte. Ihm verdankte Württemberg immerhin den Aufstieg zum Königreich. Wie auch immer, noch für längere Zeit schreckte die Regierung vor einem Impfzwang zurück. Als bereits nach wenigen Jahren der schwäbische Impfeifer nachließ und in der Folge die Pocken abermals stark wüteten, nahm die Impfbereitschaft jedoch wieder zu, sodass der Impfschutz zwischenzeitlich zwar nicht flächendeckend, aber doch recht umfassend erreicht wurde. 1808 verfügte die Regierung das »Häusersperren«, also die Isolierung von Häusern, in denen die Pocken auftraten, sowie 1814 ein Schulverbot für nicht geimpfte Kinder; beide Maßnahmen wurden aber nicht konsequent umgesetzt. Das Schulverbot spielte gar manchen Eltern in die Hände, die in der Schulbildung für ihre Kinder wenig Gutes erkennen wollten. Als die Bereitschaft der Eltern, ihre Kinder immunisieren zu lassen, erneut und empfindlich zurückging, gleichzeitig aber die Infektionszahlen in die Höhe schossen, reagierte schließlich der reformfreudige und modernisierungswillige Wilhelm I. von Württemberg, der erst seit zwei Jahren König war, 1818 mit der Einführung der Impfpflicht. Künftig mussten alle Kinder vor dem dritten Lebensjahr geimpft werden, im Fall einer Epidemie alle Kinder über drei Monate; als europaweit erster Staat führte Württemberg 1829 die Nachimpfung ein. Gänzlich pockenfrei war Württemberg jedoch erst 1892.

Im neu gebildeten Königreich Westphalen, das Napoleons Bruder Jérôme regierte, ergriff der Wolfenbütteler Arzt Wilhelm Harcke 1808 die Initiative für eine gesetzlich geregelte Impfpflicht, indem er sich direkt an den König in Kassel wandte – Wolfenbüttel war Teil des Königreichs Westphalen geworden. Das wenige Monate später erlassene Impfdekret sah allerdings lediglich eine indirekte Impfpflicht vor: Ohne Pockenimpfung wurde niemand in Schulen, Universitäten und anderen Lehranstalten zugelassen; Waisen wurden generell geimpft und Arme von den Kosten befreit. Wie anderswo wurde die Impfung unter anderem von Lehrern und Pfarrern sowie in Publikationen und von der Presse propagiert. Als napoleonischer Modellstaat stand Westphalen ganz unter dem Einfluss der gesundheitspolitischen Vorstellungen Napoleons, und trotz massiver Finanzprobleme, einer heiklen politischen Lage sowie der schwierigen Aufgabe, einen Staat neuen Zuschnitts mit Territorien aus zuvor unterschiedlichen Herrschaften zu schaffen, traf Westphalen Maßnahmen gegen die Pocken. Dass der Impfzwang vermieden wurde, lässt sich wie im Fall des ebenfalls napoleonisch beeinflussten Königreichs Württemberg erklären mit der Haltung, Überzeugungsarbeit sei Zwangsmitteln vorzuziehen und die Individualrechte seien zu respektieren. Frankreich sah ebenfalls davon ab, einen generellen Impfzwang einzuführen. Erst viele politische Umwälzungen später erging 1902 ein genereller, nunmehr aber auch besonders strenger Impfzwang für Frankreich.

Doch auch im Napoleonischen Kosmos findet sich ein Beispiel für beherzteres Vorgehen. Im toskanischen Kleinfürstentum Lucca regierte so tatkräftig wie erfolgreich Napoleons Schwester Elisa, die offenbar wenig kümmerte, was in anderen Satellitenstaaten ihres Bruders gesundheitspolitisch galt. Sie bestimmte für ihr Herrschaftsgebiet und das ihres Mannes Félix, das livornische Piombino, 1806 einen generellen Impfzwang. Diese frühe Entschiedenheit Elisas gleicht der des Landesvaters Karl-Ludwig von Hohenlohe-Langenburg, die damit die sonst gern als rückwärtsgewandt abgetane Kleinstaaterei in ein entschieden fortschrittlicheres Licht rücken. Vorreiter für eine dauerhaft verpflichtende Impfung in einem Flächenstaat sind dagegen Bayern und Hessen-Darmstadt – und das nicht nur deutschlandweit, sondern in ganz Europa.

In Bayern verlief es zunächst ganz ähnlich wie in Württemberg: Schon früh wurde geimpft, dann ein »Centralimpfarzt« bestellt, die Schutznahme im Land propagiert und die Krankheit meldepflichtig gemacht. Im Unterschied zu Württemberg aber entschied der bayerische König Maximilian I. Joseph mit Erlass vom 26. August

1807, dass künftig alle Kinder bis zu ihrem 3. Geburtstag geimpft werden mussten. Der Arzt und Medizinalrath Wetzler hatte gegenüber der bayrischen Staatsregierung für den Zwang plädiert mit dem Argument, im Zweifel seien die Eltern als unmündig anzusehen, über eine gelehrte Sache wie die Vakzination vernünftig zu urteilen, weshalb der Staat diesbezüglich eine Obervormundschaft über die Kinder ausüben müsse. Die Verweigerung wurde unter Strafe gestellt, die umso höher ausfiel, je länger die Eltern sich verweigerten; außerdem wurden im Pockenfall strenge Isolationsmaßnahmen verfügt: Ein Pockenhaus wurde wie früher ein Pesthaus behandelt und abgeriegelt, Gesundete wurden noch unter eine vierwöchige Quarantäne gestellt. Auf eine Behandlung wie im Pestfall verfielen auch andere Länder; sie sollte abschreckend wirken und tat es vermutlich auch, sie war drastisch genug und die Erinnerung an die Pest noch höchst lebendig.

Etwas schneller noch als Bayern handelte das Herzogtum Hessen-Darmstadt (das im Unterschied zu Hessen-Kassel kein Teil Westphalens wurde): Hier erging das Gesetz zur allgemeinen Impfpflicht knapp drei Wochen früher am 6. August 1807 und verlautete in der Präambel, dass »schon seit geraumer Zeit die Schutzkraft der Kuhpocken gegen die Blattern durch unzählige Beweise unwidersprechlich erwiesen ist«. Impfinstitute in Darmstadt, Gießen und Arnstadt sollten gegründet werden, die Pfarrer fürs Impfen agitieren; die Variolation wurde verboten.

Ganz anders verfuhr Hamburg, das schon wegen seiner Nähe zu England sehr früh mit der Kuhpockenimpfung begann. Ein Impfzwang wurde dort allerdings nicht eingeführt; zudem weigerte sich die Stadt beharrlich, überhaupt Verantwortung für den Impfbetrieb zu übernehmen. Der wurde vom 1816 gegründeten Ärztlichen Verein bestritten. Immerhin ließ die Gesundheitsverwaltung 1823 stadtweit Impfwerbung plakatieren, auf der es hieß: »Daß die Kuhpocken gegen die Menschenpocken schützen, ist so gewiss als irgendetwas in der Physik, und die einzelnen scheinbaren Annahmen, die noch dazu sehr häufig ihren Grund in verunglückten Impfungen der Kuhpocken haben, beweisen das Gegenteil so wenig, als die aufsteigenden Seifenblasen das Gesetz der Schwere aufheben.« Aber noch 1860, nach jahrelangen, wiederholten Interventionen des wohltätigen Vereins, wollte sich der Senat nicht engagieren, sondern ließ verlauten, »der Senat gebe sich im Übrigen dem Vertrauen hin, die Physici würden wie bisher, auch ferner dem Impfwesen die nöthige Aufmerksamkeit widmen«. Das reiche Hamburg schreckten die damit verbundenen Kosten. Erst nach der Reichsgründung 1871 und der großen Pocken-epidemie wurde ein Impfgesetz mitsamt Pflichtimpfung erlassen und doch noch ein staatliches Impfinstitut gegründet, das für die ersten 30 Jahre allerdings lediglich aus drei Räumen über einer Markthalle bestand. Vorbildlich wurde Hamburg jedoch, was die Gewinnung von Kälberlymphe betraf. Oberimpfarzt Voigt begab sich dafür auf Studienreise in die Niederlande und baute dann eine eigene Impfstoffgewinnung auf, die in Deutschland viele Nachahmer fand.

Impfen – Propagandisten und Gegner

Die Euphorie der Mediziner war anfangs immens, und sie publizierten eifrig, um zu bewerben, was sie als »göttliche Erfindung«, »herrliches Mittel« oder gar »wichtigste Entdeckung« priesen. Um 1900 schrieb ein Historiker, einer Engelstrompete gleich habe es über den Erdball geschallt, und tatsächlich schlossen sich dem Halleluja auch viele Geistliche an. Im zeittypischen Ideal der Volksaufklärung erschienen in großer Zahl Schriften, die auch weniger Gebildeten die Vorzüge der Impfung nahebringen sollten. Statt den göttlichen Willen in Form einer Krankheit ergeben anzunehmen, wurde die Pockenimpfung als Himmelsgeschenk verklärt, das abzulehnen nun wiederum einer Sünde gleichkam, gar als Verstoß gegen das fünfte Gebot, nicht zu töten, hingestellt wurde. Gleichzeitig sollten Informationen und Argumente Vorbehalten entgegenwirken, wofür neben den Medizinern auch Autoritätspersonen wie Geistliche, Lehrer oder Beamte bemüht wurden. So publizierten die Propagandisten der Impfung sehr rege, etwa der Bückeburger Arzt Bernhard Christoph Faust, dessen Gesundheitskatechismus weite Verbreitung fand und sogar zum Lehrmittel in Schulen wurde. Faust erstellte ein großes Flugblatt, das er überall in Deutschland den Regierenden anbot, mit dem Titel *Zuruf an die Menschen: Die Blattern, durch Einimpfung der Kuhpocken, auszurotten.* In seiner Heimatstadt lockte Faust mit Brezeln für die frisch Geimpften. Publizistisch engagiert waren aber nicht nur Mediziner, wie das Beispiel des sächsischen Pfarrers Joseph Friedrich Thierfeld zeigt. Er gab seine *Predigt zur Belehrung für solche Eltern, die sich bis jetzt nicht entschließen konnten, von diesem bekannten Rettungsmittel Gebrauch zu machen* 1812 in Druck.

Doch es gab auch Einwände gewichtiger Geister: Der Königsberger Aufklärer Immanuel Kant äußerte ebenso Kritik wie der Berliner Arzt und Aufklärer Marcus Herz, der von einer »Brutalimpfung« sprach. Dabei richtete sich Herz gar nicht so sehr gegen die Vakzination an sich, sondern gegen die allzu schnelle Euphorie, bevor seriöserweise bekannt sein konnte, welche Wirkungen dieses ganz neue Verfahren haben würde. Solange Folgeschäden nicht ausreichend bekannt waren, machte die Impfung Menschen zu Versuchskaninchen, schrieb Herz. Kant hatte schon in Sachen Inokulation etwas widrig argumentiert, die Pocken seien wie der Krieg ein Instrument der Natur gegen Überbevölkerung und ein menschliches Eingreifen sei inakzeptabel. Ebenso wenig vermochte er sich mit der Kuhpockenimpfung anzufreunden, wie ein befreundeter Arzt berichtete, weil damit die Menschheit sich zu sehr mit dem Tier einlasse. Sowieso stellte er die Wirksamkeit des Verfahrens infrage.

Mit Herz und Kant befreundet war der ungemein vernetzte Arzt und politische Intellektuelle Johann Benjamin Erhard, aus

Die Nebenwirkungen der Kuhpocken-Impfung: Der Mensch wird zum Tier (Karikatur von James Gillray).

Nürnberg stammend und seit 1799 in Berlin ansässig. Seine Ablehnung der Kuhpockenimpfung war ähnlich skeptisch: »Die Kuhpocken inokuliere ich so wenig als die natürlichen. Ich habe gegen die ersten noch den Grund, daß sich nicht vorhersehen läßt, was aus dieser endemischen Krankheit, wenn sie sich den menschlichen Körper in verschiedenen Gegenden aneignet, werden wird, und ob dadurch dem menschlichen Körper nicht unabsehbares Elend bereitet werden kann.«

Schließlich entsprach es doch dem Ideal der Aufklärung, wenn jeder Einzelne, im Vollbesitz seiner Anlage zur Vernunft, selbst frei entscheiden konnte, ob er sich oder seine Kinder impfen ließ. Da kam es nicht auf Euphorie und Fortschrittsglauben an, sondern auf gesicherte Erkenntnisse, die so kurz nach Einführung des neuen Verfahrens, Menschen mit tierischer Substanz zu immunisieren, schlechterdings noch nicht vorliegen konnten.

Der Risikovorbehalt bediente den verständlichen, sogar Kant beherrschenden Impuls, die Einimpfung tierischer Lymphe als der menschlichen Natur abträglich abzulehnen. Doch mehr als solche Erwägungen schadete der guten Sache die vorschnelle Euphorie, den Pocken den Garaus zu machen: Man ging nämlich von Annahmen aus, die noch nicht bewiesen waren, insbesondere was eine lebenslange Immunität nach einfacher Impfung betraf. Der Rückschluss von lebenslanger Immunität nach überstandener Krankheit auf lebenslange Immunität nach erfolgter Impfung war voreilig; tatsächlich brauchte es eine zweite Impfung, um dieses Ziel zu erreichen. Das aber kam den Impfgegnern zupass: Wenn nämlich Geimpfte an den Pocken erkrankten, was konnte die ganze Sache dann wert sein? Ein anderes Problem war die Qualität des Impfstoffs: Wurde mit tierischer Lymphe geimpft, kam es vor, dass das Material an Wirkung verloren hatte. Erst später erwies sich Glyzerin als geeignetes Konservierungsmittel. Mangels Überwachung kam außerdem vor, dass wirkungsloser Stoff angeboten wurde. Die Beschaffung tierischen Impfstoffes war mitunter schwierig, wenn die Kuhpocken, eine sporadisch auftretende Erscheinung, ausblieben. Dem versuchte man zu begegnen, indem man entweder Kühen die Pocken von Menschen einimpfte oder die Kuhpocken in Kälbern fortzüchtete.

Für die Kuhpockenimpfung als erste Immunisierung überhaupt mussten sowohl Verfahren als auch die Infrastruktur aufgebaut werden; das bedeutete, auf vielerlei Weise Neuland zu betreten. Beginnend bei der medizinischen Infrastruktur, die sich gerade erst herauszubilden begann, und einem Gesundheitswesen, das als »medizinische Polizey« noch mehr Theorie als Praxis war, musste das Impfen als medizinische Maßnahme eingeführt, die Kuhpockenimpfung erprobt und geprüft, Aufklärung betrieben sowie der Impfstoff beschafft werden. Wie komplex sich diese Aufgabe darstellte, lässt sich am Berliner Beispiel illustrieren.

Der erste in Preußen amtlich bestellte Impfarzt war Johann Immanuel Bremer, der bereits 1800 in seiner »Vaccinationsschule« Pionierwissen an die Kollegen weitergab, zur Schutzpockenimpfung publizierte und Gründungsdirektor des »Königlich-preußischen Schutzblattern-Instituts« wurde. Das im Friedrichs-Waisenhaus an der Spree installierte Institut wurde in seiner Arbeit für das ganze Königreich tätig, beispielsweise durch das Erstellen von Statistiken und Dokumentation der Impfungen.

Außer um die zahlreichen Impfungen kümmerte sich Bremer auch um die Beschaffung von Impfstoff: Dafür wollte Bremer erfassen, wo es zu Fällen von Kuhpocken kam, um auf Bauernhöfen den Impfstoff gewinnen zu können. Die Landärzte sollten das Berliner Institut informieren, wenn irgendwo im Königreich eine Kuh an Pocken erkrankte, worauf Bremer anreiste, um Kuhlymphe nach Berlin zu holen und von dort auf Anfrage ins ausgedehnte Königreich weiterzuversenden. Daneben kümmerte sich das Institut um die Popularisierung der Impfung mittels Plakaten, Informationsschriften, aber auch Impfurkunden und -medaillen und ließ die Zeitungen Impftermine abdrucken. Nach Bremers Tod führte sein Sohn die durchaus umfangreichen Geschäfte weiter.

Aus Mangel an verfügbarer Kuhlymphe und weil es einfacher zu handhaben war, wurde zunehmend von Kind zu Kind geimpft. Da die Eltern dafür nicht leicht zu gewinnen waren, sollten Prämien die Entscheidung erleichtern. Das Verfahren barg jedoch Gefahren, wenn das Kind, von dem weitere »abgeimpft« wurden, noch andere Krankheitserreger in sich trug und es zu Infektionen mit Wundrose oder Syphilis kam. In Berlin ging man diese Probleme an, indem man Waisenkinder zum Abimpfen hernahm; diese »Impfkönige« erhielten bessere Kost und wurden regelmäßig untersucht. Doch insgesamt kam es immer wieder zu Impfunfällen. In Hamburg wurde 1874 ein Oberimpfarzt der noch jungen Staatsimpfanstalt des Amtes enthoben und zu einer Geldstrafe verurteilt, nachdem er versehentlich ein Kind mit syphilisinfizier-

Das Berliner Friedrichs-Waisenhaus um 1830

ter Lymphe geimpft hatte. Auch Hepatitis-Fälle traten auf, so noch 1883/84 unter 1200 Fabrikarbeitern in Bremen infolge einer Pockenimpfung mit Impfstoff aus infizierter menschlicher Lymphe. In der Frühzeit der Impfung kam es aber auch zu anderen Verunreinigungen beim Impfen, denn ein Hygienestandard, wie wir ihn heute erwarten, musste erst noch entwickelt werden. Man kann nicht einmal davon ausgehen, dass sich die Impfärzte die Hände wuschen, bevor sie sich die Impflinge vornahmen, und die Lanzette wurde ebenso wenig vor jedem Impfgang gesäubert – das 19. Jahrhundert ließ sich noch einige Zeit, bis es Desinfektion zum Standard machte.

Vermutlich hätten sich auch ohne auftretende medizinische Probleme Impfgegner gefunden, war doch die Prophylaxe gegen die Pocken nicht nur im Besonderen neu, sondern generell eine zuvor unbekannte Form einer breitenwirksamen medizinischen Maßnahme, die die ganze Bevölkerung in den Fokus nahm. Damals wie heute wurden als Argumente ins Feld geführt, Impfung sei Körperverletzung oder müsse als persönliche Gewissensentscheidung dem Einzelnen überlassen sein, ohne Einflussnahme des Staates. Aber natürlich bedeuteten die Probleme, zumal in Sachen Immunität, Wasser auf die Mühlen der Skeptiker, die fortan in allen möglichen Versionen und Variationen die angebliche Unwirksamkeit und Schädlichkeit der Impfung beschworen. Erste Impfgegnerschriften erschienen schon 1801 in Frankfurt am Main, wo der Mediziner und Anatom Samuel Thomas Soemmerring gerade die Kuhpockenimpfung eingeführt hatte. Sein Arztkollege Johann Christian Ehrmann sprach vom »Kuhpockenschwindel«, Johann Valentin Müller empfahl Soemmerring und anderen Befürwortern, ihr »Ausposaunen« zu mäßigen, damit sie sich nicht lächerlich machten, wenn sich die Hoffnungen nicht erfüllten, die in die Impfung gesetzt wurden. Die Stoßrichtung verriet seine Publikation von 1801 schon im länglichen Titel: *Beweiß, daß die Kuhpocken mit den natürlichen Kinderblattern in keiner Verbindung stehen und also ihre Einimpfung kein untrügliches Verwahrungsmittel gegen die natürlichen Blattern seyn kann.*

Es wäre allzu einfach, in den Impfgegnern, ob Mediziner oder Laien, nichts als rückwärtsgewandte Antimodernisten und Fortschrittsfeinde zu sehen, denn ihre Ablehnung der Vakzination war durchaus ein Ergebnis der allgemeinen Medikalisierung, eine Form eigengesundheitlicher Reife: Während die frühe Impfgegnerschaft zumal auf dem Land auf einer passiven Auffassung von Unausweichlichkeit von Gesundheit und Krankheit beruht hatte, mal mehr, mal weniger religiös ausgefüttert, ging es jetzt um ein neues Gesundheitsbewusstsein, das aber Ärzten, Wissenschaft und Mehrheitsmeinung misstraute. Insofern stehen die Impfgegner des 19. Jahrhunderts denen des 21. durchaus nahe, zumal sich damals wie heute Anhänger alternativer Richtungen einbrachten.

Taktik und Argumente, die im Ringen um Impfung und Impfzwang eingesetzt wurden, ähneln denen heutiger Impfgegner oder Coronaleugner, wobei im 19. Jahrhundert der Forschungsstand hinter dem heutigen weit zurückstand. Weder konnte die Immunisierung als Seuchenprophylaxe auf eine breite Datenbasis zurückgreifen, noch stand der Korpus bakteriologischer Erkenntnisse zur Verfügung, auf den die Medizin heute Zugriff hat. Doch die Wortführer verteidigten ihre Position unermüdlich. Schwer beizukommen war Vorwürfen der Geldschneiderei seitens der Ärzteschaft (Pharmakonzerne gab es noch nicht) oder der medizinischen Profilierungssucht per Durchimpfung eines ganzen Volkes. Nicht rundheraus abwegig war außerdem das gelegentlich vorgetragene Argument, das in ein Impfregime investierte Geld wäre besser angelegt, wenn man ärmeren Schichten bessere Lebensbedingungen ermöglichen und Pockenkranke rechtzeitig isolieren würde. Mit dieser Stoßrichtung sollten später im Reichstag Politiker der Sozialdemokraten die Reichsregierung angreifen, indem sie die Impffrage zur sozialen Frage machten.

Schon im 19. Jahrhundert stieß das Thema Impfung bei der wachsenden Lebensreformbewegung, bei Tierversuchsgegnern und Anhängern des Vegetarismus auf lebhafte Resonanz. Die Impfgegner verstanden sich als rational, sahen wissenschaftliche wie statistische Ergebnisse auf ihrer Seite und bezichtigten im Gegenteil die Impfbefürworter der fahrlässigen Unvernunft, gar des Aberglaubens. Dem Heilpraktiker und Verfechter des Vegetarismus Theodor Hahn, der in der Schweiz eine Kuranstalt betrieb, galt die Pockenimpfung als eine der sieben Todsünden der Medizin. Der Barmener Arzt Richard Nagel, Vegetarier, Tierversuchs- und Impfgegner, wetterte 1881 in einem Manifest außer gegen missbrauchte Statistiken gegen die Verunreinigung des menschlichen Blutes durch unreine tierische Stoffe. Er verstand Krankheiten als »naturnothwendige Folgezustände naturwidriger Lebensweise« und nicht etwa verursacht von einem angeblich »heimtückischen, listigen Teufel«, also Krankheitserreger. Häufig überschnitten sich die Zugehörigkeiten, so im Fall des Baden-Badener Baritons und »Volkserziehers« Carl Griebel. Er war Anhänger der Naturheilkunde, aber auch glühender Antisemit, jedenfalls ausweislich seiner Schrift »Unter jüdischer Diktatur oder Impfzwang«. Die Mär der jüdischen Weltverschwörung legt er dar am »Betrug der Söhne Israels«, die eine »Diktatur über Gesundheit« anstrebten und außer mittels »Branntweinpest« durch eine »Massenvergiftung mittels Eiterjauche« nach unbeschränkter Macht strebten. »Die schlimmste aller Vergiftungen« sei die Kuhpockenimpfung, und das »famose Reichsseuchengesetz« öffne einer jüdischen Diktatur Tür und Tor. Die jüdische Ärzteschaft beabsichtige, die christliche zu verdrängen. Tonlage und Ausrichtung Griebels sind keine Ausnahme im Chor der Impfgegner.

Zur Bewegung formierten sich die Impfgegner Mitte des Jahrhunderts. Ein Anhänger der Alternativmedizin, wie man heute sagen würde, wurde zum Begründer der großen Impfgegnerbewegung Mitte des 19. Jahrhunderts, die von Württemberg ausging: der Stuttgarter Arzt Carl Georg Gottlob Nittinger, der im Revolutionsjahr 1848 seine erste Streitschrift gegen die Pockenimpfung herausbrachte. Der bekannteste und vielleicht aktivste Impfgegner sollte seiner ersten Publikation innerhalb eines Vierteljahrhunderts 24 weitere von am Ende stattlichen 2500 Seiten folgen lassen.

Wortmächtig schrieb er und sprach in zahlreichen Vorträgen in ganz Deutschland vom wackeren »Impfprotestantismus«, der sich wehre gegen einen Feind namens Pockenimpfung, »der wie ein Krebsgeschwür den schönen Leib der Germania zerfrißt«. Andernorts beklagte er »Impfvergiftung«. Ihm mochte nicht einleuchten, wie »ein dem menschlichen Körper eingeimpftes Thiergift, die Jauche aus der Eiterbeule des Kuheuters, ihn gesund, kräftig und blühend« machen sollte. Nittinger war nicht der einzige Arzt, der die Impfung verteufelte; in der Mehrzahl jedoch handelte es sich um medizinische Laien, die gegen die Impfung

*Schon 1848 gab es Zweifel an Impfungen: Carl Georg Gottlob Nittinger
wurde zum Begründer der Impfgegnerbewegung.*

anstürmten, oft aus dem städtischen Bürgertum in Regionen, die
keineswegs als rückständig galten. Nittingers Status als Arzt mag
seiner Sache dienlich gewesen sein, seine fanatische Rhetorik vermutlich ebenso, jedenfalls folgte aus seinem Auftritt 1869 im Königreich Sachsen, das keine Impfpflicht kannte, ein bedenkliches
Absacken der dortigen Impfquote, die in Sachsen bislang stets gut
ausgefallen war. In Leipzig sank die Quote 1869 und 1870 um jeweils fast ein Drittel.

Das Argument der Gesundheitsgefährdung untermauerten die
Impfgegner mit Fällen vorgeblicher Impfschäden, meist mit Todesfolge. Allerdings diente jeder Fall einer Erkrankung in zeitlicher Folge einer Impfung als Beweis für die Ursache Impfung, ob
die behauptete Kausalität nachweisbar war oder nicht. Für die
Impfgegner war jedes Kind, das im Nachgang einer Impfung starb,

ein Impfopfer, selbst wenn nur ein zeitlicher Zusammenhang zwischen Impfung und Tod bestand. Eine besonders schaurige Publikation stellte der Frankfurter Ingenieur Hugo Wegener zusammen: Sein reich mit Fotos illustriertes Buch *Impffriedhof* von 1912 versammelte 36 000 Fälle angeblicher Impfopfer aus aller Welt. Anlässlich eines Impfgegnerkongresses im selben Jahr kam in Hamburg sogar ein rührseliges Theaterstück über eine böse ausgegangene Impfung zur Aufführung.

Andere Länder beklagten ähnliche Probleme. Großbritannien hatte 1853 die Pflichtimpfung gesetzlich verankert (allerdings eher lausig umgesetzt) und 1867 sowie 1871 verschärft, doch im Mutterland der Jenner'schen Impfung war der Widerstand kaum kleiner als in Deutschland. Mit der *Vaccination Bill* von 1853 zog sogleich ein publizistisches Gewitter auf, das im libertären England vor allem die medizinische Freiheit, der ein Impfzwang zuwiderlief, und – in England fast unvermeidlich – die Verantwortung des Einzelnen beschwor, die aber der eingreifende Staat gefährdete, wenn er Zwang ausübte. Die umstrittene Legitimität des Staates, die Impfung vorzuschreiben, löste man 1898 mit einer Gewissensklausel, die Eltern ermöglichte, in einem vorgeschriebenen Verfahren der Impfpflicht zu entgehen. Als man das Verfahren 1907 abermals erleichterte, kam das der Aufhebung des Impfzwangs gleich und führte dazu, dass das Vereinigte Königreich bei der Bekämpfung der Seuche weit hinter den europäischen Standard zurückfiel.

Die Pocken im Deutsch-Französischen Krieg

Der Deutsch-Französische Krieg gilt als Geburtshelfer des Deutschen Reiches, das 1871 in Versailles proklamiert wurde. Weniger bekannt ist, dass der Krieg mit seiner Folgeerscheinung, einer verheerenden Pockenepidemie, ebenso dem Reichsimpfgesetz ins Leben half, mit dem die Pockenimpfung deutschlandweit verbindlich wurde. Ein Viertel der 180 000 Toten beider Seiten waren Seuchenopfer, und neben Typhus und Ruhr grassierten die Pocken. Sie taten das allerdings mit sehr unterschiedlichem Ergebnis: Während in der deutschen Armee nur 297 Soldaten an den Pocken starben (bei knapp 5000 Pockenfällen), waren es auf französischer Seite etwa 23 400 Armeeangehörige. Als der Krieg die Epidemie in die Zivilbevölkerung beider Länder trug, entwickelte sich die schlimmste Pockenepidemie des Jahrhunderts: In Frankreich starben rund 90 000, in Deutschland ca. 150 000 Menschen, mit auffälligem Missverhältnis zwischen der Todesrate in der deutschen Zivilbevölkerung und der unter Soldaten. Das rührt daher, dass in den europäischen Armeen die Impfquote jeweils höher lag als die der Zivilbevölkerung, weil ein Impfschutz im Militär leichter durchzusetzen war und der Armeeführung die Gefahr einer Pockenepidemie im Heer deutlich vor Augen stand. In Frankreich jedoch war die Impfquote der Armee sehr viel niedriger als in den deutschen Heeren, zumal im preußischen, das zwei Drittel der Soldaten stellte. Die geringste Impfquote unter den deutschen Heeresteilen wiesen die sächsischen und hessischen auf, die aber zusammen nur rund zehn Prozent der Soldaten ausmachten. Da außerdem die meisten Soldaten revakziniert waren, waren die deutschen Truppen also erheblich besser vor den Pocken geschützt als die französischen. Für Impfmaßnahmen kam der Kriegsbeginn im Juli 1870 zu schnell, und die Mobilmachung brachte auf französischer Seite Reservisten aus Gegenden heran, in denen gerade die Pocken grassierten, während Deutschland zu dieser Zeit weitgehend pockenfrei war.

In Paris plante das Militärkrankenhaus Val-de-Grâce noch die Schließung seiner Pockenstation für den Sommer, als die Pocken von Zivilisten auf die Armee übergriffen. Als im September die deutsche Armee den Ring um die französische Hauptstadt schloss, hatte die Pockenstation von Val-de-Grâce die Kapazitätsgrenze erreicht und musste eilig ein Ausweichlazarett am Stadtrand errichten, das ebenfalls bald überfüllt war. So wüteten die Pocken im besetzten Paris unter Zivilisten wie unter Soldaten und forderten mehrere Tausend Opfer.

Für das Übergreifen der Pocken nach Deutschland sorgten die französischen Kriegsgefangenen, die zum Teil weit nach Osten deportiert wurden. Allerorten geriet ihre Ankunft zum Superspreading-Event, weil die Einheimischen sich gaffend an den Bahnhöfen drängten. Im ostpreußischen Königsberg stiegen die Infektionszahlen in der Stadt rasant, nachdem die ersten französischen Kriegsgefangenen mit Pockenbefund im Krankenhaus eingeliefert wurden. In der Spandauer Festung bei Berlin waren die 7000 internierten französischen Soldaten, darunter viele aus den Kolonien, den Berlinern einen Sonntagsausflug wert. So war es unvermeidlich, dass die Pockenviren der unzureichend geimpften Kriegsgefangenen sich unter den deutschen Zivilisten ausbreiten konnten. Jeweils zwei bis vier Wochen nach Ankunft der Franzosen setzten die Pockenepidemien ein.

Deutschlandweit erkrankten von 373 000 französischen Kriegsgefangenen 14 000 an den Pocken, fast 2000 starben. Überall in Deutschland infizierte sich die Zivilbevölkerung, teilweise in dramatischem Ausmaß. Im Ganzen starben 130 000 Menschen, besonders betroffen waren Preußen, Sachsen und Hessen. Unter den Infizierten waren überwiegend ungeimpfte Kinder, während geimpfte verschont blieben. Wer sich als Geimpfter infizierte, war meistens über 20 Jahre alt. Damit hatte die Epidemie die Impfgegner eindrucksvoll widerlegt. Die verheerende Epidemie führte zu einer ungekannten Nachfrage nach der Schutzimpfung, der Impfstoff wurde knapp. Die Berliner Polizei verfügte, ungeimpfte Kinder über drei Monate müssten unverzüglich geimpft werden, aber auch alle Erwachsenen wurden zur Revakzination aufgefordert. Die Resonanz war überwältigend, die Stadt ließ temporäre Impfstationen einrichten und impfte in großem Umfang. Trotzdem lief die Isolierstation der Charité voll, sodass nach und nach überall in der Stadt Behelfsstationen zur Isolierung von Pockenkranken eröffnet werden mussten. Nicht nur die beiden kriegführenden Länder waren betroffen, die Pocken verbreiteten sich 1870 überall in Europa. Belgien und die Niederlande waren ebenso betroffen wie Italien und die Schweiz, etwas später traf es außerdem Österreich-Ungarn, Großbritannien, Skandinavien, Russland, Spanien und Portugal. Die enorme epidemische Wucht einer Krankheit, die doch als wenigstens eingedämmt galt, veranlasste die europäischen Staaten, sich der Impffrage erneut zu widmen. 1873 verabschiedete ein internationaler Kongress in Wien mit überwältigender Mehrheit eine Resolution: »Der 3. Internationale medicinische Kongreß erklärt die Kuhpockenimpfung für nothwendig und empfiehlt den Regierungen die Durchführung der allgemeinen Impfpflicht.«

Impfplicht im Deutschen Reich ruft Impfgegner auf den Plan

In Deutschland ergab sich die Gelegenheit, mittels der Nationalstaatlichkeit erstmals eine deutschlandweite Impfpflicht zu erlassen und so das neu geschaffene Kaiserreich mit einer flächendeckenden gesundheitspolitischen Maßnahme sogleich zu einem Vorsorgestaat zu machen. Nach dem Krieg gingen beim Reichstag zahlreiche Petitionen in der Sache ein, sowohl für als auch gegen eine universelle Impfung. Profilierte Gesundheitspolitiker suchte man damals vergebens, aber das Parlament gab ein Gutachten in Auftrag, das resümierte, es liege im öffentlichen Interesse, »die Vaccination und die Revaccination auf jede mögliche Weise zu befördern«. Die Impfung gewährleiste »vollkommenen Schutz« vor den Pocken für mehrere Jahre, der sich durch Revakzination verlängern lasse. »Für einen nachtheiligen Einfluß der Vaccination« aber gebe es »keine verbürgte Tatsache«. Ein weiteres medizinisches Gutachten befürwortete das Vorhaben ebenfalls, und im Februar 1874 brachte Reichskanzler Bismarck das Impfgesetz in den Reichstag ein. Zwar blieben die Impfgegner nicht untätig, doch unter dem Eindruck der Ereignisse erhielt das Gesetz mühelos die notwendige Mehrheit quer durch die Fraktionen. Trotzdem ist bemerkenswert, dass die Skrupel, die der preußische Staat einst gegen den Eingriff in individuelle Freiheitsrechte gehegt hatte, dem immerhin deutlich preußisch dominierten Reich keine Sorgen mehr bereiteten. An die Stelle des Ideals der individuellen Eigenverantwortung des aufgeklärten Menschen war ein anderes getreten: das eines tatkräftigen paternalistischen Staates.

Künftig galt in ganz Deutschland, dass alle Kinder vor Ende des zweiten Lebensjahres geimpft und im zwölften Lebensjahr revakziniert werden mussten. Unbotmäßige Eltern mussten mit Geldstrafen rechnen, bei bleibender Renitenz sogar mit drei Tagen Gefängnisarrest, was den Krefelder Zentrumsabgeordneten Reichensperger in der Parlamentsdebatte unter viel Heiterkeit und Unruhe scharf werden ließ: »Meine Herren, ich meine, wir hätten im deutschen Reiche schon mehr als hinreichende Gelegenheit, eingesperrt zu werden; eine Mutter aber, welche von der Überzeugung ausgeht, daß das Impfen schädlich ist, deshalb ins Gefängnis zu schicken, eine solche Maßregel in einem Kulturstaate, worin wir uns doch vorzugsweise zu befinden glauben (...) entspricht in der That nicht demjenigen, was ich meinestheils mit dem Begriffe eines Kulturstaates verbinde.«

Nach Einführung des Impfzwangs stieg die Impfquote von zuvor rund zwei Drittel auf fast 90 Prozent – obwohl die Umsetzung des Gesetzes zunächst nur schleppend vorankam. Da die anderen europäischen Länder dem deutschen Beispiel erst Jahrzehnte später folgten, war das Deutsche Reich für einige Zeit eine weitgehend pockenfreie Insel in Europa mit einer Pockenmortalität unter 0,005 Prozent. Nicht zuletzt die nunmehr obligatorische Nachimpfung ließ die Zahlen der Pockentoten in Deutschland ganz erheblich sinken, während Österreich es bei nur einer Impfung beließ. Das Ergebnis war eindeutig: 1888 etwa starben in Deutschland pro einer Million Einwohner nicht einmal drei an den Pocken, in Österreich hingegen waren es noch über 600.

Der deutschen Impfgegnerbewegung stand ihre aktivste Zeit aber noch bevor, denn nach 1874 nahm die Debatte wieder Fahrt auf. Reichstagsdebatten zum Thema Impfung standen im Zentrum des öffentlichen Interesses wie wenige andere. Vereine und Verbände wurden gegründet, und die Bewegung erhielt nunmehr ein Zentralorgan: die Zeitschrift *Der Impfgegner* des rheinländischen Arztes Dr. Heinrich Oidtmann, die an wechselnden Orten ein halbes Jahrhundert erschien: 1883 bis 1933. Darin fanden sich umfängliche Dokumentationen dessen, was man als Impfschäden erkannte, sowie eine engagierte Begleitung der aktuellen Impfdebatte samt polemischen Texten über Impfbefürworter. Der Debattenton wurde zusehends schärfer, und persönliche Attacken nahmen zu. Oidtmann tat sich mit der steilen These hervor, statistisch nachweisbar sei ein Zusammenhang zwischen Schafpocken und Menschenpockenepidemien, weswegen Schafwolle zu meiden sei.

Naheliegenderweise ging es nun nicht mehr allein um die alte Frage, ob ein solcher Zwang überhaupt statthaft war, vielmehr boten die Impfgegner das ganze Arsenal auf, das sie sich im vergangenen Vierteljahrhundert zusammengestellt hatten. Neu war der gesamtdeutsche nationale Rahmen. Die Reichsgründung rief neben nationaler Euphorie angesichts des dominanten, übermächtigen Preußen auch viel Unbehagen hervor, das sich unter anderem in der Impffrage niederschlagen konnte. Zeitgleich zur Impfkontroverse sahen sich im Kulturkampf die deutschen Katholiken im preußisch-protestantisch dominierten Kaiserreich diskriminiert, und während im katholischen Bayern Impfgegner kaum eine Rolle spielten, saßen in der Reichstagsfraktion der katholischen Zentrumspartei viele entschiedene Kritiker des Impfgesetzes. Die beiden liberalen Parteien unterstützten den Impfzwang, Sozialdemokraten und Konservative verfolgten hingegen keine einheitliche Parteilinie. Doch Parteipolitik auf Reichsebene und Impfgegnerschaft an der Basis unterschieden sich: In der Bevölkerung fand die Impfgegnerbewegung den größeren Zuspruch in protestantischen Gegenden, insbesondere unter den Pietisten Württembergs, aber auch in protestantischen Gegenden Hessens. In Preußen war der Widerstand hingegen gering, von einzelnen Inseln des Protests abgesehen. Dass Sachsen eine weitere Bastion der Impfgegner bildete, könnte an der dort großen Anhängerschaft der Alternativmedizin gelegen haben. Maßgeblich waren aber nicht zuletzt regionale Gallionsfiguren wie Nittinger, der bis zu seinem Tod 1874 in Sachsen sehr erfolgreich agitiert hatte. Jedenfalls war die Zahl derer groß, die dem neuen Nationalstaat den Zugriff auf körperliche Unversehrtheit selbst da nicht zugestehen wollten, wo es um eine medizinische Vorsorgemaßnahme ging. Besonders in Sachsen äußerte sich der Widerstand darin, mit ärztlichen Bescheinigungen die Impfung zu umgehen. Den Behörden fiel aber auf, dass wenige Ärzte eine Unzahl solcher Bescheinigungen ausstellten, oft ohne die Patienten überhaupt untersucht zu haben. In den größten sächsischen Städten Dresden, Leipzig und Zwickau entging dadurch Anfang der 1890er-Jahre jedes fünfte Kind der Immunisierung.

In den zwei Jahrzehnten nach Verabschiedung des Reichsimpfgesetzes verdreifachte sich, nach Erhebungen des *Impfgegners*, die Zahl der Reichstagsabgeordneten, die den Impfzwang ablehnten. Doch eine Mehrheit bedeutete das weiterhin nicht, sodass die Regelung beibehalten wurde und die Impfgegner ihren Kampf fortführten. Um das verhasste Gesetz doch noch zu Fall zu bringen, wurden Vorträge gehalten und Kongresse veranstaltet. Neidvoll schaute man nach England, wo die erstrittene Gewissensklausel den gesetzlichen Impfzwang erfolgreich ausgehebelt hatte. Bereits 1877 jedoch wurde eine Petition an den Reichstag abgelehnt, weil die angeführten 251 Fälle von schweren Impfschäden bis zum Tod nicht zweifelsfrei der Impfung zugeordnet werden konnten. Das Gegenteil zu beweisen war damals jedoch ebenso schwierig; gestritten wurde mithin, ob die (nicht klar zu bestimmende) Zahl an Opfern nicht bei aller individuellen Tragödie geringer zu werten war als der volksgesundheitliche Vorteil durch den kollektiven Schutz. Diese Kernfrage gesundheitspolitscher Impfmaßnahmen konnte damals ebenso wenig gelöst werden wie heute; es war und bleibt Abwägungssache. Damals wie heute geben Befürworter der Impfpflicht zu bedenken, zwar habe jeder und jede das Recht, sich zu infizieren. Doch ein Recht, durch unterlassene Impfung andere mit einem potenziell tödlichen Erreger anzustecken, könne es nicht geben. Für die Pockenimpfung traf zu, was seither für viele Impfkampagnen gilt: Sosehr einerseits der Vorbehalt einer individuell zu treffenden Entscheidung, geimpft zu werden, Geltung hat, so wenig lässt sich andererseits bestreiten, dass eine Infektionskrankheit nur dann durch Immunisierung breitenwirksam und nachhaltig bekämpft werden kann, wenn Herdenimmunität erreicht wird. Ungleich wirksamer als der individuelle ist der kollektive Impfschutz, daher lässt sich als zumindest selbstvergessen bezeichnen, wenn spätmoderne Individualisten darauf bestehen, es komme allein auf die Impfentscheidung des Einzelnen an.

Das unermüdliche Engagement der Impfgegner wirkte aber durchaus heilsam. Auf die zahlreichen weiteren Eingaben mit Zehntausenden Unterzeichnern reagierten die Behörden mit strengeren Vorgaben für Impfärzte und Impfregeln und verbesserten nach und nach die Impfstoffqualität. Ganz auszuschließen waren Impfschäden damals wie heute natürlich nicht, und das Kaiserliche Gesundheitsamt kalkulierte mit 3,5 Todesfällen auf eine Million Impfungen, was angesichts sonstiger Lebensrisiken als vertretbar galt. Am gefürchtetsten war eine Übertragung der Syphilis. Europaweit wurden bis 1880 etwa 750 solcher Fälle als gesichert registriert, in Deutschland waren es 19. Um diese unerwünschte Infektion durch Schutzimpfung auszuschließen, verfügte das Deutsche Reich 1885, dass künftig ausschließlich mit Kuhlymphe zu impfen war; menschliche Lymphe als Impfstoff wurde ganz verboten. Und doch musste der Petitionsausschuss des Reichstags 1902 feststellen, dass die Bevölkerung dem Impfzwang weiterhin ausgesprochen widerwillig gegenüberstand. Hauptschauplatz der erbitterten Auseinandersetzung um die Pockenimpfung wurde die Statistik, deren Ergebnisse beide Seiten für sich beanspruchten. Die Impfgegner unterstellten den Impfbefürwortern, sie manipulierten Todeslisten, um zu verschleiern, wie viele Pockentote eigentlich geimpft gewesen waren. Wenn Zahlen sie zu widerlegen drohten, stellten sie diese infrage oder interpretierten sie in ihrem Sinn. Ein sächsischer Impfgegner, der Chemnitzer Kaufmann Carl Löhnert, versuchte in den 1870er-Jahren, jene Statistiken zu diskreditieren, die in seinen Augen nur vorgaben, die Pockenimpfung sei segensreich. Meist verglich er dabei Zahlen, die auf unterschiedlicher Grundlage entstanden und daher gar nicht vergleichbar waren. Zu seiner Glaubwürdigkeit trug, jedenfalls bei seinen Gegnern, nicht bei, dass er sich unverdient mit einem Doktortitel schmückte. Allerdings spielte den Impfgegnern in die Hände, dass es Datenmängel auf beiden Seiten gab, die die jeweils andere Seite genüsslich ausschlachten konnte; so folgte ein statistisches Schlachtengetümmel dem nächsten. Abgesehen von statistischen Fehlern, stand im Zentrum die Frage, ob überhaupt die Impfung zur sinkenden Zahl der Pockentoten geführt hatte. Hatten nicht vielmehr eine allgemein verbesserte Hygiene, bessere Ernährung und Fortschritte in der medizinischen Versorgung die Verbesserung bewirkt? Ein weiteres Argument lautete, der Pockenerreger hätte sich abgemildert, und nur deshalb würden weniger Pockentote verzeichnet, was allerdings eine nicht beweisbare Hypothese war. Das Kaiserliche Gesundheitsamt, dessen Gründungsauftrag gerade darin bestand, verlässliche Impfstatistiken zu führen und das Monitoring der nationalen Impfanstrengung zu übernehmen, verwies mit wohltuender Sachlichkeit darauf, dass seit Einführung des Impfzwangs Deutschland im europäischen Vergleich eine der niedrigsten Pockensterblichkeiten verzeichnete. Aus heutiger Sicht ist unzweifelhaft, dass die Impfung hauptverantwortlich war für die sinkenden Todeszahlen. Dass es trotzdem weiterhin zu Ausbrüchen kommen konnte, lag an der Lage Deutschlands mitten in Europa, denn das Virus konnte leicht eingeschleppt werden.

In globaler Anwendung wiederholte sich der Erfolg der Impfung durch das ambitionierte Impfprogramm der Weltgesundheitsorganisation (WHO), die 1966 antrat, die Pocken gänzlich auszurotten. Zu Beginn der Kampagne erkrankten jährlich noch 15 Millionen Menschen an den Pocken, zwei Millionen starben daran. Die Anstrengung war schon nach einem guten Jahrzehnt von Erfolg gekrönt, sodass am 8. Mai 1980 offiziell verkündet werden konnte, dass die Krankheit weltweit ausgelöscht ist. Als letztes westliches Land, in dem die Pocken endemisch gewesen waren, wurde Brasilien 1971 pockenfrei, 1975 Asien, Afrika 1976. Ein letztes Mal trat die Krankheit, die über viele Jahrhunderte unendliches Leid in die Welt gebracht hatte, 1977 in Somalia auf – abgesehen von einer Laborinfektion, die 1978 den letzten Pocken-Todesfall auslöste: die Britin Janet Parker. Deutschland erlebte einen letzten Fall 1972, der aber dank Quarantäne- und Impfmaßnahmen nicht gefährlich wurde. Neben der Bewältigung einer beispiellosen logistischen Mammutaufgabe ermöglichte den Erfolg, dass das Pockenvirus kein tierisches Reservoir hat – und dass ein hocheffektiver Impfstoff nebst effektiver Impftechnik entwickelt war, der sich tiefgefroren auch in tropische Gebiete transportieren ließ.

Die Bundesrepublik setzte die Erstimpfung bereits 1976 aus, die DDR folgte 1980. Ganz abgeschafft wurde die Pflicht zur Pockenvorsorge im Osten 1982, im Westen ein Jahr später.

KAPITEL 4

Fleckfieber – aussichtsloser Kampf gegen einen winzigen Gegner

Die drei Geißeln der Menschheit – Krieg, Hunger, Seuche – sind jeweils für sich genommen schlimm genug, wirken aber umso verheerender, wenn sie im Verband auftreten. Unter Bedingung der einen sind die Menschen für die anderen anfällig: Krieg führt zu Hunger, der anfälliger macht für Seuchen. Auf direktem Weg führen beide Formen des Elends zu hygienisch-sanitären Bedingungen, die Krankheiten begünstigen. Eine dieser Seuchen ist das Fleckfieber, dessen landläufige Bezeichnungen sehr treffend auf die Bedingungen hinweisen, unter denen es gedeiht: Lazarettfieber, Kriegspest oder Hungertyphus. Fleckfieber, gesichert seit dem 15. Jahrhundert in Europa vorkommend, wird vom Erreger *Rickettsia prowazekii* hervorgerufen, doch das Bakterium konnte erst im frühen 20. Jahrhundert dingfest gemacht werden. Den Nachweis lieferten die namengebenden Forscher Howard Ricketts aus Ohio und Stanislaus von Prowazek aus Böhmen. Beide fielen selbst der Krankheit zum Opfer, als sie Epidemien vor Ort untersuchten: Ricketts 1910 in Mexiko-Stadt, Prowazek 1915 in Cottbus. Da die Symptome des Fleckfiebers denen des Typhus ähneln, wurden beide Krankheiten noch bis Mitte des 19. Jahrhunderts in eins gesetzt. Typhus abdominalis ist zwar ebenfalls eine bakterielle Erkrankung, wird aber durch Salmonellen ausgelöst.

Mehr oder weniger jeder Krieg kann als Beispiel für die Begleiterscheinung Fleckfieber dienen, und zwar bis in die Gegenwart. Je nachdem, wie schlimm die Seuchen wüten, können sie durchaus (mit-)entscheidend sein für den Ausgang eines Krieges. Die bereits angesprochene »Attische Seuche« des 5. vorchristlichen Jahrhunderts führte zur Niederlage der Athener und schließlich zum Ende des klassischen Zeitalters griechischer Demokratie.

Eine andere Belagerung, die von Granada 1489, verursachte einen Ausbruch von Fleckfieber im Belagerungsheer mit 17 000 Toten – sechsmal mehr, als im Kampfeinsatz starben. Eingeschleppt wurde die Seuche offenbar von spanischen Soldaten, die vom Kampf gegen die Türken aus Zypern zurückgekehrt waren. Das verzögerte den Abschluss der Reconquista, der Vertreibung der Mauren aus Spanien, um mehrere Jahre. Im Dreißigjährigen Krieg des 17. Jahrhunderts wüteten diverse Seuchen, neben der Pest waren das wahrscheinlich vor allem Ruhr, Pocken und Fleckfieber. 1632 verhinderte das Fleckfieber bei Nürnberg sogar eine Schlacht, weil es auf beiden Seiten so heftig zuschlug, dass Gustav Adolf von Schweden und sein kaiserlicher Gegner Wallenstein zum Abzug bliesen. Ein besonders berühmter, für Europa schicksalhafter Fall ist jedoch Napoleons Russlandfeldzug von 1812. Zum einen waren die Verluste in den Reihen der Soldaten dramatisch hoch, zum anderen war Napoleons Niederlage besonders folgenreich: Sie leitete das Ende des Napoleonischen Zeitalters ein, nachdem Europa kräftig durchgeschüttelt und selbst das ehrwürdige Heilige Römische Reich zu Grabe getragen worden war. Neben der Ruhr war es insbesondere das Fleckfieber, das auf Napoleons Feldzug katastrophale Auswirkungen hatte.

Überträger des Fleckfiebers ist vor allem die Kleiderlaus, seltener die Kopflaus: Zunächst infiziert sich die Laus durch den Biss eines infizierten Menschen, bei einer der üblicherweise vier bis sechs täglichen Blutmahlzeiten des Parasiten. Der Erreger kann sich dann im Wirtstier rasant vermehren, und wenn zugleich die Läuse gute Lebensbedingungen vorfinden, vermehren sie sich ebenfalls sehr rasch, sodass der Erreger epidemisch wirken kann. Dafür ist vor allem der Winter günstig sowie hygienische Bedingungen, in denen sich die Tiere wohlfühlen. Und natürlich kommt ihnen zugute, wenn sie zwar als lästig, aber nicht als gefährliche Krankheitserreger wahrgenommen werden. Für passende hygienische Bedingungen sorgen insbesondere Kriege, wenn Soldaten eng zusammenleben und beispielsweise auf langen Märschen oder Kampfeinsätzen ihre Hygiene vernachlässigen, weil sie ihre Kleidung nicht wechseln oder waschen können. Immerhin geben die Läuse die Bakterien nicht an ihren Nachwuchs weiter, sondern das Fleckfieber verbreitet sich, wenn die Laus von einem fiebrigen oder toten Körper auf einen angenehmer temperierten wechselt. Das Bakterium gelangt insbesondere durch Läusekadaver oder den Läusekot von einem Menschen zum anderen – also mechanisch, wenn beim Kratzen gegen den Juckreiz oder über offene Wunden kontaminiertes Material in die Blutbahn gelangt. Je intensiver der Läusebefall, desto heftiger wird der Juckreiz – und desto erfolgreicher kann sich der Erreger verbreiten.

Bei ein bis zwei Wochen Inkubationszeit treten die Symptome sehr plötzlich auf: Schüttelfrost, Appetitlosigkeit, heftige Kopf- und Gliederschmerzen, Benommenheit und rapide steigendes Fieber, das nach drei bis fünf Tagen sein Maximum erreicht, bis über 40 °C. Der Patient verliert sehr schnell viel Flüssigkeit, kann stark verwirrt sein und entwickelt einen rotfleckigen Ausschlag, der nachdunkelt: erst am Oberkörper, dann auch an den Händen und Füßen. Im Körper attackiert der Erreger die Gefäßinnenhaut und dringt ins Zytoplasma ein, wo er vor Abwehrreaktionen des Wirtsorganismus geschützt ist. Wenn das Fieber nach dem fünften Tag fällt, kann der Infizierte gesund werden und Immunität erlangen. Im schlechten Fall aber verstärken sich die Symptome bis zu Delirium und Koma, und der Patient stirbt. Nach dem Ersten Weltkrieg wurden Impfstoffe entwickelt, die allerdings nur für einen leichteren Verlauf der Krankheit, nicht aber Immunität sorgten. Nach dem Zweiten Weltkrieg wurden Breitband-Antibiotika entwickelt, mit denen die Krankheit heute gut behandelbar ist. Unbehandelt sterben zwischen 7 und 40 Prozent der Erkrankten, die Letalität steigt mit dem Alter, hängt aber ebenso von der körperlichen Verfassung ab. Meistens tritt der Tod durch Herzversagen oder Gehirnhautentzündung ein. Noch in der letzten Phase setzt starker Verwesungsgeruch ein.

Fleckfieber besiegt die Grande Armée

Das Ende von Napoleons Siegeszug in Europa nahm seinen Anfang mit dem desaströsen Feldzug nach Russland 1812, wo er außer sichtbaren Gegnern – aktiven wie der russischen Armee und passiven wie Geografie und Klima des Zarenreichs – im Fleckfieber und in anderen Krankheiten unsichtbare Gegner fand, die den erhofften Triumph vereitelten. Darüber ist viel geschrieben worden, gar komponiert: Ein Autor schrieb, Tschaikowski hätte mit seiner Festouvertüre »1812« Napoleons Niederlage wohl treffender eingefangen, wenn er nichts weiter als das leise Geräusch sich am menschlichen Körper gütlich tuender Läuse musikalisch dargestellt hätte.

Frankreich kontrollierte Anfang des 19. Jahrhunderts weite Teile Europas, mal direkt durch Annexionen, mal indirekt durch erzwungene Bündnisse oder installierte willfährige Regierungen. Napoleons Reich war, für ein paar Jahre jedenfalls, größer als das Römische oder das Karls des Großen. Als er seinen Russlandfeldzug in Angriff nahm, dürften verschiedene Gründe eine Rolle gespielt haben. Er mochte den geschätzten Mythos des Unbesiegbaren erneuern oder seine imperialistische Vision eines komplett unter französischer Vorherrschaft stehenden Europa durchsetzen wollen. Im Visier hatte er zudem seinen Herzensgegner Großbritannien, das er zwar mit der Kontinentalsperre in wirtschaftliche Schwierigkeiten brachte, damit aber den Kontinent kaum weniger schädigte. Den Erfolg des antibritischen Embargos hintertrieb, obwohl formell mit Napoleon verbündet, der russische Zar Alexander I. Ein Sieg über Russland schien die perfekte Lösung, um die Widrigkeiten aufzulösen, zumal wenn sich daraus noch eine weitere Option ergab: Nach getaner Arbeit in Russland stünde der Weg offen, um dem britischen Gegner die Kolonie Indien zu entreißen und damit gleich noch in die Fußstapfen Alexanders des Großen zu treten, der schon einmal weit nach Asien vorgedrungen war. Doch die europäische Dimension war Ansporn genug: Schließlich war Alexander I. der einzige Herrscher auf dem Kontinent, der Napoleon noch etwas entgegensetzen konnte.

Alexanders Berater verließen sich auf die bewährte Defensivstrategie; sie wussten den russischen Winter als ihren besten Verbündeten, der schon ein Jahrhundert zuvor ähnlich vermessene Ambitionen des schwedischen Königs Karl XII. unter Schneemassen begraben hatte. Napoleons Berater warnten vor Ausrüstungsmängeln der Grande Armée und den Tücken des Wetters. In Sorge um Napoleons mentale Verfassung und ihre Folgen rieten sie, das Vorhaben zu verschieben, doch davon wollte der Kaiser nichts wissen. Also ging es im Frühsommer 1812 mit rund einer halben Million, vielleicht 600 000 Mann, gen Osten, von denen nur rund ein Drittel französische Soldaten waren. Der Rheinbund, also die deutschen Verbündeten Napoleons, stellte rund 130 000 Soldaten, die drittgrößte Gruppe waren fast 100 000 Polen aus dem Großherzogtum Warschau. Dabei waren außerdem 45 000 Italiener, 30 000 Österreicher, 20 000 Preußen. Es war also im Grunde genommen ein gesamteuropäischer Feldzug gegen das Zarenreich, der Napoleons Vorherrschaft auf dem Kontinent durchsetzen sollte; ein Unternehmen damals beispielloser Größenordnung, sowohl in Maßstab als auch in Wagnis. Er wurde zu einem frühen der modernen Kriege, weil die russische Bevölkerung mit vielleicht drei Millionen Zivilisten unmittelbar beteiligt war, ob sie wollte oder nicht. Die Soldaten aber, die mal mehr, mal weniger freiwillig, mal mehr, mal weniger begeistert mit dabei waren, konnten kaum einschätzen, welches Risiko der Kaiser der Franzosen einging. Einen Feldzug dieses Maßstabs kannten sie nicht, vertrauten aber überwiegend auf Napoleons Renommee als Feldherr und auf seine Bilanz als notorischer Sieger. Doch die Soldaten bekamen es nicht allein mit der Zarenarmee als militärischem Feind zu tun. Außer den Russen machte ihnen die Natur schwer zu schaffen: Wetter, Hunger, die Weite des Landes – und Krankheiten. Napoleon bemühte später unbeeinflussbare Widrigkeiten, um sein Scheitern zu erklären: das Wetter und Zufälle, zu denen er womöglich die Tatsache zählte, dass seine Soldaten krank wurden und starben wie die Fliegen. Nur waren diese Krankheiten kein Zufall, und Napoleon war eigentlich keineswegs ignorant, was die diesbezüglichen Gefahren eines Feldzugs betraf. Auch wenn Erreger und Infektionswege nicht bekannt waren: Dass gut genährte und gesunde Soldaten besser gegen Krankheiten gefeit waren, lag auf der Hand, und ebenso, dass im Fall der Erkrankung eine bestmögliche medizinische Versorgung gewährleistet sein musste. Daran jedoch haperte es, selbst gemessen an den Standards der Zeit: Weder waren Logistik und Nachschub ausreichend gesichert, noch hatte man genügend medizinische Vorsorge getroffen. Rückblickend besehen, war Napoleon zu diesem Zeitpunkt schon mehr der Mythos seiner selbst, was sich im Russlandfeldzug erweisen sollte: Das Vorhaben war zu groß, als dass Napoleons militärisches Geschick hätte wirken können, und zu schlecht vorbereitet. Von einem unumschränkten Triumph des Zarenreichs lässt sich aber, schon wegen der immensen Verluste auf beiden Seiten, ebenso wenig sprechen. Das Ganze war vor allem, was ein Historiker als »schmutzige Katastrophe« bezeichnet hat, mit Millionen Toten.

Es ist nicht so, dass Napoleon überstürzt und völlig unvorbereitet ins Feld gezogen wäre. In Deutschland wurden Lazarette aufgebaut, die die Verwundeten des Feldzugs aufnehmen sollten; außerdem wurden Hygieneregeln festgelegt. Kriegsseuchen waren Napoleon natürlich nicht fremd, doch er verließ sich allzu sehr auf die eigenen Maßnahmen, sein ungebrochenes Selbstbewusstsein und zu wenig auf seine versierten Berater. Nicht zuletzt war er der Meinung, bei Krankheit komme es letztlich auf die Widerstandskraft des Einzelnen an. Vor allem aber plante er einen schnellen Feldzug mit raschem siegreichem Ende. Tempo war entscheidend, wofür wiederum Ausrüstung, Verpflegung, Nachschub und Logistik stimmen mussten – doch eben da haperte es. Noch in Polen, Hauptaufmarschgebiet der Grande Armée, fragte sich Leutnant Fritz Wolff aus Kassel in einem Brief nach Hause im Juni 1812, wie es mit der Versorgung noch werden solle: »Wenn wir einmal aus den Magazinen etwas erhalten, so ist es schlecht und verdorben, wie soll es erst werden, wenn wir in Gegenden kommen, in denen es weniger Dörfer gibt, aus denen wir jetzt unsere Lebensmittel beziehen?« Bereits in Polen musste für die Versorgung der größten Armee aller Zeiten auf die einheimische Bevölkerung zurückgegriffen werden – in einem vergleichsweise dünn besiedelten Land, das noch dazu unter Missernten und Hunger litt. Von gefüllten Kornkammern konnte also keine Rede sein. Die Versorgung aus dem Land war nicht nur problematisch angesichts von Hunderttausenden Soldaten, sondern aufgrund knapper Ressourcen in den Weiten Russlands noch viel schwieriger zu bewerkstelligen. Darüber hinaus war das Fouragieren mit Kontakten zur Bevölkerung verbunden, was zugleich die Weitergabe infizierter Läuse ermöglichte, denn in Polen grassierte das Fleckfieber bereits. Wenn die Soldaten also zur Selbstversorgung ausschwärmten, kehrten sie vielleicht mit Verpflegung ins Lager zurück, aber eben auch mit Läusen. Der Erreger mochte aber ebenso gut aus der Heimat eingeschleppt sein. Jedenfalls vermerkte

Hauptmann Franz Röder aus Göttingen, der für das Großherzogtum Hessen-Darmstadt auf dem Marsch nach Russland war, bereits im April in seinem Tagebuch zahlreiche Fälle von Diarrhöe unter seinen 181 Männern sowie vom Tod seines Quartiermeisters an einem schlimmen Fieber, mutmaßlich Fleckfieber.

Nicht nur die Verpflegung war ein Problem von Beginn an, ebenso waren Kleidung und Schuhe der Soldaten von eher bescheidener Qualität und für einen solchen Feldzug gar nicht geeignet. Als fatal sollte sich außerdem erweisen, dass mit guter medizinischer Versorgung von Anfang an nicht zu rechnen war, weil die Sanitätseinheiten in denkbar schlechtem Zustand waren, sowohl was Ausrüstung, als auch was den Personalstand betraf. Der erfahrene württembergische Regimentsarzt Heinrich von Roos, schon seit über einem Jahrzehnt in Armeediensten, machte eine vielsagende Beobachtung, als er am 25. Juni 1812 mit dem Njemen die russische Grenze überquerte: »Am merkwürdigsten für mich war ein großer Troß geschwätziger Weiber auf Wagen, zu Pferde und zu Fuß, von denen man sagte, sie wären zur Pflege der Kranken und Blessierten in Hospitälern bestimmt; ebenso ein nicht geringerer Zug von Ärzten, meist junge Leute, an denen ein Veteran als Kommandeur viel zu tadeln und zurechtzuweisen hatte.«

Als das Heer zum Sommeranfang das Zarenreich betrat, wurden die Probleme offensichtlich, weil die Nachschubeinheiten zurückfielen. Im Juni 1812 war das litauische Vilnius (damals Teil des Zarenreichs) erreicht – und bereits 5000 Soldaten dem Fleckfieber und der Ruhr zum Opfer gefallen. 30 000 weitere drängten sich in Lazaretten, die in Klöstern und Kirchen eilends eingerichtet wurden; Anfang August waren gar 80 000 krank. Deserteure mitgerechnet, hatte die Grande Armée da bereits ein Viertel ihrer Stärke eingebüßt. Doch Napoleon ließ den Marsch nach Moskau unbeirrt fortsetzen, der auf russischem Gebiet 85 Tage dauern sollte.

Dem gefürchteten russischen Winter ging einstweilen ein heißer Sommer voraus, mit Wetterkapriolen in Form von mal unerträglicher Hitze, mal unerbittlichem Dauerregen. Sowieso bereits schlecht verpflegt und unter Wassermangel leidend, wurden immer mehr Soldaten krank. Mit Ausrüstung im geforderten Tempo voranzukommen, bedeutete in der Sommerhitze rasche Dehydrierung. Bald verbreiteten sich die Krankheiten, begünstigt durch sanitäre und hygienische Mängel beim Marsch einer so riesigen Armee. Es war kaum zu vermeiden, dass bei einem derart lang gedehnten Zug von Soldaten die ersten in Feldern und stehenden Gewässern von sich gaben, was nachfolgenden Kameraden in Form kontaminierter Materie wieder zuging. Im Ergebnis stieg der Krankenstand der Truppe mit jedem Tag. Weil aber zugunsten der Geschwindigkeit, für die Napoleons Armeen so berühmt waren, die Truppe mit leichtem Gepäck unterwegs war, war auch die medizinische Ausrüstung dürftig, und folglich konnten die Kranken nur mangelhaft versorgt werden. Die Grande Armée verfügte zwar über hervorragende Militärärzte, denen aber ein Großteil ihrer Ausrüstung und geschultes Personal fehlten. Ende August verbuchten die Feldärzte 4000 Tote durch Fleckfieber, Ruhr und andere Magen-Darm-Infektionen – pro Tag. Mitte Juli berichtete Kapitän Heinrich von Brandt, der aus der Neumark stammte und in der polnischen Weichsellegion diente: »Ich habe unendlich viel Leute auf dem Wege sitzend und liegend gesehen, die hier auch ihr Ende gefunden. Nirgends fand ich eine sorgende, pflegende Hand, welche sich ihrer angenommen (...) Jede Kompanie hatte gewiß fünfzehn bis zwanzig Mann eingebüßt.« (Brandt stieg ein Vierteljahrhundert später als preußischer Infanteriegeneral zum Generalstabschef in Stettin auf.) Der Mediziner von Roos gab den unmissverständlichen Bericht eines Regimentskameraden wieder: »Er sprach von dem großen Mangel und dem dadurch sich vermehrenden Menschenelend, von Brand, Plünderung, Raub, Ruinen, verwüsteten Feldern, Straßen und Wäldern, von den vielen Leichen der Krieger, die durch Hunger und Durst umgekommen waren, von verschmachtendem Vieh und von den

Krankheiten, die in allen Lagern herrschten; (…) wie Offiziere und Soldaten im Lager krank darniederlägen; die Diarrhöe herrsche so stark, daß nicht exerziert, ja, daß der gewöhnliche Dienst kaum verrichtet werden könne. Alle Häuser wären mit Kranken angefüllt, viele stürben, und im Lager selbst sei ein Laufen hinter die Front, als ob man allen Regimentern zugleich Abführmittel gegeben hätte.«

Bis zu diesem Zeitpunkt hatte es noch keine größere Schlacht gegeben. Voller Ungeduld und um mit einem Sieg die Entwicklung in seinem Sinn möglichst rasch voranzutreiben, suchte Napoleon den Feind, der aber einer offenen Schlacht auswich. Stattdessen zogen sich die Russen in die Weiten ihres Landes zurück, ließen verwüstete Felder und Ortschaften zurück und überließen die Grande Armée sich selbst. Die schnelle Entscheidung, an der Napoleon so lag, ließ also auf sich warten, aber trotzdem passte er seine Strategie nicht an. Als es im Juli 1812 zur ersten kleineren Feldschlacht bei Mogilew kam, waren wegen Krankheit drei Viertel der Soldaten gar nicht einsatzfähig. Beim Feldlager im zerstörten Smolensk am Dnjepr, das den Russen im ersten größeren Kräftemessen entrissen werden musste, kam dem Erreger (und dem Gegner) ein Fehler der leitenden Sanitätsärzte zugute: In 15 eilends eingerichteten Lazaretten wurden Kranke und Verwundete nebeneinandergelegt – fatal arrangiert, weil die infektiösen Kranken die Verwundeten ansteckten. Doch selbst Napoleons oberster Militärarzt Dominique-Jean Larrey sah dafür keine Veranlassung, weil er andere Krankheiten als Fleckfieber vermutete und die Gefahr einer Ansteckung ausschloss. Die Arbeitsbedingungen der Sanitätseinheiten waren ohnehin denkbar schlecht: Den Feldärzten mangelte es derart an Verbandsmaterial, dass sie zuerst auf die Hemden der Verwundeten zurückgriffen, dann auf Pergamentakten aus dem örtlichen Archiv.

Napoleons Berater plädierten dafür, in der Festungsstadt zu überwintern, aber das lehnte der Kaiser ab. Möglicherweise war er sich über die Höhe der Verluste an Kampfkraft nicht im Klaren, weil seine Generäle scheuten zuzugeben, was nicht zuletzt in ihrer Verantwortung lag. Ob Napoleon mit akkurateren Zahlen aber anders entschieden hätte, ist fraglich. Als das Invasionsheer gut zwei Wochen später die Stadt verließ, hatte es rund die Hälfte seiner Soldaten verloren. Hauptmann Röder, inzwischen selbst krank, erfuhr im Gespräch mit einem württembergischen Major, dass bei lediglich einem Kampfeinsatz von den 7200 Infanteristen, mit denen er einst aufgebrochen war, nur noch 1500 übrig waren. Moskau lag noch 400 Kilometer entfernt.

Während die Grande Armée also durch Krankheit sehr viel mehr Männer verlor als durch Kampfhandlungen und die Nachschubprobleme nicht in den Griff bekam, wuchs im Gegenteil dazu die russische Armee durch kurze Nachschublinien und hatte keine vergleichbaren Versorgungsprobleme. Gut 100 Kilometer vor Moskau ließen sich die russischen Armeeführer schließlich auf eine direkte Auseinandersetzung ein: die Schlacht bei Borodino am 7. September, die größte des Krieges und die wohl blutigste des 19. Jahrhunderts. Von 130 000 Mann der Grande Armée starben bis zu 30 000, die Russen verloren gar 45 000 Soldaten. Das Ergebnis war ein überaus verlustreiches Unentschieden: Militärisch hatten die Franzosen zwar obsiegt und die Russen waren abgezogen, doch den Sieg reklamierten beide für sich. Vor allem aber führte der nunmehr offene Weg nach Moskau die Invasionsarmee Napoleons geradewegs in die Niederlage.

Dass dazu Krankheiten weiterhin einen maßgeblichen Beitrag leisteten, hat mit den fortgesetzten Fehlern der medizinischen Versorgung zu tun. Erneut wurden nach der Schlacht von Borodino Verwundete und Kranke nicht getrennt, sondern lagen nebeneinander, sodass Erreger leichtes Spiel hatten. Als man Mitte September Moskau erreichte, wurden noch 90 000 kampffähige Männer gezählt, während auf das Konto der Krankheit, vor allem Ruhr und Fleckfieber, bereits 120 000 Tote gingen. In der Stadt, die die abziehenden Russen noch in Flammen gesteckt hatten, blieben die Invasionstruppen einen Monat, denn Napoleon wartete im Kreml (vergeblich) auf ein Friedensangebot des Zaren. Möglicherweise war es in Moskau, wo das Fleckfieber erst wirklich verheerend um sich griff, als wolle es der Pest den Rang ablaufen. Immer mehr Soldaten wurden krank; ganz besonders gefährdet aber waren Nachschubeinheiten, die keinerlei Immunität besaßen im Unterschied zu den Veteranen des Feldzugs, die die Krankheit bereits überstanden hatten. So traf aus Deutschland Verstärkung von 10 000 Mann ein, die sich ganz überwiegend infizierten. Von den verbliebenen 3000 starb der größte Teil auf dem Rückzug.

Während in den Moskauer Feldlazaretten die Kranken litten, verlegten sich ihre Kameraden aufs Plündern. Weil aber das Wetter weiterhin warm war und der Mythos des russischen Winters sich im heißen Sommer verbraucht hatte, legten die meisten Soldaten mehr Wert auf nutzlose Geschenke, anstatt Pelze und warme Wollsachen für den langen Weg zurück einzupacken, obwohl davon in den Kellern der zerstörten Häuser genug zu finden war. Das erwies sich als so kurzsichtig wie verhängnisvoll: Sehr treffend schrieb später ein französischer Teilnehmer des Feldzugs, Eugène Labaume: »Unser Rückzug begann als Mummenschanz und endete als Begräbnis.« Makaber klingen auch die Beobachtungen seines Landsmanns Thomas-Joseph Aubry, der sich als Verwundeter mit Fleckfieber infizierte. Er lag mit 43 anderen auf einer Lazarettstation in Moskau, die allesamt starben und im Sterben in ihrer jeweiligen Muttersprache oder Latein Kirchenlieder sangen. Aubry überlebte mit 50 anderen von insgesamt 1800 Kranken, die beim Abzug in Moskau zurückgelassen wurden, und kehrte später über Sibirien in die Heimat zurück.

Anfang Oktober begannen die Vorbereitungen für den Abzug aus Moskau, bald setzten die ersten Schneestürme ein: Als Mitte Oktober Napoleons Soldaten Moskau verließen – rund 100 000 Mann

Napoleons Rückzug aus Moskau

inklusive vieler Kranker auf Wagen, wenn sie denn transportfähig waren –, hatte der gefürchtete Winter begonnen. Einsetzender Schneefall, Kälte und desaströse Wetterverhältnisse zwangen die schlecht ausgerüsteten Männer, sich durch viele Lagen ständig zu tragender Kleidung vor der Kälte zu schützen – Kleidung, die wie die Männer strapaziöse Zeiten hinter sich hatte und bestenfalls gelegentlich gewaschen worden war. Die Läuse fanden also optimale Lebensbedingungen vor, vermehrten sich zahlreich und verbreiteten das Fleckfieber weiter. Ein zusätzlicher Effekt des Winterwetters war, dass sich die Soldaten, wenn möglich, bei Zivilisten einquartierten und den Erreger dadurch an die Zivilbevölkerung weitergaben.

Nach der Schlacht bei Malojaroslawez Mitte Oktober, die die Russen gewannen, waren noch 75 000 Männer einsatzfähig. Außer Krankheiten grassierten unter den insgesamt noch 100 000 verbliebenen Soldaten Desillusionierung und Hoffnungslosigkeit ohne jede Aussicht, auch nur mit einem Fetzen Ruhm in die Heimat zurückzukehren. Der russische Winter schlug nun mit aller Härte zu, sodass zu Seuchen, Hunger und Frustration die Kälte trat. Die Belastungen steigerten sich ins Unerträgliche, und fürs eigene Überleben gingen Mitmenschlichkeit und Kameradschaft zunehmend über Bord. Kranke und Verwundete wurden immer häufiger einfach zurückgelassen, und weil fürs Nachtquartier nie genug Häuser verfügbar waren, erfroren draußen in den eisigen Nächten geschwächte Soldaten in großer Zahl. Hunger blieb ein ständiger Begleiter, und der Arzt von Roos berichtete von einem westfälischen Soldaten, der ein schweres Stück massives Silber, Beute wohl aus einer Kirche, gegen etwas zu essen zum Tausch anbot, vergeblich. (Roos wurde später gefangen genommen und überlebte, schon weil er als Mediziner gebraucht wurde. Er blieb in Russland und wurde später Arzt in Sankt Petersburg.) Dem Hunger fielen immer mehr Pferde zum Opfer, die zwar den Soldaten als Nahrung dienten, als Transportmittel aber ausfielen. Die Kaiserliche Armee des Zaren trieb den Feind vor sich her, der Winter trieb zur Eile an, doch ein weiterer Gegner sollte sich jetzt als tödlichster erweisen: das Fleckfieber, das in der Winterkälte beste Bedingungen vorfand, während die Ruhr wegen des Wetters seltener wurde. Die extremen Bedingungen von körperlicher Anstrengung, Unterernährung, eisiger Kälte, Verzweiflung, weiteren Krankheiten, schlechten sanitären Zuständen und mangelnder Hygiene führten dazu, dass am Fleckfieber ein viel größerer Anteil der Erkrankten starb, als es üblicherweise der Fall gewesen wäre.

Mit zunehmender Kälte trugen die Soldaten immer mehr Kleidung, die sie kaum noch auszogen, geschweige denn waschen konnten. Nachts schliefen sie, ebenfalls kältebedingt, eng beieinander, was den Läusen die Möglichkeit gab, sich und die Fleckfieber-Bakterien weiterzuverbreiten – Läuse können nicht fliegen und haben einen geringen Aktionsradius. Der Württemberger Oberleutnant Karl von Suckow, aus Wismar stammend, schrieb in seinen Erinnerungen von der Läuseplage:»Solange wir draußen in der Kälte waren und marschierten, rührte sich nichts, aber am Abend, wenn wir an den Lagerfeuern hockten, kehrte das Leben in diese Insekten zurück, die uns dann unerträgliche Qualen zufügten.« Toten Soldaten nahm man die Kleidung, um sich damit zu wärmen – und mit den Läusen noch mehr Bakterien aufzunehmen. Ab dem 6. November entsprach das Winterwetter den schlimmsten Erzählungen. Schneestürme und eisiger Wind verlangsamten das Fortkommen – weit hinaus über das, was die katastrophale Verfassung der Soldaten bereits bewirkte. Das Letzte an militärischer Ordnung fiel zusammen, und der bloße Wille, weiterzukommen, übernahm bei denen, die noch Kraft aufbrachten. Bei beständig schlechter Sicht verloren immer wieder Männer den Anschluss, was ihr Schicksal meist besiegelte. Die Verbliebenen hielten sich auf den Füßen in der Hoffnung auf Smolensk, das Nahrung und ein Quartier zum Überwintern versprach.

Am 1. November zählte man noch 75 000 Mann; als am 9. November Smolensk erreicht war, waren es 35 000. Die Stadt kam für eine Überwinterung nicht infrage, weil die Vorräte dort allenfalls ein paar Tage gereicht hätten. Die Bestände in der nächsten größeren Stadt Vitebsk waren den Russen in die Hände gefallen. Als einzige Möglichkeit blieb also, sehr bald weiterzuziehen in der Hoffnung, dass möglichst viele der verbliebenen Männer durchkommen würden. Für die Kranken gab es in den Lazaretten nicht genug Platz, Unzählige starben daher auf den Wagen, mit denen sie hergebracht worden waren: wenn nicht an Fleckfieber, dann an der Kälte. Hauptmann Röder zählte von den 468 Männern, mit denen er einst aufgebrochen war, noch 34. In den Straßen von Smolensk stapelten sich die Leichen, weil niemand mehr sie wegschaffte. Die Läuse hatten also erneut viel Gelegenheit, auf Lebende überzugehen, wenn die sich die Kleidung der Toten sicherten.

Die Reste der Grande Armée erkämpfen den Übergang über die Bjaresina.

Ende November überquerte die elendige Grande Armée mit großer Mühe und im letzten Kampf gegen die russische Armee unter großen Verlusten die Bjaresina und nahm Kurs auf Vilnius, erneut in der Hoffnung auf Nahrung und Schutz vor dem Winter. Die Temperaturen waren weiter gefallen, auf jetzt rund 40 Grad minus. Vielleicht 20 000 Mann erreichten Vilnius, wo sich die Lazarette rasch füllten. Der französische Militärarzt Lemazurier berichtete von den Zuständen dort: »In schlecht verschlossenen, eiskalten Sälen erblickte man Kranke im höchsten Grade der Abmagerung und Schwäche mitten unter Leichnamen. Diese Unglücklichen, die seit mehreren Tagen keine Speise erhalten hatten, lagen auf verfaultem Stroh, bedeckt mit einigen Lumpen, dem Einzigen, was ihnen die Kosaken gelassen hatten. Sie waren zerfressen von Ungeziefer und von ihren eigenen Exkrementen besudelt.«

Noch bevor der größere Teil seiner Männer Wochen nach dem Abzug aus Moskau Vilnius erreicht hatte, verließ Anfang Dezember Napoleon seine Armee, oder was davon übrig war, spätabends per Schlitten, um zu Hause Gerüchte seines Todes zu widerlegen und eine neue Armee für den Frühjahrsfeldzug auszuheben. Derweil fielen die Verbündeten von ihm ab, und eine neue Koalition formierte sich gegen ihn.

Viele der verbliebenen Soldaten, die die zahlreichen Leichen vor die Stadtmauern von Vilnius transportieren mussten, weil sie in gefrorener Erde nicht beerdigt werden konnten, steckten sich dabei noch mit Fleckfieber an. Außer Toten blieben in Vilnius Kranke und Verletzte zurück, die in die Hände der Russen gerieten, wenn sie nicht schon vorher einem Massaker der Einheimischen zum Opfer fielen. Zu den Zurückgelassenen zählte der württembergische Leutnant Karl Kurz, der berichtete:»Unter den Offizieren und Soldaten fing die Sterblichkeit an zuzunehmen. Zehn bis zwölf täglich wurden schon die Opfer des Nervenfiebers [Fleckfieber], das sich unter den dicht auf feuchtem Stroh Aneinanderliegenden in den geschlossenen Räumen so schnell verbreitete, daß in Zeit von vierzehn Tagen alle ohne Ausnahme davon ergriffen wurden.« Einer der Kranken war Hauptmann Röder, der bei der Ankunft in Vilnius Anfang Dezember im Gedränge am Stadttor fast umgekommen wäre, um dann eine ihm unfassbare Nacht in einem richtigen Bett zu verbringen, ohne die Kleider, die er so lange nicht hatte ausziehen können. Jedoch erkrankte auch er kurz darauf am Fleckfieber und schrieb Anfang Februar einen Abschiedsbrief nach Hause, weil er keine Hoffnung mehr auf Überleben hatte. Doch er schaffte es und gelangte im Frühling auf abenteuerlichen Wegen nach Preußen, wo man ihn vorübergehend als Spion festsetzte, denn inzwischen war Preußen Verbündeter des Zaren geworden und befand sich im Krieg mit Napoleon. Ende Juni erreichte er das heimatliche Göttingen, froh, dem Inferno entkommen zu sein.

Fleckfieber unter der Zivilbevölkerung

Die Zahl der Soldaten, die Vilnius wieder verließen, war näher an 10 000 als an den 20 000 bei Ankunft, und noch weniger verließen das Zarenreich lebend. Der desaströse Russlandfeldzug mochte sein schmachvolles Ende gefunden haben, die Seuche aber kam keineswegs zum Stillstand, sondern breitete sich von den überlebenden Soldaten nunmehr in die Zivilbevölkerung aus. Die elenden Gestalten, die sich durch die deutschen Staaten zurück in die Heimat schleppten, wurden überall gemieden wie Aussätzige, weil ihnen der Ruch der Seuche schon voranging. Selbst Baron Larrey, Napoleons Oberstabsarzt, bekam noch das Fleckfieber, nachdem er die Infektionskrankheiten im Heer so lange unterschätzt hatte. Ihn erwischte es auf dem Rückweg nach Paris, und er überlebte nur knapp. In manchen Städten stellte man die Soldaten unter Quarantäne und bewachte sie streng. In Königsberg trafen kurz vor Weihnachten die Ersten ein, und mit ihnen die Krankheit. Die Schriftstellerin Fanny Lewald, damals keine zwei Jahre alt und Tochter eines Königsberger Kaufmanns, beschrieb später wohl aus Familienberichten das Geschehen in ihrer Heimatstadt: »Alle öffentlichen Gebäude lagen wieder voll Verwundeter. Der Typhus und das Lazarettfieber wüteten in der Stadt, die Ärzte starben mit den Kranken. Aus den Junkerhöfen, die wieder Lazarette geworden waren, warf man die Toten auf die Straße in die Karren hinab; in den Privathäusern wütete der Typhus nicht minder heftig. Von zwei zu zwei Stunden machte man in meinem Vaterhause Räucherungen von Essig und Nelken, die man über glühende Steine goß, um sich vor der Ansteckung durch die Fremden, welche in das Comptoir kamen, zu bewahren.«

Wo immer die Rückkehrer hinkamen, sie brachten das Fleckfieber mit: Bald verbuchte Danzig täglich 200 Tote, Soldaten wie Zivilisten, und im Sommer 1813 verbreitete sich die Epidemie entlang der Routen der Soldaten. Der preußische Militärarzt Krantz berichtete von ganzen Familien, die krank wurden, nachdem sie völlig gesund erscheinende Soldaten in ihre Häuser aufgenommen hatten. Andere Einheimische wehrten sich mit Händen und Füßen gegen Einquartierungen, weil sie das Fleckfieber fürchteten. Die Berliner Charité richtete Isolierstationen ein und desinfizierte die Fleckfieberpatienten und ihre Kleidung ebenso gründlich wie das Pflegepersonal. Tatsächlich ließ sich das Fleckfieber so auf die Isolierstation beschränken und verschonte auch das medizinische Personal. Prominente Opfer des Fleckfiebers in Berlin wurden der Philosoph Johann Gottlieb Fichte und seine Frau Johanna, die kranke Soldaten gepflegt hatte.

Mitte Februar 1813 erlebte der Soldat Louis von Kaisenberg, der nicht in Russland gewesen war, wie in Kassel die Ersten der Heimkehrer eintrafen:»Wir eilten nach der Aue, und da stand denn ein Häufchen von ungefähr fünfzig Mann (...) Wie sahen die Unglücklichen aus! Die Köpfe und die Füße in Lumpen gehüllt, der übrige Körper bedeckt mit Fetzen von allen möglichen Stoffen oder Strohmatten. Auch Tierfelle, noch voll des vertrockneten Blutes, deckten ihre Blößen. Der Ausdruck ihrer bleichen Züge war ein schrecklicher, die Augen sahen mit einem geisterhaft starren Ausdruck aus den blassen, mit Falten durchzogenen Gesichtern heraus, als sähen sie noch alle die Greuel, die auf sie in den Eissteppen Rußland gelauert hatten, und ihre Sprache klang hohl und rauh, als hätten die Schmerzenstöne sie heiser gemacht. Die meisten der Unglücklichen konnten ihre Körper kaum noch fortschleppen, so matt und krank waren sie. Ihre Gesichter, geschwärzt von dem Rauch der Lagerfeuer, bedeckt mit wochenlangem Straßenschmutz, zerfressen von allen möglichen Krankheiten, wie dem heißen Brand, und zernagt von Ungeziefer, sahen mit gespenstischem Ausdruck aus den Lumpen hervor (...) Ich versuchte, mir Auskunft von ihnen über das Schicksal unseres Fritz zu verschaffen, aber so viel ich auch fragte, ich erhielt nur ein blödes Lachen als Antwort, oder ein anderer hob den Arm und flüsterte halb irre: ›Tot – alles – alles – tot.‹«

Nur ein paar Tausend der anfangs 180 000 Deutschen unter den Soldaten sahen ihre Heimat wieder, wobei die Zahlen in den verschiedenen Landsmannschaften äußerst unterschiedlich ausfielen. Vom württembergischen Anteil mit 15 000 Mann kehrten nur 300 Mann zurück, von den fast 36 000 aus Bayern sahen 3200 ihre Heimat wieder. Insgesamt wird die Zahl der Toten des Russlandfeldzuges auf allen Seiten und inklusive der Zivilopfer auf mehrere Millionen geschätzt. Das russische Desaster war nicht nur eine menschliche Tragödie größten Ausmaßes und ein dunkler Schatten auf dem Heldenschild Napoleons und seiner Grande Armée. Es bereitete auch den Boden für Napoleons Niederlage gegen die europäische Koalition in der Völkerschlacht bei Leipzig 1813, denn derart überstürzt rekrutiert nach den ungeheuren Verlusten konnte die neue Armee der Koalition nicht genug entgegensetzen, zumal Napoleons Verbündete ins gegnerische Lager gewechselt waren. So erwies sich der Russlandfeldzug als Anfang vom Ende der Napoleonischen Herrschaft – und das Fleckfieber als gewichtiges Element darin.

Fleckfieber im Zweiten Weltkrieg

Napoleon war weder der Erste noch der Letzte, der an der Eroberung der riesigen russischen Landmassen scheiterte. Als die Wehrmacht 1941 Hitlers Vertragspartner Sowjetunion überfiel, was selbst den misstrauischen Stalin überraschte (im Unterschied zu Zar Alexander I., der 1812 seinem Geheimdienst vertraute), hatte sie ebenfalls mit Seuchen zu kämpfen. Und wie Napoleon mit siegesgewisser Geste vermeintlich kleine Probleme abtat, galt für Hitler ebenso, dass den Siegeszug der Wehrmacht nichts ernstlich aufhalten konnte. In den ersten beiden Jahren des Zweiten Weltkriegs hatten die Deutschen mit dem Fleckfieber kaum zu tun; dass der Erreger in Osteuropa aber eine Gefahr darstellen würde, war bekannt – und wurde ideologisch erklärt als Ergebnis eines »primitiven« Entwicklungsstands in der Sowjetunion unter Verweis auf ein angebliches Reservoir in der jüdischen Bevölkerung. Ohne Läuse kein Fleckfieber: Die Invasionstruppen führten daher Entlausungseinrichtungen und einen Impfstoff mit, der im Ersten Weltkrieg entwickelt worden war und in einem komplizierten Verfahren aus Läusedarm hergestellt wurde. (Da das Bakterium ohne einen Wirt nicht überlebensfähig ist, ließen sich zur Herstellung eines Impfstoffs nicht einfach Bakterienstämme in einer Petrischale züchten.) Mit solcher Prophylaxe betrachtete man das Problem als gelöst, doch der Impfstoff konnte nicht in ausreichender Menge produziert werden; es reichte nicht einmal, um das Sanitätspersonal vollständig zu impfen. Erste Fälle von Fleckfieber in der Wehrmacht gab es schon Wochen nach dem Beginn der »Operation Barbarossa« im November 1941, sowohl bei deutschen Soldaten als auch bei Kriegsgefangenen. Das Problem weitete sich an der gesamten Ostfront rasch aus, während Gegenmaßnahmen zwar angeordnet wurden, aber bei hohem Kampfeinsatz sowie ständiger Mobilität, Hygienemängeln und Kontakten zur Zivilbevölkerung durch Einquartierungen und Fluchtbewegungen ihre Wirkung eher verfehlten. Hinzu kam die Verwendung benutzter verlauster Decken oder Eisenbahnwaggons. Außerdem wurde anfangs die Ansteckung über Läusekot erheblich unterschätzt. Mehr als 15 000 Fälle wurden im ersten Winter des Russlandfeldzuges registriert, im Sommer 1943 waren es knapp 35 000, bei einer Sterberate von bis zu 30 Prozent der Erkrankten, je nach Alter. Die tatsächlichen Zahlen lagen vermutlich erheblich höher, denn bei plötzlichem Fieber traf die Diagnose nicht immer zu. Risiken bei Heimaturlauben der Ostfrontsoldaten versuchte man dadurch zu begegnen, dass sie vor Abreise ins Reichsgebiet eine Entlausung über sich ergehen lassen mussten; zu Ansteckungen kam es aber trotzdem. Ab Mitte 1943 standen immerhin Mittel zur Textilbehandlung zur Verfügung:»Lauseto« und»Delicia« rückten den Läusen erfolgreich zu Leibe, schadeten dem Träger der Kleidung aber nicht – nur konnten ausreichende Mengen nie hergestellt werden.

Für weitere Impfstoffe wurden an KZ-Häftlingen Menschenversuche durchgeführt, für mögliche Medikamente auch an sowjetischen Kriegsgefangenen, unter großem Leid und oft mit Todesfolge. Sowieso kam es bei extrem schlechten Hygiene- und Lebensbedingungen in den KZ immer wieder zu Ausbrüchen von Fleckfieber, das als Todesursache in den Lagern einen vorderen Platz einnimmt. So menschenverachtend wie die medizinischen Versuche an Häftlingen fiel das Mittel zur Bekämpfung von Fleckfieberepidemien aus, wenn sie in den Lagern ausbrachen: Oft wurden sie kurzerhand durch Exekutionen der Erkrankten oder in den Gaskammern»bekämpft«. Als das Rote Kreuz anbot, Fleckfieberkranke unter den Kriegsgefangenen deutscher Lager mit US-Impfstoff zu immunisieren, lehnte Hitler persönlich ab.

»Hungertyphus« – ein Element des sozialen Krieges

Medizinischer Fortschritt durch Krieg ist ein fragwürdiges Prädikat, denn im Vordergrund stehen dabei die Kampffähigkeit und der Vorteil gegenüber dem Gegner. Zwar ist eine Binsenweisheit, dass ein erheblicher Teil des Fortschritts dem Militär zu verdanken ist, aber die Zusammenhänge müssen im Auge behalten werden. Das gilt besonders, wenn verbrecherische Menschenversuche dazu dienen sollten, einen verbrecherischen Krieg zum Erfolg zu führen, wie im Fall des Angriffskrieges der deutschen Wehrmacht gegen die Sowjetunion. Wenn wir aber aus dem teuflischen Dreiklang von Krieg, Hunger und Seuche das Militärische beiseitelassen, lässt sich vom Fortschrittsgedanken unbelasteter berichten, weil das im beginnenden 19. Jahrhundert rapide wachsende Elend in den arbeitenden Bevölkerungsschichten Kritiker hervorbrachte, die eine soziale Dimension der Seuchen ausmachten und anprangerten, was langfristig zu Veränderungen führte.

Zunächst analysierte Friedrich Engels in seinem berühmten Buch »Die Lage der arbeitenden Klasse in England« von 1845 so detailreich und gut recherchiert wie eloquent die Verelendung der englischen Arbeiterklasse zum Lumpenproletariat unter den Bedingungen von industriellem Fortschritt und entfesseltem Kapitalismus. Sehr genau beschrieb er darin die Slums der englischen Industriestädte, ihre Bauweise und Struktur, die nicht nur das Geschäft der Bauherren, sondern auch die Verbreitung von Krankheiten unter den Bewohnern begünstigten. Die Industrialisierung brachte die soziale Frage hervor, die nicht zuletzt darin bestand, welch ungesunde Lebensbedingungen sie großen Teilen der Arbeiterschaft aufzwang. Engels beschrieb die metastatisch wachsenden Industriestädte des Königreichs: »Die Auflösung der Menschheit in Monaden, deren jede ein apartes Lebensprinzip und einen aparten Zweck hat, die Welt der Atome ist hier auf ihre höchste Spitze getrieben. Daher kommt es denn auch, daß der soziale Krieg, der Krieg Aller gegen Alle, hier offen erklärt ist.« Ein Element dieses sozialen Krieges waren Seuchen, die im sozialen Elend einen Nährboden vorfanden, der beständig wuchs.

Eine (damals) deutsche Region mit großen Problemen der Verelendung war die preußische Provinz Schlesien. Die dortige Tuchindustrie trafen die technischen Innovationen hart, worunter vornehmlich die Arbeiter litten. Die Innovationen, die englischen Textilunternehmern fette Gewinne einbrachten und das Proletariat verelenden ließen, stürzten Schlesiens Arbeiter ins Elend, weil die einheimische Textilindustrie der englischen Konkurrenz nicht mehr gewachsen war. In Oberschlesien wohnten mehrheitlich Polen, während Deutsche die Oberschicht stellten und die Verwaltung besorgten, was mit einem großen Maß an

Überheblichkeit und einem eklatanten Mangel an Sensibilität und Gerechtigkeit gegenüber den existenziellen Nöten der Arbeiterschicht einherging. Noch dazu handelte es sich um eine doppelte Krise: eine Wirtschafts- und Agrarkrise. Denn die Reform der Agrarverfassung, Bestandteil der preußischen Reformen nach dem Sieg Napoleons über Preußen, hatte die Lage der Bauern insgesamt zwar erheblich verbessert, war jedoch in Schlesien mehr als halbherzig umgesetzt worden und hatte die Verelendung sogar befördert.

Nach einer schweren Hungersnot infolge einer Hochwasserkatastrophe nebst nachfolgender Dürre brach im Winter 1847/48 in Oberschlesien eine Fleckfieber-Epidemie aus. Immer mehr Menschen erkrankten am »Hungertyphus«, am Ende waren es rund 80 000, von denen jeder Fünfte starb. In Berlin fand das Geschehen zunächst wenig Beachtung, schon weil die Zensur gegen entsprechende Nachrichten vorging und das Schicksal der polnischen Bevölkerung noch weniger interessierte als das der einfachen Leute insgesamt. Als die Sache ob des Ausmaßes nicht mehr zu ignorieren war, brach ein Skandal los. Nun schickte die preußische Regierung den Geheimen Obermedizinalrat Stephan Friedrich Barez nach Oberschlesien, als dessen Assistent ein junger Arzt und Privatdozent der Charité mitreiste, Rudolf Virchow. Viel später noch, als hochgeehrter Achtzigjähriger, würde Virchow seinen nicht einmal dreiwöchigen Aufenthalt als wegweisend für seinen späteren Werdegang bezeichnen. Angesichts der Bedeutung Virchows als Begründer der Sozialhygiene ist das bemerkenswert, ebenso wie die Tatsache, dass während Virchows Aufenthalt in Schlesien in Paris Proteste begannen, die in eine Revolution mündeten und auf ganz Europa übergriffen. Bei Virchows Abreise aus Schlesien begannen auch dort die Unruhen, und nicht allzu lange nach seiner Rückkehr wurde in Berlin gekämpft. Virchow beteiligte sich am »Völkerfrühling«, wofür er später Anstellung und Wohnung in Berlin verlor und nach Würzburg emigrierte. Die

Revolution sollte in Schlesien so misslingen wie sie in Preußen überhaupt schiefging, was für die Polen unter preußischer Herrschaft bedeutete, dass ihnen grundlegende Rechte weiterhin verwehrt wurden.

Neben seiner Tätigkeit als Revolutionär schrieb Virchow nach der Rückkehr aus Schlesien emsig an seinem Bericht, dessen Herangehensweise durchaus an das Buch von Friedrich Engels erinnert: Detailliert beginnt Virchow beim Geografischen der preußischen Provinz, beschreibt Wohn- und sanitäre Verhältnisse und Ernährung der einfachen Leute, Erziehung und Alkoholgenuss sowie die Benachteiligung als nationale Minderheit und die »Knechtung des Volkes« durch die katholische Kirche, die einen rückständigen Volksglauben füttere: »Viele glaubwürdige Männer haben mich versichert, daß die Leute mit einer gewissen Zuversicht dem Tode entgegengesehen hätten, der sie von einem so elenden Leben befreite und ihnen einen Ersatz in den himmlischen Freuden zusicherte. Wurde jemand krank, so suchte er nicht den Arzt, sondern den Priester, hülfen die heiligen Sacramente nichts, was sollte dann die armselige Arznei wirken?« Für die Epidemie machte Virchow die sozialen Zustände verantwortlich sowie weitere Umstände, an denen die Kranken ebenso wenig Schuld trugen, nämlich die desolate schlesische Wirtschaftslage und die Tatsache, dass niemand sich um die Leidtragenden kümmerte, nämlich Bauern und Textilarbeiter. Im Ergebnis forderte er neben medizinischen grundlegende soziale Maßnahmen. Als Arzt stellte er natürlich das Medizinische der Epidemie nicht in Abrede, betonte jedoch, dass die Umstände, in denen die Erkrankten lebten, erst den Nährboden bildeten, auf dem die Krankheit derart gedeihen konnte. Virchow zog Schlussfolgerungen, die kaum weniger revolutionär waren als der gleichzeitige Barrikadenbau in den Großstädten Europas. Man sieht die arglosen medizinischen Honoratioren der preußischen Hauptstadt vor sich, die Virchows Schrift zur Hand nahmen und entsetzt von sich schoben ob der Impertinenz seiner Anschuldigungen gegen preußische Bürokratie und schlesische Grundbesitzer. Bei einem 26-jährigen Nachwuchsmediziner, der doch fürs Fortkommen auf das Wohlwollen der etablierten Kollegenschaft angewiesen war, hatte man einen Bericht dieses Formats kaum erwartet. Doch langfristig sollte die Schrift zu einem Klassiker der sozialhygienischen Literatur werden.

Virchow beschränkte sich nicht darauf, die staatlichen Versäumnisse schonungslos anzusprechen und beherzte Sofortmaßnahmen zu fordern. Er hatte überdies Langfristiges im Auge: Außer einer Verbesserung der Lebensverhältnisse und politischer Reformen brauche es Demokratie, um der Seuche entgegenzutreten, eben um ihr den soziologischen Nährboden zu entziehen. »Die logische Antwort auf die Frage, wie man in Zukunft ähnliche Zustände, wie sie in Oberschlesien vor unsern Augen gestanden haben, vorbeugen könne, ist also sehr leicht und einfach: Bildung mit ihren Töchtern Freiheit und Wohlstand. (...) Eine vernünftige Staatsverfassung muss das Recht des Einzelnen auf eine gesundheitsgemäße Existenz unzweifelhaft feststellen.« Und er fordert, in moderner Terminologie, den Polen Oberschlesiens Minderheitenrechte zuzugestehen, sie als Volksgruppe aufzuwerten und ganz insgesamt »zur gemeinschaftlichen Anstrengung aufzustacheln«. In seiner Zeitschrift *Die medicinische Reform* schrieb er bald darauf: »Medicin ist eine soziale Wissenschaft, und Politik weiter nichts als Medicin im Großen«, womit er in einer Reihe marschierte neben anderen Medizinern. Das waren Rudolf Leubuscher, mit dem er die Zeitschrift gründete, und Salomon Neumann, der von der Pflicht des Staates schrieb, nicht nur das klassische Eigentum seiner Bürger zu schützen, sondern genauso ihre Gesundheit, die ihre Arbeitskraft sichere. Den Regierungen und Regierenden schrieb Virchow in der *Medicinischen Reform* ins Stammbuch: »Epidemien gleichen großen Warnungstafeln, an denen der Staatsmann von großem Stil lesen kann, dass in dem

Entwicklungsgange seines Volkes eine Störung eingetreten ist, welche selbst eine sorglose Politik nicht länger übersehen kann.« Was im kleinen Maßstab für die Fleckfieber-Epidemie in Schlesien galt, betraf im kontinentalen Maßstab eine andere Seuche, die dem 19. Jahrhundert ihren Stempel aufdrückte.

KAPITEL 5

»Von den Sumpfregionen Asiens ist uns ein Feind zugeführt« – die Cholera

Das 19. Jahrhundert war arg gebeutelt von Krankheiten, deren wirksame Bekämpfung mithilfe der Erkenntnisse der Bakteriologie noch einige Zeit auf sich warten ließ. Eine Seuche war es jedoch im Besonderen, die Europa heimsuchte und einen großen Teil der Angstvorstellungen der Epoche prägte: die asiatische Brechruhr, heute eher bekannt unter ihrer medizinischen Bezeichnung *Cholera morbus* oder *Cholera asiatica*. Als prägende Kollektiverfahrung des Jahrhunderts wurde sie bezeichnet – auch weil sie im Unterschied zu den Pocken eine für Europa ganz neue Krankheit war. Wie die Pest kam sie aus fernen Weltgegenden zweifelhaften Charakters, gab Rätsel auf und verängstigte, da sie innerhalb kürzester Zeit tötete und kein Heilmittel verfügbar war. In der Wahrnehmung mischten sich die Abwehr des Exotischen und eine aggressive Kompensation der Hilflosigkeit mit dem Hadern an der Epoche. Die Cholera verbreitete Angst und Schrecken wie die Pest, doch mehr noch als ihre ältere Schwester sollte sie zum Schrittmacher in der Seuchenbekämpfung werden.

Die Cholera ist eine akute Durchfallerkrankung, von heftigem Brechreiz begleitet, die eine schwere Dehydrierung auslöst und aufgrund des damit verbundenen Nährstoffverlusts und -mangels sehr rasch zu großen Schmerzen, Ohnmacht und Tod führen kann, wenn dem Flüssigkeitsverlust nicht schnell und wirksam begegnet wird. Da die Dehydrierung die Haut bläulich verfärben kann, sprach man auch vom »blauen Tod«. Unter den Erkrankten lag die Todesrate bei rund 50 Prozent, zwischen ersten Symptomen und dem Tod durch Kreislaufversagen vergingen oft nur wenige Stunden. Verantwortlich für die Krankheit ist das wegen seiner Form so bezeichnete Kommabakterium *Vibrio cholerae*, das im menschlichen Verdauungstrakt sein Unwesen treibt, wobei es im Dünndarm die Aufnahme von Wasser und Elektrolyten verhindert. Die Verbreitung geschieht ausschließlich, aber indirekt über den Menschen, der die Bakterien über den Verdauungsweg ausscheidet. Die Inkubationszeit beträgt zwei bis drei Tage. Da nicht jeder Infizierte erkrankt, können auch augenscheinlich Gesunde den Erreger weitergeben; Genesene sind nur für einige Jahre immun. Mit kontaminierten Fäkalien verunreinigt, ermöglichen Trinkwasser oder Lebensmittel dem Erreger, sich zu vermehren. Voraussetzung für die Ausbreitung der Cholera ist also ein Mangel an öffentlicher Hygiene in der Trinkwasserversorgung und der Abwasserentsorgung, der Vermehrung und Weitergabe der Cholerabakterien begünstigt. Stammte das Trinkwasser, wie es damals noch sehr häufig der Fall war, aus demselben Fluss, der als Kloake diente, hatten Cholerabakterien leichtes Spiel. Das Gleiche galt für Brunnenwasser, wenn es nicht tief genug entnommen wurde und verunreinigt war. Allerdings blieb noch für Jahrzehnte sowohl das Bakterium unbekannt als auch der Ansteckungsweg unklar.

Eine endemische Seuche wird epidemisch

Der Begriff Cholera für sporadisch auftretende Durchfallerkrankungen geht auf Hippokrates zurück. Was wir heute unter Cholera verstehen, war im indischen Gangesdelta schon längere Zeit endemisch – greifbar wird die Krankheit durch den ansonsten unbekannten englischen Arzt Paisley, der 1774 aus Madras in Britisch-

Indien berichtete, wie sich die Krankheit unter den Kolonialtruppen verbreitete. Sie erreichte schließlich die Hafenstadt Kalkutta und tötete eine große Zahl von Pilgern. Unklar ist, wann genau der Erreger *Vibrio cholerae* in Erscheinung trat – möglicherweise war es eine Mutation, die das Kommabakterium in die Lage versetzte, so aggressiv zu werden, dass sie vom endemischen auf epidemisches Wirken übergehen und sich weltweit ausbreiten konnte. Jedenfalls hatten in Bengalen Durchfallerkrankungen 1817 immer öfter einen schweren Verlauf und endeten häufiger als zuvor tödlich.

Völlig gesichert ist die frühe Biografie der Cholera also nicht, 1817 aber trat sie vom indischen Bengalen aus den Weg in alle Welt an, seither in mehreren Pandemien, deren genaue Unterscheidung ebenfalls umstritten ist. Im März befiel die Krankheit, zunächst unbeachtet, das britische Fort Williams in Kalkutta und verbreitete sich im Sommer unter der Zivilbevölkerung der Provinz Bengalen. In Kalkutta erkrankten 25 000 Einwohner, von denen 4000 starben. Ende 1817 war die Cholera in den Norden Indiens vorgedrungen, befördert von Truppenbewegungen im Dritten Krieg gegen das zentralindische Marathenreich, in dem die Briten fast ein Drittel ihrer Soldaten an die Seuche verloren. Im Jahr darauf war der ganze Subkontinent erfasst, inklusive der Städte Delhi und Bombay (heute Mumbai). Hunderttausende in Indien starben damals an der Cholera, Einheimische ebenso wie britische Soldaten. In den folgenden Jahren weitete sich das Seuchengeschehen auf ganz Südostasien aus, schließlich waren China, Japan und Korea sowie im Westen Persien, dann Arabien betroffen. 1823 war das Kaspische Meer erreicht und mit Astrachan der europäische Teil des russischen Zarenreichs, außerdem das östliche Mittelmeer und Ägypten. Dann folgte ein besonders kalter Winter, und die Cholera legte eine Pause ein. Nur wenige warnende Stimmen erhoben sich, dass Europa beim nächsten Mal vielleicht nicht verschont bleiben würde.

Ohne die militärischen Entwicklungen und die intensivierte Globalisierung des 19. Jahrhunderts hätte die Cholera ihren weltweiten Siegeszug nicht absolvieren können. Großbritannien, Mutterland der Industriellen Revolution, hatte nicht nur die Herrschaft über Indien errungen, sondern auch eine Vormachtstellung im Welthandel; beides zusammen ermöglichte der Cholera die Expansion nach Europa. Im Verlauf des 19. Jahrhunderts intensivierte sich der Welthandel ebenso wie der internationale Verkehr, was die weitere Geschichte der Cholera maßgeblich beeinflussen sollte – wachsendes Handelsvolumen, neue Transporttechnologien wie das Dampfschiff (1830er-Jahre), kürzere Handelsrouten wie durch den Suezkanal (eröffnet 1869). Innerhalb Europas sorgte die Eisenbahn ab den 1840er-Jahren für kürzere Wege und mehr Verkehr – was nicht nur Waren und Reisenden die Zirkulation erleichterte, sondern auch deren so unsichtbarem wie unwillkommenem Gepäck: Viren und Bakterien. In diesen Zusammenhang lassen sich auch die militärischen Einflussnahmen des 19. Jahrhunderts setzen, mal mehr wirtschaftlich, mal eher politisch motiviert – beginnend bei besagtem Marathenkrieg in Indien über die russische Bekämpfung des polnischen Aufstandes, die eine Flüchtlingswelle in Richtung Westen auslöste, später der britische Opiumkrieg gegen China 1839–1842, die von den USA erzwungene Öffnung Japans 1853/54 oder der Krimkrieg 1853–1856.

Die Cholera erreicht Europa

In Deutschland trafen erste Nachrichten über eine schreckliche Seuche in Indien bereits um 1820 ein. Doch solange Europa das Wüten der Cholera in Asien aus vermeintlich sicherer Distanz wie einen fernen Krieg verfolgte, wähnte man sich ungefährdet, weil durch klimatische oder geografische Bedingungen, fortschrittliche Regierungen und kulturelle Überlegenheit gefeit. Mal hieß es, indische Sümpfe und russische Steppe nährten die Seuche, während das gemäßigte europäische Klima schütze. Mal war der Hygienestandard Europas viel zu hoch, als dass die »morgenländische Brechruhr« eine Chance hätte. Andere verwiesen auf Europas hochstehende und überlegene Kultur, die wie ein Bollwerk wirke gegen die Anwürfe einer verderbt-orientalischen Pest. Ein europäischer Journalist schrieb zur bangen Frage, ob die Cholera den alten Kontinent erreichen würde: »Es gibt Grund zu der Annahme, dass die Menschen von den Ufern des Ganges, wenn sie nur das Glück hätten, unter einer freien Regierung zu leben, diese Pest bezwingen könnten, die ihr Fluß von sich gibt, um andere Weltgegenden zu vergiften. Der Arm der Freiheit würde dem schmutzigen Monster an seiner Quelle ein Ende bereiten.«

Im schlesischen Breslau versicherte der Mediziner Carl Wilhelm Pulst, »daß in Preußen, einem ruhigen, durch weise Fürsorge und wohlberechnete Einrichtungen seiner Behörden so ausgezeichneten Lande, wo keinem, auch dem Ärmsten nicht, die Mittel zu einer ordentlichen und geregelten Lebensweise fehlen dürften«, es die Cholera schwerhaben werde. Die Idee der Unverletzbarkeit war aber weniger naturwissenschaftlich begründet als einer selbstgewissen Überheblichkeit entsprungen, die das so vorbildlich zivilisierte Europa beseelte – rückblickend wirkt es allerdings wie das Pfeifen im Wald. Und umso böser musste die Überraschung ausfallen, als das Unheil an den Rändern des Kontinents eben nicht haltmachte. »Sehr unwahrscheinlich, fast undenkbar« sei es, dass Europa von der Cholera erfasst werde, schrieb zusammenfassend ein weiterer Beobachter inmitten wohligen Gruselns aus der Ferne – und dann war es doch so weit.

1827 setzte in Indien die zweite Pandemie ein, die nach Persien und Afghanistan ausgriff und entlang der Handelswege im Hochsommer 1829 mit dem russischen Orenburg den Ural erreichte. Im kleinen, florierenden Handelsumschlagplatz wurden zwar viele krank: etwa zehn Prozent der Bevölkerung, die zur Hälfte aus

Militär bestand. Trotzdem war es möglich, dass Alexander von Humboldt, der sich dort gerade aufhielt, vom Seuchengeschehen nach seiner Abreise erst erfuhr, als er zur Jahreswende nach Sankt Petersburg kam. Dann aber eroberte die Cholera die Schlagzeilen, zunächst im Zarenreich und sehr bald überall in Europa.

1830 erfasste die Cholera Tiflis (Georgien), Moskau, Charkow und Odessa (heute Ukraine), schließlich auch Bulgarien. In Polen überwinterte die Cholera bei der russischen Armee, infizierte im Frühling Warschau, Minsk, Vilnius und Riga, erreichte im Mai Ostpreußen und im Sommer Berlin sowie (auf einer südlichen Route) Österreich, Ungarn und den Balkan. Zu Truppenbewegungen und Handelsbeziehungen als Verbreitungswege kamen Fluchtbewegungen polnischer Aufständischer, die vor den Russen nach Westeuropa flohen. Anfang Oktober war neben Hamburg Großbritannien erreicht, wo die Cholera im nordenglischen Hafen Sunderland an Land ging und 1832 um sich griff.

Als das asiatische Übel bedrohlich näher rückte, dürfte kaum jemand darüber nachgedacht haben, welche Parallelen zum 14. Jahrhundert erkennbar waren, als die Pest Europa erreicht hatte. Zwar diente angesichts des schon im Voraus beschworenen Schreckens (mitsamt saftiger Übertreibungen) die Pest erneut als Referenzseuche, und manche Beobachterin wird darauf verwiesen haben, dass die Pest damals so neu und rätselhaft gewesen war wie die Cholera jetzt. Doch war die Geschichte der Pest im 19. Jahrhundert nicht so eingehend erforscht wie heute, weshalb wir zumal in zeitlichem Abstand eher erwägen können, Ähnlichkeiten zwischen der Verfasstheit des Kontinents vor der Pest einerseits und vor der Cholera andererseits auszumachen. Zwar war Europa nicht mehr »mittelalterlich« im Sinne einer bang gottesfürchtigen Haltung, doch trifft der Befund Verunsicherung und Krise für beide Epochen zu, natürlich auf jeweils spezifische Weise. Insofern lässt sich aus Sicht des 21. Jahrhunderts eine Parallele erkennen zwischen dem 14. und dem 19. Jahrhundert, als jeweils eine Seuche zu epochaler Wirkung ansetzte. Einen wichtigen Unterschied aber machte die Cholera zur Pest: Sie war auf die Gesamtbevölkerung bezogen sehr viel weniger tödlich, denn der Anteil der Kranken in der Bevölkerung lag bedeutend niedriger. Für die Infizierten war die Wahrscheinlichkeit, daran zu sterben, allerdings ähnlich hoch wie bei der Pest.

Industrialisierung und Verelendung befördern die Cholera

Ein wesentlicher Grund, warum sich die Cholera so rasch verbreiten konnte, waren die inneren Entwicklungen in Europa. Die Bevölkerung wuchs dank allgemein gestiegener Lebenserwartung sehr schnell, während viele Länder eine stürmische Industrialisierung erlebten. Begleiterscheinung von wirtschaftlichem Aufschwung und Strukturveränderungen war eine beispiellose Verelendungswelle der arbeitenden Schichten in der ersten Hälfte des 19. Jahrhunderts, denn industrielle Revolution und wirtschaftliche Reformen hatten ihre Schattenseite im sozialen und wirtschaftlichen Abstieg großer Bevölkerungsgruppen – zu einer Zeit, die *Sozial*politik, *sozialen* Wohnungsbau oder die *soziale* Frage noch nicht kannte, sondern überhaupt erst hervorbrachte. Ein Proletariat entstand, das in die Städte drängte, die nicht nur rapide wuchsen, sondern sich gesellschaftlich veränderten. Ein ständig zunehmender Anteil der Bevölkerung lebte unter beklagenswerten Bedingungen, dicht gedrängt in elenden Behausungen und unter hygienischen Zuständen, die der Verbreitung von Krankheiten Vorschub leisteten. Öffentliche Maßnahmen, die dem Gesundheitsschutz in den Armenquartieren gedient hätten, gab es kaum. Die Cholera war nicht die einzige Seuche, die in den Armenvierteln leichtes Spiel hatte; bereits bekannte Infektionskrankheiten verbreiteten sich ebenso, aber die Brechruhr sollte die europäischen Großstädte in besonderem Maße herausfordern. Charles Dickens beschrieb die Industriestadt als »Antlitz eines Wilden«, schwarzrot gefärbt vom Backstein und von den Ausdünstungen der Fabriken, Alexis de Tocqueville sprach von den verdreckten Städten als »neuem Hades«.

Die von massiver Verarmung betroffenen Schichten konnten dem wirtschaftlichen Aufbruch verständlicherweise wenig abgewinnen. Für sie war die Epoche eine Katastrophe, die ihnen einen Existenzkampf aufzwang in Umständen, die noch Jahrzehnte zuvor unvorstellbar gewesen wären. Die bürgerlichen Schichten profitierten zwar wirtschaftlich vom Umbruch, doch das Tempo der Entwicklungen beunruhigte sie ebenso wie die unübersehbaren sozialen Verwerfungen, und mit der Zahl der Armen wuchs das Gefühl der Bedrohung. Gerade der Wandel der Städte verunsicherte die Bessergestellten, die sich in ihrem Selbstverständnis bedrängt sahen. Es war eine längere Entwicklung, doch als Auswirkung unter anderem der Choleraangst teilten sich die Städte nach und nach in gediegene, großzügig angelegte, gesunde Wohngegenden, vorzugsweise im Westen gelegen, wo die Luft besser war, und in proletarische Quartiere nahe den Arbeitsplätzen, mit wenig Platz, miserablen sanitären Zuständen und viel schlechter Luft, die in eng gebauten Vierteln kaum zirkulierte. Am Ende des Jahrhunderts hatte sich eine Großstadt wie Berlin aufgeteilt in graue Mietskasernenviertel und Villenkolonien im Grünen, die Christopher Isherwood später sarkastisch als »Slums für Millionäre« bezeichnete. Auf Berlin wie andere Städte traf schließlich zu, was Friedrich Engels schon früher über Manchester geschrieben hatte: Arbeiter- und Besitzklasse waren geschiedene Völker, die kaum miteinander in Berührung kamen. Und wenn die besseren Wohnviertel ebenso scharf von den schlechten getrennt waren, wie sich die sie bewohnenden Bevölkerungsteile gesellschaftlich voneinander entfernten, fiel es den Bessergestellten besonders leicht, Armut und Elend entweder völlig zu ignorieren oder die Schuld daran denen zuzuschieben, die so zu leben gezwungen waren.

Da die neue Seuche im vermeintlich primitiven Orient ihren Ursprung hatte, lag für viele Mitglieder der Eliten nahe, den Grund dafür, dass die Cholera Europa doch befallen konnte, bei den eigenen »Unzivilisierten« zu suchen. Plötzlich standen nicht mehr tropische Verhältnisse und Bodenbeschaffenheiten im Vordergrund, sondern die Lebensumstände der Armen: dicht gedrängt in Slums, moralisch zweifelhaft, ohne Hygienebewusstsein und Kultur. Galt noch um 1800 Barmherzigkeit den Armen gegenüber als selbstverständlich, verschob sich die Wahrnehmung von Armut in dem Maße, wie sie unübersehbar zunahm. Im Vordergrund standen plötzlich der ungesunde Lebenswandel und die sittlichen Verfehlungen der armen Schichten: Trunksucht, sexuelle Ausschweifungen, uneheliche Geburten, Kriminalität. Vermehrt wurde auch die Klage geführt, die »unteren Schichten« besäßen in unerträglichem Ausmaß die Frechheit, Armenfürsorge und kostenlose Krankenbehandlung zu »erheucheln«, dabei lagen die steigenden Zahlen am wachsenden Anteil Armer und am zunehmenden Ausmaß ihrer Verelendung. Dieser Erkenntnis verweigerte sich die bürgerliche Gesellschaft jedoch, wenn sie in der »entsittlichenden Dürftigkeit«, wie es in der *Medicinischen Zeitschrift* hieß, die eigentliche Ursache für Armut und Krankheit entdeckte. Viele Ärzte bliesen ins selbe Horn, und selbst der durchaus wohlmeinende Schriftsteller und Diplomat Karl Varnhagen von Ense beruhigte in einem Brief zur Choleragefahr, »(...) die ordentlichen und vorsichtigen Leute aus der gebildeten Klasse scheinen dagegen wenig bedroht«.

Das ignorante Unverständnis der wohlhabenden gutbürgerlichen Schichten für die Lebensumstände derer, die diesen Wohlstand mit ihrer Hände Arbeit schufen, wuchs ebenso wie der Drang, sich gesellschaftlich, moralisch und räumlich abzusetzen von dem, was man als Bodensatz der Gesellschaft ansah. Fast wirkt es wie die

Abwehr des schlechten Gewissens, denn eigentlich lag auf der Hand, dass die arbeitenden Massen die Leidtragenden des rapiden wirtschaftlichen Wandels waren, der eine Menge Verlierer produzierte. Der Abbau von Handelsschranken oder von Hemmnissen althergebrachter Strukturen entfesselte die Wirtschaft nicht zuletzt durch Innovation, Rationalisierung und wachsenden Konkurrenzdruck. Zölle entfielen, die einheimische Industrien geschützt hatten, Maschinen ersetzten menschliche Arbeitskraft. Landflucht setzte ein, doch in vielen Industriestädten war die Lebenserwartung nur halb so hoch wie auf dem Land. Wer seinen Status halten oder gar verbessern konnte, beobachtete mit wachsender Sorge um sich selbst, dass der Mangel an Arbeitsplätzen auf dem Land die Menschen in die aufstrebenden Städte trieb, wo sie oft nicht mehr waren als Rekruten im Heer der Elenden. Es kam zu immer mehr Elendsprostitution, Alkoholismus, sexueller Enthemmung, Bettelei und Kleinkriminalität, zu allgemeiner Verrohung.

Nährboden für Aufruhr und Brechruhr

Die Städte wurden ihrer Probleme nicht mehr Herr, weder was Stadthygiene, Gesundheitsvorsorge noch Armenfürsorge betraf. Die Zahl der Almosenempfänger explodierte, die amtlich bestallten Armenärzte waren hoffnungslos überfordert. Die wachsenden sozialen Probleme erwiesen sich als doppelter Nährboden in den proletarischen Quartieren: für verheerende Seuchen wie für politische Radikalisierung, unter den gegebenen Umständen war das eine so unvermeidlich wie das andere. Ein großer Teil der wirtschaftlich und sozial Deklassierten waren gut ausgebildete, zuvor respektierte und selbstbewusste Arbeiter, die ihr Schicksal nicht einfach hinnahmen, sondern aufbegehrten; und dass die Cholera häufig im Verbund mit Revolutionen auftrat, steigerte den Degout der »besseren Gesellschaft« nur noch mehr.

Der preußische König Friedrich Wilhelm III. drückte seine Abscheu vor beidem, Aufruhr und Brechruhr, in einem Brief an den Kronprinzen aus, indem er Seuche und Revolution gleichermaßen als Pest bezeichnete – für ihn und seinen Sohn gehörte beides auf unheilvolle Art zusammen. Wie das revolutionäre Fieber grassierte die Seuche, die auf die Anwesen der Bürger überzugreifen drohte, wenn man nicht durchgriff. Harte Maßnahmen waren also gegen soziale Unruhen und Revolutionen ebenso angezeigt wie gegen die Seuchengefahr, schon um die Stärke des Staates zu demonstrieren, und beides richtete sich in erheblichem Maß gegen die proletarischen Schichten. In den Augen der gehobenen Schichten waren sie der Trunksucht verfallen, führten einen amoralischen Lebensstil, waren kriminell und ernährten sich ungesund – noch dazu waren sie aufsässig. Es wirkt wie ein Ersatzschauplatz für die Verunsicherung, die von den Umbrüchen der Zeit ausgelöst wurde.

Naturgemäß war die Abscheu vor revolutionärem Aufbegehren bei den Regierenden besonders groß, allen voran beim russischen Zaren, der 1831 gegen die aufständischen Polen vorging. Die sahen sich von der französischen Julirevolution 1830 ermutigt, ihren Freiheitskampf fortzusetzen, denn einen polnischen Staat gab es nicht mehr. Die drei Landesteile standen unter der Fremdherrschaft Preußens, Österreichs und Russlands. Nach einem Sieg über die dreimal kleinere polnische Freiheitsarmee vereitelte die Cholera in den Reihen der russischen Soldaten die Einnahme Warschaus; selbst der russische General starb daran. Entlang der russischen Truppenbewegungen verbreitete sich die Seuche im Frühling, griff auf die polnische Armee über und infizierte schließlich Warschau. Alarmiert folgten europäische Regierungen der russischen Aufforderung zu einer gesamteuropäischen Anstrengung, der Seuche wissenschaftlich zu Leibe zu rücken, und schickten Ärzte nach Warschau. Sachsen sandte den Mediziner Karl Christian Hille, der die Cholera nunmehr unwiderruflich auf dem Vormarsch in Europa sah. In der Tat: Mitte Mai 1831 war, vermutlich über Litauen, Riga an der Reihe sowie, als erster deutscher Fall überhaupt, am 18. Mai das ostpreußische Städtchen Stallupönen (heute Nesterow in der russischen Oblast Kaliningrad) nahe der preußisch-russischen Grenze. Ende Juni war der preußische Teil Polens erreicht.

Russland, Österreich und Preußen bildeten seit dem Sieg über Napoleon die »heilige Allianz« und verstanden sich als Bollwerk gegen alles, was ihre autokratischen Monarchien gefährden mochte. Jetzt wollte man ein Bollwerk gegen die Cholera bilden und sprach in beiden Zusammenhängen von »Quarantänemaßnahmen«, die wenig zufällig militärischen Operationen glichen und von Soldaten ausgeführt wurden. Die Einreise aus aufständischen Ländern wie Frankreich oder den Niederlanden wurde ebenso unterbunden wie die aus cholerabefallenen Gegenden. Österreich nutzte die Einrichtungen seines Pestkordons und legte Sperrlinien an, stellte Reisende unter Quarantäne und beräucherte deren Gepäck und die durchlaufende Post. Preußen konnte auf Derartiges nicht zurückgreifen, hatte aber schon Ende 1830 eine Cholera-Kommission eingesetzt und eine Ärztedelegation nach Wilna (heute Vilnius) und Moskau und dann zur Wolga geschickt, denen die Cholera jedoch entkam: Sie war in Russland einstweilen erloschen. Als Polen betroffen war, ordnete der preußische König an, mithilfe des Militärs cholerabefallene Orte rigoros abzuriegeln, strenge Quarantäne- und Desinfektionsmaßnahmen zu ergreifen und polnische Flüchtlinge abzuweisen. Die Maßnahmen unterschieden sich nicht allzu sehr von den früheren gegen die Pest – nur dass sie jetzt doppelt hemmend wirken sollten: antirevolutionär und antipandemisch. Zur Einreise wurden Gesundheitsatteste verlangt, und ein Sanitärkordon mit mehreren Linien wurde entlang der preußischen Ostgrenze eingerichtet. Zusammen mit dem unmittelbar anschließenden österreichischen maß das Bollwerk über 6000 Kilometer Länge.

Die Furcht wächst

Je näher die Gefahr rückte, desto beherrschender wurde auch in Berlin das Thema Cholera, wie der Schriftsteller Adolf Streckfuß berichtete: »Noch war die Seuche von Berlin viele Meilen weit entfernt, und doch herrschte in der Residenz schon eine fabelhafte Furcht vor derselben, welche durch die Regierungs-Behörden fortwährend genährt wurde. Es gab damals nur ein Thema des Gesprächs in allen Kreisen der Gesellschaft: die Cholera! (…) Eine Flut von Schriften über die Krankheit überschwemmte den Büchermarkt; die meisten waren ohne den geringsten wissenschaftlichen Wert, aber sie wurden trotzdem eifrig gekauft, ebenso die zahlreich feilgebotenen und angepriesen, oft geradezu unsinnigen Heil- und Vorbeugungsmittel. (…) Die Cholerafurcht nahm so überhand, daß sie zum Wahnsinn ausartete. Eine alte Frau erhängte sich, um nicht die Cholera zu bekommen. In allen Familien wurden Vorkehrungen getroffen, um für den Ausbruch der Krankheit gerüstet zu sein. Man verproviantierte sich, um so wenig wie möglich mit andern Menschen in Berührung zu kommen. Cholera-Apotheken wurden angeschafft, Dampfapparate konstruiert, und alle Präservativmittel, welche die Staatszeitung in reicher Fülle anpries, hatten einen hohen Preis.«

Eine verbreitete Strategie war, die Krankheit mit Nichtachtung zu strafen, so wie seinerzeit der Pest ziemlich hilflos damit begegnet wurde, dass man sie nicht erwähnte. Dieser Art magischer Ignoranz verfielen auch die Zeitgenossen des 19. Jahrhunderts. Die Berliner Salonière Rahel Varnhagen teilte einer Freundin Ende September 1831, als die Cholera in Berlin wütete, in einem Brief mit, sie nenne die Krankheit nie bei ihrem Namen. Ebenso hielt es der alte Goethe, der dem Komponisten Felix Mendelssohn Bartholdy vom »hereindringenden unsichtbaren Ungeheuer« schrieb, dem Schriftstellerkollegen Rochlitz vom »unsichtbaren, ungeheuren Gespenst« oder, an Adele Schopenhauer, von der »asiatischen

Hyäne«. Gleichwohl informierte er sich in Weimar wissenschaftlich über die Krankheit, mied aber die laufende Berichterstattung, die in der Tat sehr rasch vom selbstgewiss Geschützten ins Panisch-Sensationistische und Hysterische überging und sich – wie Goethe, nur gröber – aus der Fauna bediente: »todtverbreitendes Ungeheuer«, »asiatische Bestie«, »verderbenschnaubendes Raubtier«, »düst're Löwin«, »grimmige Hyäne«, »indischer Todesengel«. Daneben war die durchaus ernst gemeinte Forderung zu vernehmen, das Wort Cholera müsse polizeilich verboten werden, weil es so viel Angst und Schrecken verbreite, dass mit einem Verbot viele Leben gerettet werden könnten. Wie tödlich auch immer, die Panik in Europa war immens. Im Rückblick schrieb ein Zeitgenosse, die Ankunft der Cholera 1831 habe für sehr viel mehr Angst gesorgt als der Ausbruch der Revolution 1848. Ärzte diagnostizierten eine »Cholera-Phobie«, »Krankheiten der Nerven und des Gemeingefühls durch Angst vor der Cholera«, gar bei gestandenen Menschen: »Merkwürdigerweise befanden sich darunter Personen, deren sonstiges Wesen den vollkommsten Widerspruch mit diesem Zustande darbot: selbst kräftige Individuen, aus den gebildetsten Ständen, determinirte Charaktere, die zu anderen Zeiten Muth und Ausdauer in Gefahren und kühnen Unternehmungen bewährt hatten.«

Die »gebildeten Stände« mögen ihre Angegriffenheit mit dem Wissen bekämpft haben, dass den Menschen anderer Städte Ähnliches widerfuhr, denn die Cholera wurde ja zu einem gesamteuropäischen Erleben, wenn auch nicht immer zur selben Zeit. In der *Allgemeinen Zeitung,* der damals meistgelesenen deutschsprachigen, berichtete Heinrich Heine aus seinem Pariser Exil am Montmartre vom Paris der Cholerazeit 1832: »Nur ein Tor konnte sich darin gefallen, der Cholera zu trotzen. Es war eine Schreckenszeit, weit schauerlicher als die frühere, da die Hinrichtungen so rasch und so geheimnisvoll stattfanden. Es war ein verlarvter Henker, der mit einer unsichtbaren Guillotine ambulante durch Paris zog.«

Nach Heines Beobachtung gaben sich die Bürger von Paris unbeeindruckt von den Nachrichten, bis die Seuche mit aller Macht zuschlug:»Man hat jener Pestilenz um so sorgloser entgegengesehen, da aus London die Nachricht gelangt war, daß sie verhältnismäßig nur wenige hingerafft. Es schien anfänglich sogar darauf abgesehen zu sein, sie zu verhöhnen, und man meinte, die Cholera werde ebensowenig wie jede andere große Reputation sich hier in Ansehen erhalten können. Da war es nun der guten Cholera nicht zu verdenken, daß sie aus Furcht vor dem Ridikül zu einem Mittel griff, welches schon Robespierre und Napoleon als probat gefunden, daß sie nämlich, um sich in Respekt zu setzen, das Volk dezimiert. Bei dem großen Elende, das hier herrscht, bei der kolossalen Unsauberkeit, die nicht bloß bei den ärmeren Klassen zu finden ist, bei der Reizbarkeit des Volkes überhaupt, bei seinem grenzenlosen Leichtsinne, bei dem gänzlichen Mangel an Vorkehrungen und Vorsichtsmaßregeln mußte die Cholera hier rascher und furchtbarer als anderswo um sich greifen. Ihre Ankunft war den 29. März offiziell bekanntgemacht worden, und da dieses der Tag der Micarême und das Wetter sonnig und lieblich war, so tummelten sich die Pariser um so lustiger auf den Boulevards, wo man sogar Masken erblickte, die in karikierter Mißfarbigkeit und Ungestalt die Furcht vor der Cholera und die Krankheit selbst verspotteten. Desselben Abends waren die Redouten besuchter als jemals; übermütiges Gelächter überjauchzte fast die lauteste Musik, man erhitzte sich beim Chahut, einem nicht sehr zweideutigen Tanze, man schluckte dabei allerlei Eis und sonstig kaltes Getrinke – als plötzlich der Lustigste der Arlequine eine allzu große Kühle in den Beinen verspürte und die Maske abnahm und zu aller Welt Verwunderung ein veilchenblaues Gesicht zum Vorschein kam. Man merkte bald, daß solches kein Spaß sei, und das Gelächter verstummte, und mehrere Wagen voll Menschen fuhr man von der Redoute gleich nach dem Hôtel-Dieu, dem Zentralhospitale, wo sie, in ihren abenteuerlichen Maskenkleidern anlangend, gleich verschieden. Da man in der ersten Bestürzung an Ansteckung glaubte und die älteren Gäste des Hôtel-Dieu ein gräßliches Angstgeschrei erhoben, so sind jene Toten, wie man sagt, so schnell beerdigt worden, daß man ihnen nicht einmal die buntscheckigen Narrenkleider auszog, und lustig, wie sie gelebt haben, liegen sie auch lustig im Grabe.« Der Zug der Cholera forderte in Paris mehr als 18 000 Tote.

Die Cholera in Preußen

Als erste größere preußische Stadt verbuchte Danzig Ende Mai 1831 den Ausbruch, nachdem man sich zuvor sorglos gezeigt hatte im Vertrauen auf die Cordonnierung durch das Militär. Es begann in der engen Altstadt, der erste Tote war ein Schiffer und Tagelöhner aus dem Eimermacherhof. Wie zu Pestzeiten wurden befallene Häuser gesperrt, bis Mitte Juni betraf das 180 Häuser. Sie wurden mit Kreuzen versehen und bewacht, wie der Danziger Sattler und Dichter Wilhelm Schumacher berichtete: »Wenn man die Straße betrat, verging keine Minute, die nicht aufs Neue an das Unglück erinnerte (…) Hier ein neuer Erkrankungsfall auf freier Straße, bald wieder begegnete man den Trägern, die einen Kranken, der vielleicht schon im Verscheiden lag, im Korbe aus seiner Wohnung trugen und dabei gemächlich Tabak schmauchten, gewöhnlich auch einen lebhaft rohen Diskours führten. Nahte Vormittags die elfte Stunde, dann suchten alle Blicke nur einen Gegenstand: den Tagesbericht der Sanitätskommission über die Zahl der neuen Erkrankungs- und Todesfälle.« Schumacher erzählte auch vom Choleralazarett auf einer Weichselinsel: »Diese Insel wurde gleichsam als ein Ort der Verdammniß betrachtet, von dem, wenn man ihn einmal betreten müsse, keine Rückkehr mehr möglich sei und nur ein qualvoller Tod und ein schauderhaftes Grab zu erwarten stehe. Die abentheuerlichsten Gerüchte von dieser Schreckens-Insel kreuzten sich im Mund des Volkes.«

Die Isolation war offenbar aber keineswegs lückenlos, wie der aus Hannover angereiste Arzt Louis Stromeyer berichtete:»Die ganze Häusersperre wurde übrigens in Danzig nur als eine Comödie betrachtet, da fast jedes Haus eine Hinterthür hat, die nicht gesperrt wurde. Bei einigen Häusern war man sogar so gefällig, bloß die Hinterthür zu sperren, damit Handel und Wandel nicht leide. Wo es an Hinterthüren fehlte, bediente man sich des Weges über die Dächer, wenn der Wächter sich nicht durch eine Kleinigkeit abfinden lassen wollte. Mitunter ließen sich auch ganz andere Leute absperren, für diejenigen, welche mit den Kranken in Berührung gekommen waren.« Meist lastete man Übertretungen, wie auch die unerlaubte Umgehung der Kordons, schlecht gelittenen Bevölkerungsgruppen an: Juden, Polen oder unzuverlässigen Bauern – eine weitere Parallele zu den Zeiten der Pest. Und im Fall der Kordons war die Regierung selbst inkonsequent, denn sie ließ russische Truppenbewegungen über die Sperren zu.

Die Behörden plagten derweil andere Sorgen: die Kosten der Maßnahmen, die wirtschaftlichen Einbußen sowie, als die Cholera im Juli nachließ, die immer vernehmlicher werdenden Forderungen nach einem Ende der Maßnahmen. Man stritt sich, ob Kosten und Ausfälle durch die Sperren größer waren als die Folgen, ließe man die Seuche ungehindert grassieren. Aus Danzig ging die Klage an den Regierungspräsidenten:»Die städtischen Fleischer klagen über Mangel an Vieh, und Bäcker haben wegen fehlender Hefe nicht backen können. Die Sperre schadet tausendmal mehr als die Krankheit, denn der Gesunde leidet mit der Zeit Mangel, betrübt sich hinsichtlich der Zukunft und muss Gesellen, Burschen und Gesinde entlassen. Namentlich leiden die Gesunden durch mangelnden Absatz, und wenn nicht die Gesellen durch Lohnwache noch etwas verdient hätten, so würden schon Auftritte vorgekommen sein, die ich gerne verhindern möchte.« An den allseits steigenden Preisen verdienten andere. Überhaupt trugen die schwerste Last fast immer Tagelöhner, Kleinkrämer und

Marktleute, die wegen des zusammengebrochenen Handels plötzlich ohne jedes Einkommen waren, ohne auf Reserven zurückgreifen zu können. Hinzu kamen Inkonsistenzen und Willkür in der Handhabung der Regeln. Danzig war die erste größere Stadt in Preußen, blieb aber nicht die einzige, in der die Cholera wütete. Bald waren zahlreiche betroffen. Vielerorts erwies sich die Wirkkraft der hauptstädtischen Vorgaben als begrenzt, denn man hielt sich einfach nicht daran – mal aus finanziellen Gründen, mal aus Angst vor Aufruhr, mal mit der Erklärung, zur Ausführung bedürfe es einer Zahl Soldaten, die bedauerlicherweise nicht zur Verfügung stünden. In Schlesien bestritt der Oberpräsident den Ausbruch der Seuche noch, als sie sich bereits verbreitete, und als es die Provinzhauptstadt Breslau erwischte, wollte man den Ernstfall einfach nicht wahrhaben. Reisende taten gut daran, sich bei der Ankunft in einer neuen Stadt zu erkundigen, wie sich die Choleramaßnahmen genau ausnahmen.

Wie man es zu Zeiten der Pest gehalten hatte, waren in Berlin Anfang Juni 1831 Vorbereitungen für den Ernstfall eingeleitet worden, als Danzig von der Cholera erfasst worden war. Der König hatte ein »Gesundheits-Comité« nebst untergeordneter Verwaltungsbehörde berufen, die Vertreter aus Verwaltung, Militär, Medizin und Kirche versammelte. Man schuf eine Kontumazstation vor dem Frankfurter Tor, um die aus östlicher Richtung kommenden Reisenden aus Verdachtsgebieten zu kontrollieren und gegebenenfalls Quarantäne anzuordnen. Noch vor dem Ausbruch der Seuche wurden eigene Cholera-Friedhöfe eingerichtet und Broschüren gedruckt. Die Einrichtung von Lazaretten dagegen kam aufgrund von Finanzierungsstreitigkeiten einstweilen nicht voran. Überhaupt waren die Kosten ein ständiges Problem: Meist stritt man sich um die Aufteilung und dabei zum Beispiel um die Frage, wer von den Maßnahmen mehr profitierte: die Bürger, deren Gesundheit geschützt wurde, oder der Staat, wenn der Hauptstadtbetrieb ungehindert blieb.

Fast überall waren die ersten Cholerakranken diejenigen, die am Wasser wohnten oder arbeiten, seltener auch Soldaten, und damit ganz überwiegend die ärmeren Schichten.

So hielt es die Seuche, als sie die preußische Hauptstadt Berlin erreichte: Zuerst erwischte es am 28. August einen Schiffer nahe Charlottenburg, dessen plötzlicher Tod unter Choleraverdacht stand, tags darauf in Berlin selbst einen weiteren Schiffer auf seinem Kahn am Schiffbauerdamm sowie abends einen Schuhmacher, der an der Schleusenbrücke nahe dem Schloss wohnte, und am 30. August einen Tagelöhner aus Küstrin, der auf einer Spreewiese genächtigt hatte. Am 1. September wurde Berlin offiziell für Cholera-infiziert erklärt. Ein Schiffsknecht namens Johann Haase, der die Cholera überstand, gab zu Protokoll:»Ich war bis vor vier Wochen vollkommen gesund und im Dienste des Schiffers Herzberg. Wir hatten eine Ladung Getreide auf unserem Schiffe hierher gebracht. Nach dem Ausladen derselben erkrankte mein Herr an Durchfall und Erbrechen und starb bei der Rückfahrt zu Moabit auf dem Schiffe. Ich hatte ihm während der mehrtägigen Krankheit, wobei wir keinen Arzt zu Rathe zogen, weil sie anfangs nicht so gefährlich schien, aufgewartet und mich stark geekelt. Als er starb, hatte ich schon einige Tage an Durchfällen gelitten. (...) Um meinen Herrn begraben zu lassen, ging ich zum Küster, in dessen Haus ich an allen Gliedern zu zittern anfing und ohnmächtig wurde. An der freien Luft erholte ich mich etwas, ging auf die Straße und legte mich in die warme Sonne. Als ich wieder aufstand, wurde ich so schwindlicht, daß ich auf der Straße hinfiel. Von da wurde ich in einem Korb ins Hospital gebracht. Gegenwärtig bin ich zwar wieder gesund, aber noch sehr schwach und elend, und es wird wohl noch lange dauern, ehe ich meine vorigen Geschäfte wieder versehen kann.«

Der Ausbruch ereignete sich im Hochsommer, in dem Berlin kaum weniger als Wien, Paris oder London ohnehin bereits von einer alljährlich wiederkehrenden Pestilenz heimgesucht wurde:

unbeschreiblichem Gestank aus den sich rasch zersetzenden Abfällen jeglicher Provenienz, die in den Rinnsteinen verrotteten. Für die Sauberkeit vor den Häusern waren die Eigentümer zuständig, denn Berlin besaß weder eine städtische Müllabfuhr noch eine Abwasserentsorgung. Die Berliner Rinnsteine waren legendär, einen halben Meter breit und tief und meistens gut gefüllt mit Unrat in unterschiedlichen Stadien der Zersetzung. Fäkalien aus Häusern, die über keine Senkgruben verfügten, wurden von sogenannten Nachtemmas abgeholt, um sie in einem vorgeschriebenen Zeitraum in die Spree zu entsorgen: Nachts, schließlich nutzte man den Fluss tagsüber zum Baden oder Wäschewaschen. Da aber die Spree damals im Stadtgebiet noch über viele malerische kleine Buchten verfügte, über baumbestandene Ufer mit Ästen, die ins Wasser reichten, sowie über viel Gewerbe an den Ufern, konnte der ohnehin nicht eben reißende Fluss die Entsorgung kaum zufriedenstellend vornehmen. Zur Stadtbevölkerung gehörten außer den rund 250 000 Einwohnern eine große Zahl Pferde, Schweine, Kühe, Hunde und Katzen, die ebenfalls Ausscheidungen produzierten, und nicht zuletzt entsorgten viele Gewerbe ihre Abfälle ebenfalls in die Rinnsteine. Berlins hoher Grundwasserspiegel erleichterte zwar die Trinkwassergewinnung – jedes Haus besaß einen eigenen Brunnen, der meist nicht tiefer als ein paar Meter reichen musste, um auf Wasser zu stoßen. Das aber erhöhte die Gefahr der Kontaminierung durch einsickernde Stoffe. Wenig verwunderlich also, dass die Cholera Berlin nicht verschonte.

Die für Cholerakranke vorgesehenen Betten reichten schon bald nicht mehr aus, nach und nach öffneten weitere Lazarette. Bereits am 6. September waren von 64 registrierten Fällen 63 tödlich verlaufen, Ende Oktober waren 1912 Kranke registriert worden, von denen 1057 gestorben waren. Als vor Weihnachten die Welle verebbte, hatten mehr als 2200 Berliner die Cholera gehabt und rund 1400 waren gestorben, etwa ein halbes Prozent der Bevölkerung. Andere Städte in Preußen hatte es schlimmer erwischt:

Königsberg hatte in etwa dieselbe Zahl an Cholerakranken, aber nur ein Viertel der Einwohner Berlins. Den höchsten Anteil von Toten unter den Erkrankten beklagte Danzig. Insgesamt waren die Städte viel stärker betroffen als ländliche Gegenden. Als Ende Januar 1832 die erste Cholera-Epidemie in Preußen zu Ende ging, waren im größten deutschen Königreich der amtlichen Statistik zufolge weit über 40 000 Menschen gestorben. Zwölf weitere Epidemien sollten folgen, darunter die schwerste im Königreich 1866/67 mit mehr als 120 000 Toten.

Egal, in welcher Stadt die Cholera grassierte, überall war die Lage in den Armenvierteln und dort in den prekärsten Behausungen am schlimmsten, ob der Danziger Eimermacherhof, der Dey'sche Hof in Königsberg oder in Berlin die Wülcknitzschen Familienhäuser vor dem Hamburger Tor in einer heute gesuchten Wohngegend. Damals war die nach Siedlern der friderizianischen Zeit »Neu-Voigtland« genannte Gegend ein unkontrolliert wucherndes Armenviertel außerhalb der Stadtmauer, an einer unbefestigten Gasse unweit der Scharfrichterei. Die Familienhäuser hatte Baron Wülcknitz Anfang der 1820er-Jahre als Schrottimmobilien errichtet, um das Elend armer Leute, vor allem verarmter Handwerkerfamilien, zu Geld zu machen. »Denken Sie sich ein halbes Dutzend fabrikähnlicher, aus Lehm, Holz und Fachwerk zusammengekleisterter (…) blau und weiß angestrichener Mausekasten«, hieß es 1842 ehrlich empört in der bald verbotenen Zeitung *Die junge Generation*. Fertige Geschosse wurden noch feucht vermietet, sobald die nächste Etage in Angriff genommen wurde. Die meisten »Wohnungen« bestanden ohne Küche oder Sanitäreinrichtungen aus elenden Zimmern, die sich mehrere Mietparteien teilten, was Kreidestriche auf den Dielen markierten. Oft genug gehörten zu den Bewohnern noch Schlafgänger, die zur Mietzahlung beitrugen. In einem »Appartementhaus« des Grundstücks gab es 48 Abtritte für die Bewohner der Anlage, eine über die Zeit schwankende Zahl von mehreren Tausend Menschen. Die andere hygienische Einrichtung bestand in zwei Brunnen: der eine auf einem ungepflasterten Hof, durch den sich vom »Appartement-Haus« eine offene Rinne zur unabgedeckten Senkgrube zog. Der Hof wurde regelmäßig überschwemmt, wenn es stark regnete oder der Brunnen überlief. Behördlich aufgefordert, er möge den Hof doch pflastern, brachte der Baron seine Sorge um die Knie der dort spielenden Kinder zum Ausdruck. Überhaupt konnte sich Wülcknitz stets gut behaupten gegen behördliche Interventionen angesichts skandalöser Zustände: Im Allgemeinen hakten die Behörden nach erfolgter Antwort nicht weiter nach. Nachdem der Baron das Anwesen verkauft und sich nach Paris abgesetzt hatte, verfuhr der neue Besitzer Wiesecke noch schamloser: Er versuchte, sich die Cholera-Epidemie nutzbar zu machen und den Magistrat mit dem drohenden Unheil regelrecht zu erpressen, worauf sich der allerdings nicht einließ. Am Ende musste aber doch die öffentliche Hand finanziell einsteigen, denn Wiesecke belastete die Häuser mit Hypotheken und setzte sich dann ebenfalls nach Paris ab.

Während der Cholerawelle 1831 wohnten in den Familienhäusern mindestens 1450 Menschen, ein Fortschritt nach 3800 Bewohnern ein paar Jahre zuvor. Im Laufe des Septembers traten immer häufiger Cholera-Fälle im Viertel auf, das überall dicht bewohnt war. Als letztes betroffenes Viertel wurde es zum Cholera-Hotspot der zweiten Phase der Epidemie, in der die Gartenstraße bei Weitem die meisten Fälle aufwies. Als die Cholera die Familienhäuser erfasste, wurden insgesamt 118 Menschen krank, die Hälfte davon Kinder. Die Morbidität, also der Anteil Erkrankter in der Bevölkerung, lag in Berlin bei rund einem Prozent – in den Wülcknitzschen Familienhäusern dagegen erkrankte einer von zwölf Bewohnern.

Es war nicht etwa so, dass die »bessere« Berliner Stadtgesellschaft angesichts der skandalösen Zustände in den Armenvierteln auf eine Verbesserung drängte. Zwar wurde von den schaurigen

Details immer mehr bekannt, doch echauffierte man sich vornehmlich anklagend über den Lebenswandel und die Lebensverhältnisse der Bewohner. Der größte Schrecken des bürgerlichen Berlin war offenbar nicht der unverhältnismäßig große Anteil Cholerakranker unter den Armen der Stadt, sondern deren Mangel an Kultur, Moral, Rechtschaffenheit und Hygiene. Und dafür schob man die Schuld kurzerhand den Betroffenen zu.

Die Privilegierten wiegten sich einstweilen in Sicherheit und verweigerten im Zweifel krank wirkendem Hausgesinde bei der Rückkehr vom Einkauf den Zutritt zum Haus oder entließen sie ganz. Wer konnte, verließ die Stadt ohnehin und zog sich aufs Land zurück – zunehmend beunruhigt ob der Nachrichten, die schließlich vom Tod »hochgestellter Persönlichkeiten« eintrafen: Ende August starb in Posen (heute Poznań) Generalfeldmarschall Gneisenau, der die Angst vor der Seuche für übertrieben erklärt hatte, an der Cholera, und im November traf es den Philosophen Hegel. Der ängstliche Mann hatte sich mitsamt reichhaltiger Hausapotheke, eine kleine Schar an Ärzten in Bereitschaft haltend, in sein Sommerhaus vorm Halleschen Tor zurückgezogen, um dort bessere Zeiten abzuwarten, war aber offenbar voreilig in die Stadt zurückgekehrt. Heute ist die genaue Todesursache zwar umstritten, damals aber diagnostizierten drei erfahrene Medizinalräte die Cholera als Ursache. Es sei dahingestellt, ob Hegel an oder mit der Cholera starb, er galt seinerzeit unzweifelhaft als Choleratoter. Und trotzdem erlaubte Polizeipräsident von Arnim für den berühmten Mann Ausnahmen vom Seuchen-Reglement: Weder wurde wie vorgeschrieben seine Leiche im Schatten der Nacht mit dem Seuchenkarren abgeholt, noch wurde er ohne Geleit der Angehörigen auf dem Cholera-Friedhof außerhalb, sondern standesgemäß auf dem Dorotheenstädtischen Friedhof in der Stadt beerdigt – gleich neben dem Grab des Philosophen Fichte, der zwanzig Jahre zuvor am Fleckfieber gestorben war. Die Vorzugsbehandlung musste zu einigem Stirnrunzeln führen, zumal dem Sarg viele Menschen folgten, was gewöhnlichen Choleraopfern ebenfalls versagt blieb. Als einzige Konsequenz aus der großzügigen Auslegung der Vorschriften wurden die Leichenträger in Quarantäne geschickt.

Dass die Seuche offensichtlich auch seinesgleichen erfasste, versetzte das Bürgertum in Panik, sodass seine Ärzte mit einem Mal alle Hände zu tun hatten, zu allen möglichen und unmöglichen Zeiten ihre anspruchsvollen Patienten aufzusuchen und vermeintliche Cholera-Symptome als harmlos zu entlarven. Im Fall einer Erkrankung mussten sie sich, mehr oder weniger standhaft, dem Begehr erwehren, den eigentlich meldepflichtigen Cholerafall nicht anzuzeigen. Die Krankheit hatte so sehr den Ruch von Liederlichkeit und Unmoral, dass die bürgerliche Gesellschaft auf den täglich veröffentlichten Krankenlisten auf gar keinen Fall auftauchen wollte.

Angst beflügelt das Geschäft, und da sich nunmehr eine finanzkräftige Zielgruppe anbot, gedieh das Geschäft mit Dampfapparaten und Desinfektionsvorrichtungen, Wollbinden und Schutzkleidung sowie allen möglichen Kräutern und Substanzen, die überwiegend auch schon Schutz vor der Pest versprochen hatten. Preiswerter war der oft empfohlene Verzicht auf Branntwein, Dickmilch und Gurkensalat. Die Behandlung der Erkrankten konnte kaum weniger eklektisch ausfallen, wo doch Ursache, Natur und Verlauf der Krankheit den Ärzten weiterhin Rätsel aufgaben. Meist versuchte man es mit Aderlass, Brech- und Abführmitteln, was die Kranken noch mehr schwächte. Die treffendste Beschreibung der Therapien gab der britische Medizinhistoriker Norman Howard-Jones:»Nirgendwo in der Geschichte medizinischer Behandlung vor dem 20. Jahrhundert gibt es ein groteskeres Kapitel als das der Cholera-Behandlung, bei der es sich überwiegend um Mord aus guter Absicht handelte.« Da war ein frömmelnder Rückgriff auf die Zeit der Pest harmloser, als die Krankheit als göttliche Strafe verstanden worden war. Vom

Beten starb man nicht, ebenso wenig an der Lektüre gottesfürchtiger Schriften, die mit Cholerabezug versehen und reichlich gedruckt wurden, oder des *Dekameron*, das sich plötzlicher Aufmerksamkeit erfreute.

Volkszorn und Verschwörungstheorien

Die über die Maßen betroffenen Bevölkerungsgruppen machten sich ihren eigenen Reim auf die Krankheit. Während zu Zeiten der Pest noch Gruppen gesellschaftlich Ausgegrenzter für die Seuche verantwortlich gemacht wurden, richtete sich nun auch umgekehrt der Volkszorn der einfachen Leute gegen Oberschicht, Behörden und Mediziner. Eine geeignete Verschwörungstheorie war schnell zur Hand: Glich diese Krankheit nicht höchst verdächtig einer Arsenvergiftung, bis zur Blaufärbung der Haut kurz vor dem Tod? Gab es womöglich gar keine Krankheit namens Cholera, weil vielmehr die bedrohlich wachsende Zahl der Armen mittels einer Arsenvergiftung dezimiert werden sollte? Den einfachen Leuten war keineswegs entgangen, wie die Aufstände überall in Europa die Oberschicht beängstigten – war die Krankheit deren Rezept dagegen? Die Verschwörungstheorie reüssierte, in vielerlei Varianten, international: In Ungarn überfiel das Landvolk die Schlösser und ermordete Adelige, Geistliche und Ärzte. In Sankt Petersburg zielte der Volkszorn auf das Militär, das die Absperrungen bewachte, und brachte Soldaten und einen Arzt zu Tode. (Als der Zar anreiste und die Mengen beruhigen wollte, schalt er sie für ihr unrussisch aufständisches Benehmen und vergaß vielsagenderweise über seiner politischen Botschaft, die Cholera auch nur zu erwähnen.)

In Paris bauten wütende Müllsammler Barrikaden, als die Stadt als Hygienemaßnahme eine geregelte Müllabfuhr beschloss, die sie

Zar Nikolaus I. versucht, die aufgebrachte Menge auf dem Sennaja-Platz in St. Petersburg zu beruhigen.

arbeitslos machte. Königsberg erlebte Unruhen, als die Lebensmittelpreise wegen der Abriegelung der Stadt rapide stiegen; der Pöbel zerstörte Apotheken, stürmte eine Polizeiwache, eine Waffenhandlung und das Haus eines Maurers, der an der Einrichtung der Lazarette beteiligt war. Der Aufstand wurde blutig niedergeschlagen: Sieben der Aufrührer starben, rund 350 wurden verhaftet. In Breslau wurde bei Protesten gegen die Seuchenschutzmaßnahmen ein Medizinalrat heftig attackiert. In Posen und brandenburgischen Dörfern kam es zu Tumulten, weil Choleratote nicht den Bräuchen entsprechend beerdigt wurden. In Stettin und Memel befreite man Cholerakranke gewaltsam aus den Lazaretten.

Die Lazarette waren ein heikler Punkt, denn insbesondere den einfachen Leuten war schleierhaft, was dort passierte. Man verstand die behördlichen Maßnahmen als reine Willkür, zumal den Bessergestellten häufig gestattet wurde, ihre Kranken zu Hause zu versorgen. Die naheliegende Reaktion war, schon zur Vermeidung der Quarantäne, Erkrankungen zu verheimlichen. Tauchten dennoch Krankenträger auf, um die Bestimmungen durchzusetzen und Kranke ins Lazarett zu bringen, konnte es zu Handgreiflichkeiten kommen. Wie im Fall der Pest waren die Cholera-Lazarette zwar besser als ihr Ruf, doch das sowieso schlechte Image der Krankenhäuser sowie die generell hohen Zahlen der Kranken, die an der Seuche starben, führten zur Überzeugung der Leute, eine Einlieferung bedeute den sicheren Tod. Dazu trug auch bei, dass niemand außer Personal und Kranken dort hineindurfte – und dass die Toten nicht den Angehörigen übergeben, sondern einsam auf dem Cholerafriedhof beigesetzt wurden, mitunter gar in Massengräbern und ungeweihter Erde. Abermals fühlt man sich an die Pest erinnert, wenn behördliche Maßnahmen Sitten und Gebräuche unsensibel übergingen. Im frühen 19. Jahrhundert bot das allerdings mehr sozialen Sprengstoff als ein oder mehr Jahrhunderte zuvor. Arme Familien konnten überdies nichts dagegen tun, dass die Leichen ihrer Toten zu Forschungszwecken seziert wurden, während die Betuchteren das nicht betraf und sie mit Geld eine unwürdige Beisetzung durchaus vermeiden konnten. Nach und nach erst trat man Gerüchten und Vorbehalten entgegen, indem neue Lazarette besichtigt werden konnten und man dafür Sorge trug, Cholerafriedhöfe zu weihen.

Kontagionisten und Antikontagionisten

Natürlich lautete die entscheidende Frage, ob die Cholera ansteckend war oder nicht – doch darin waren sich Fachwelt wie Öffentlichkeit noch für Jahrzehnte uneins. Die Kontroverse führte unter anderem dazu, dass die Maßnahmen gegen die Cholera stets umstritten waren und häufig abgeändert, abgemildert oder einfach missachtet wurden. Das Beispiel einer Stadt regte eine andere an, die Maßnahmen ebenfalls zu lockern, oft mit dem Hinweis auf ihre im Realitätstest vorgeblich erwiesene Unwirksamkeit, weil die Cholera eben doch weiter vorgedrungen war, auf Gutachten besserer oder minderer Provenienz oder auf die abträglichen Auswirkungen fürs Wirtschaftsleben. Die Fronten zwischen Kontagionisten und Antikontagionisten, also zwischen denen, die die Cholera für ansteckend hielten, und denen, die das bestritten, verhärteten sich zusehends, und der Kampf wurde zunehmend ideologisch geführt. Übrigens teilten sich die Kontrahenten nicht einfach in Schwarz und Weiß auf, also Kontagionisten und Antikontagionisten, denn es gab diverse Grautöne bedingter Kontagionisten bzw. Antikontagionisten. Die Debatte war folglich so unübersichtlich, wie die Natur der Cholera unklar blieb.

Im Wesentlichen gab es zwei Schulen der Antikontagionisten: Während die eine von einer spezifischen epidemischen Konstitution mancher Regionen ausging, um zu erklären, warum die Cholera nicht überall auftrat, behauptete die andere, die Cholera sei eine miasmatische Krankheit, die über die Luft übertragen werde. Sie werde angereichert mit bestimmten schädlichen Dämpfen, zum Beispiel von verwesendem Fleisch, von Ausdünstungen menschlicher Exkremente oder aufsteigend von Brackwasser oder Ähnlichem. Das klingt nicht von ungefähr nach Erklärungsmodellen der Pest, sogar planetarische Konstellationen und Wetterphänomene erfreuten sich großer Beliebtheit, um sich den Ausbruch der Seuche zu erklären. Dabei konnten die hygienischen Bedingungen der Städte, insbesondere der Armenviertel mit ihren prekären Zuständen, eine Rolle spielen, die je nach Gewichtung Gegenmaßnahmen verlangten und je nach politischer Ausrichtung eher paternalistisch oder eher sozialreformerisch ausfielen. Eine direkte Übertragung von Mensch zu Mensch stellten die Miasmatiker und Epidemiker in Abrede. Die aber behaupteten die Kontagionisten, die einen Krankheitsstoff vermuteten, mit dem ein Kranker Gesunde infizierte – oder den Erreger auf Gegenstände übertrug, mit denen sich andere ansteckten, etwa Stoffe, Pelze, Nahrungsmittel oder Papier. Alle drei Erklärungsmodelle gingen außerdem von einer individuellen Disposition aus, um zu erklären, dass manche Menschen an der Cholera erkrankten und andere nicht. Mit ihren diversen Varianten konnten alle drei Richtungen für sich in Anspruch nehmen, vom Verhalten der Cholera bestätigt zu werden – jedenfalls von einzelnen Aspekten. Alle Streitparteien bezogen sich über die Jahre in ihrer Argumentation auf die Schutzmaßnahmen: Während aber die Kontagionisten behaupteten, die Seuche sei dadurch erfolgreich aufgehalten worden, sahen ihre Gegner deren Wirksamkeit als widerlegt an. In der Tat: Die Grenzsperren und Abriegelungsmaßnahmen schienen im einen Fall zu wirken, im anderen nicht. Ob außerdem zweifelsfrei die Abriegelung eine Stadt vor der Cholera bewahrt hatte oder die Seuche auch ohne diese Maßnahme ausgeblieben wäre, war kaum zu entscheiden.

Heute lässt sich einschätzen, dass die Erfolge der Maßnahmen schon deshalb unterschiedlich ausfallen mussten, weil sie mal mehr, mal weniger konsequent umgesetzt wurden, zum Beispiel, was die Ausnahmen fürs Militär betraf. Vor allem aber dürfte die im Verlauf der Epoche der Cholera weiter zunehmende Mobilität die Bekämpfung massiv beeinträchtigt haben. Dass etwa die zweite europäische Cholera-Pandemie der 1840er-Jahre so verheerend ausfiel, lag nicht zuletzt daran, dass inzwischen die Eisenbahn die Menschen erheblich mobiler machte. Vor allem aber blieben diejenigen Infizierten, die gar nicht krank wurden, unentdeckt, waren aber effiziente Krankheitsüberträger: Jeder fünfte Infizierte entwickelte keine Symptome, schied aber Cholera-Vibrionen aus.

Der andauernde Streit war keineswegs nur einer unter Fachleuten. So sehr stand die Cholera im Zentrum der allgemeinen Aufmerksamkeit, dass weniger Berufene sehr lautstark Position bezogen und wie heute die Meinungsstärke bis an familiäre Abendbrottische, Kaffeehaus- wie Kneipentische reichte. Den Debattierenden stand eine reiche Auswahl an Publikationen zur Verfügung. In Berlin hatten beide Seiten jeweils ein eigenes publizistisches Sprachrohr: Die Kontagionisten die regierungsoffizielle *Cholera-Zeitung*, die Antikontagionisten das *Tagebuch über das Verhalten der bösartigen Cholera* des Mediziners Albert Sachs. Andere Länder stritten nicht weniger über die Seuche. Behörden und Regierungen hätten die Sache gerne von den Medizinern entschieden gesehen – doch wie sollte ein Beweis geführt werden ohne Nachweis des Erregers und ohne Kenntnis seiner Übertragungswege und Vermehrungsweise? Es blieben nur die Erfahrungswerte; doch selbst als nach weiteren Cholera-Wellen Vergleiche möglich waren, ob man mit oder ohne Quarantänemaßnahmen besser fuhr, blieb der Befund diffus. Nach dem damaligen Kenntnisstand schien also beides möglich, und so lässt sich vermuten, dass die Wortführer der Kontroverse nach politischen, ideellen oder wirtschaftlichen Kriterien urteilten. Im Ergebnis fällt auf, dass die Zeiten wirtschaftlichen Aufbruchs bis Mitte des Jahrhunderts für die Antikontagionisten und gegen Quarantänemaßnahmen arbeiteten, bis die Restaurationszeit nach den 1848er-Revolutionen das Pendel wieder in Richtung Kontagionismus und Quarantäne ausschlagen ließ. Interessant zumal aus heutiger Sicht ist der Umstand, dass Fürsprecher einer liberalen und fortschrittlichen Politik die Behandlung als »unmündiges Kind« im Zusammenhang mit der Cholera ebenso kritisierten wie in Sachen Zensur, wie der preußische Historiker und Politiker Friedrich von Raumer 1831 schrieb: »Die Zahl der Verbote von Büchern und Zeitschriften wächst, obwohl dieser geistige Cordon das etwaige Böse noch weniger abhalten kann, als der jetzt aufgegebene medicinisch-militärische die Cholera.«

Die Cholera-Wellen gehen weiter

Als Ende 1831 der Winter die Cholera ausbremste, gab das Gelegenheit, Vorsorge zu treffen, bevor sie 1832 fast überall in Europa ausbrach und, vermutlich über Irland, auch Kanada und die USA erreichte. Später dran waren Spanien, Portugal, die Karibik und Lateinamerika (1833), Skandinavien (1834) und Italien (1835). Am Ende dieser zweiten, aber ersten der großen Pandemien kam die Cholera 1836 zum ersten Mal nach Bayern, im Jahr darauf erneut nach Berlin und Danzig. Dann beendete der Winter diese Pandemie, der über das 19. Jahrhundert noch viele weitere folgen sollten.

München war bei der ersten Cholera-Welle verschont geblieben, wurde jedoch 1836 erfasst. Die zweite Münchner Cholera-Epidemie 1854/55, unterbrochen vom Winter, war mit 3066 Toten bei unter 100 000 Einwohnern die schlimmste in der bayrischen Hauptstadt – und umso dramatischer, als man im Sommer 1854 eine große Industrieausstellung ausrichtete, die viele Besucher in die Stadt lockte. Sie lief erst zwei Wochen, als Ende Juli die Cholera-Epidemie offiziell bestätigt wurde, und die ersten Fälle noch vor der amtlichen Feststellung verzeichnete man offenbar unter dem Personal des eigens für die Ausstellung errichteten Glaspalastes im Botanischen Garten nahe Hauptbahnhof und Stachus. In der Folge reisten nicht nur die Besucher ab, auch viele Münchner suchten vor der Seuche das Weite, wenn sie die Möglichkeit dazu hatten. 30 000 Münchner seien geflohen, berichtete eine Zeitung. In den bayrischen Urlaubsorten waren Quartiere nur noch schwer zu bekommen, mitunter allerdings wegen der Weigerung der Wirte, Reisende aus dem Choleragebiet aufzunehmen. Dass die Cholera-Flüchtlinge die Krankheit mitbrachten, ist angesichts von Ausbrüchen an verschiedenen Orten in Bayern anzunehmen.

Der Schriftsteller Franz Dingelstedt, damals Intendant des Hoftheaters, hatte die Stadt wegen seiner Verpflichtungen nicht verlassen können, aber seine Familie war nach Bad Ischl ausgewichen: »Auch an meine Thür pochte der Würgeengel und holte sich ein Opfer, die treffliche Pflegerin meiner Kinder. Zwei Tage darauf entführte der Reisewagen, auf den kategorischen Befehl unserer Aerzte, meine Familie, um sie in Ischl zu bergen. Ein herzzerreißender Abschied, für's Leben, wie meine arme Frau meinte, die mich schon gestorben und begraben sah. (…) Ich hatte versprochen und ich hielt es auch, ihr täglich Nachricht zu geben, wär's nur durch ein leeres, aber eigenhändig überschriebenes Couvert.« München präsentierte sich derweil als einigermaßen trostlos, wie Dingelstedt beschrieb: »Alle Gasthöfe leer; noch leerer die Theater; am allerleersten der Glaspalast, aus dessen zum Ersticken heißen Räumen ein schwüler Hauch, wie aus der Tiefe des Seuchenheerdes oder aus einem schwefelichten Krater, den wenigen, schattenhaft umherirrenden Besuchern entgegenqualmte. Dafür füllten sich, vermehrten sich, immer nicht dem Bedarf genügend, die Spitäler; Friedhof und Leichenhaus waren die einzig frequenten Stellen in der verödeten Stadt; die im Trab durch die Straßen fahrenden Todtenwagen hatten die glänzenden Hofkutschen und Gala-Equipagen abgelöst, welche unlängst noch mit Lärm und Leben die weiten Plätze von Isar-Athen, von Isar-Florenz erfüllt. Ja wohl, zu den lichten Aehnlichkeiten war eine dunkele gekommen: die Pest.«

Die Kulturveranstaltungen samt des Rahmenprogramms der Industrieausstellung fanden nur noch spärlichen Zuspruch, bis das meiste eingestellt wurde. Der Bayerische Landtag nahm nach der Sommerpause seine Arbeit nicht wieder auf, die Schulen blieben geschlossen, das Oktoberfest wurde abgesagt. Ein Artikel beklagte, eine weitere Krankheit greife um sich: »Neben dem öffentlichen Leiden, das uns so hart bedrängt hat, gab es noch ein anderes Uebel, eine zweite Epidemie: ich meine die allgemeine, krankhafte Gewohnheit, von der Cholera zu reden, die Sprechruhr, die alle Eindrücke dutzend Male auftischt und abhändelt, und sich an schlimmen Nachrichten und Prophezeiungen förmlich weidet.«

Epidemiologische Erkenntnisse und hygienische Maßnahmen

Wissenschaftliche Erfolge ließen weiter auf sich warten, aber trotzdem kamen die Dinge mit der zweiten, so verheerenden Cholera-Pandemie in der Jahrhundertmitte, die außer weiten Teilen Europas auch Nord- wie Südamerika betraf, in Bewegung. Zwar waren die Maßnahmen sehr unterschiedlich, doch stand seither die Bekämpfung der Seuche durch Verbesserungen der hygienischen Zustände im Vordergrund. Drei Männer gewannen in dieser Zeit folgenreiche Erkenntnisse:

In London versuchte ein Arzt, den Antikontagionisten mit einem eigentlich recht simplen Feldversuch beizukommen: John Snow, der in einem Armenviertel die Verteilung der Cholera-Erkrankungen untersuchte. Er unternahm 1854 eine der ersten epidemiologischen Studien der Medizingeschichte und zählt mit Florence Nightingale, Ignaz Semmelweis oder Peter Anton Schleisner zu den Pionieren einer Disziplin, die bis heute bei Pandemien unverzichtbar ist. Snow stand auf der Seite der Kontagionisten und verdächtigte einen Erreger, der oral aufgenommen wurde – immerhin betrafen die Symptome der Cholera zuerst den Magen-Darm-Trakt. Snow hatte als angehender Wundarzt die erste englische Cholera-Epidemie 1832 in der Nähe von Newcastle miterlebt und war inzwischen, als London 1854 die dritte Choleraepidemie durchmachte, aufstrebender Arzt in der Hauptstadt. Sein Erfolg mit der neuartigen Narkosebehandlung verschaffte ihm den prestigeträchtigen Auftrag, Queen Viktoria für die Geburt ihres jüngsten Sohnes mit Chloroform zu behandeln. Bis heute berühmt ist Snow aber für seine Untersuchung der Cholera in Soho. Drei Dinge prädestinierten Snow für seine Herangehensweise: die Herkunft aus armen Verhältnissen, die er trotz Karriere nicht vergaß, die frühen Erfahrungen mit der Cholera und ein Interesse an Mathematik von Kindesbeinen an. Seine »Ghost Map« verfolgte systematisch die Häufung von Krankheitsfällen im Bezirk Soho. Snow markierte mit Balken die Fälle da, wo sie auftraten, sowie die Wasserpumpen, an denen sich die Bewohner des Viertels ihr Trinkwasser holten. Für die Versorgung Londons mit Trinkwasser waren damals acht Gesellschaften zuständig, von denen zwei Snows Aufmerksamkeit erregten. Beide benutzten ungefiltertes Wasser der Themse, doch während die Lambeth Waterworks Company das Wasser vor der Stadt entnahm, versorgte die »Southwark and Vauxhall Waterworks Company« ihre Kunden mit Themsewasser aus dem Stadtgebiet, wo dem Fluss gleichzeitig die Abwässer zugingen. In deren Versorgungsgebiet aber traten besonders viele Cholerafälle auf, bis zu neunmal mehr als in dem der Konkurrenz.

Akribisch recherchierte Snow im besonders stark betroffenen Viertel Golden Square, ordnete Cholerafälle den jeweiligen Pumpen zu und stieß auf eine an der Ecke Broad Street/Cambridge Street, aus der besonders viele Cholerakranke Wasser bezogen hatten. In ihrem Umkreis waren innerhalb von zehn Tagen mehr als 500 Menschen gestorben. Weitere spezifische Indizien kamen hinzu: Nicht weit von der Pumpe gab es ein Arbeitshaus für Arme sowie eine Brauerei, und während schon das Arbeitshaus auffällig wenige Cholerafälle zu beklagen hatte, fand sich unter den Brauereiarbeitern kein einziger. Snow ermittelte: Das Armenhaus besaß einen eigenen Brunnen, während man in der Brauerei naheliegenderweise das Bier dem Wasser vorzog. Und schließlich erfuhr er von einer kürzlich an der Cholera Verstorbenen, die zwar außerhalb Londons lebte, der aber das Wasser der Pumpe in der Broad Street, wo ihre Söhne eine kleine Fabrik betrieben, so gut schmeckte, dass sie sich davon hatte liefern lassen. Den empirischen Nachweis für Snows These, dass diese Pumpe die Cholera verbreitete, lieferte die Demontage des Pumpenschwengels: Danach nämlich gingen die Cholera-Fallzahlen im Viertel rapide zurück.

DEATH'S DISPENSARY.

OPEN TO THE POOR, GRATIS, BY PERMISSION OF THE PARISH.

John Snow vermutete als Erster eine orale Infektion über verunreinigtes Trinkwasser.

Trotzdem konnten Snows detektivische Ermittlungen nicht rundheraus überzeugen – aus mehrerlei Gründen. Zum einen klang die Epidemie ohnehin gerade ab, es konnte also ebenso gut sein, dass Snow nur den richtigen Zeitpunkt erwischt hatte. Ferner hatte er keine wissenschaftliche Beweisführung unternommen, sondern eine Art statistischen Indizienprozess geführt. Der Mörder war also nicht zweifelsfrei überführt – zumal Snow ihn den Geschworenen ja nicht präsentieren konnte. Ein unsichtbarer Stoff im Trinkwasser? Da konnte jeder kommen. Schließlich hatten sich in der hoch ideologischen Kontroverse um die Ansteckungsfrage alle Seiten regelrecht verbarrikadiert, niemand wollte den eigenen Standpunkt aufgeben. Und doch war Snows »Ghost Map« ein Meilenstein der Epidemiologie und eine bedeutende Etappe im Kampf gegen Seuchen, durchaus vergleichbar mit der Untersuchung Edward Jenners zu den Kuhpocken, der ja ebenso wenig wissenschaftlich nachweisen konnte, wie seine Schutzimpfung wirkte, sondern nur mittels Experiment. Es bleibt anzumerken, dass bis in die Gegenwart die unterschiedlichen Fachrichtungen der Medizin einander nicht notwendigerweise gewogen sind. In einer Pandemie, wenn außer klassischen Medizinern auch Epidemiologen, Statistiker, Mathematiker, Soziologen, Psychologen und andere gefragt sind, steht die Sache nicht einfacher. Übrigens behauptete Snow keineswegs, das Wasser allein übertrage die Cholera; auch menschliche Exkremente kamen für ihn infrage.

Einen gewissermaßen präbakteriologischen Erfolg verbuchte im selben Jahr der Florentiner Filippo Pacini, als er mit dem Mikroskop den Darminhalt von Choleratoten untersuchte und eine große Anzahl kommaförmiger Bakterien fand. Ihm zu Ehren erhielt der Choleraerreger *Vibrio cholerae* 1965 den Zusatz »Pacini 1854«. Doch Pacini erlitt ein ähnliches Schicksal wie Snow: Die Anerkennung ließ noch lange auf sich warten. Ohne die Methoden der Bakteriologie, die erst einige Jahrzehnte später reüssierte, konnte seine Entdeckung nicht viel bewirken – sodass noch immer Robert Koch als der Entdecker firmiert, weil seine Wiederentdeckung des Bakteriums 1883 zusammen mit seinen weiterführenden Forschungen größere Auswirkungen haben sollte. Koch kam dem Nachweis näher, dass die Kommabakterien die Cholera auslösten und die Krankheit ansteckend war.

Derweil forschte in München der bereits renommierte Max Pettenkofer über die Cholera und untersuchte ähnlich wie Snow in London die zweite Münchener Epidemie per Kartierung: Er ordnete die 3066 Toten den Straßen zu und entwickelte daraus seine »Bodentheorie«, derzufolge die Höhe des Grundwasserspiegels, die Beschaffenheit der Böden und ihre Belastung mit giftigen Stoffen die Cholera begünstigten. Je nach Beschaffenheit von Böden und Klima konnte ein giftiges Miasma aufsteigen und die Krankheit auslösen – das entsprach der Lehre der Epidemiker. Pettenkofer aber vermutete die Ausscheidungen Infizierter als Ursprung des Gifts im Boden, das mittels feuchter Böden in die Luft übergehe, über die sich ein Mensch bei passender Disposition ansteckte. Verseuchtes Wasser als Überträger schloss er ebenso kategorisch aus wie die direkte Ansteckung von Mensch zu Mensch. Da er aber Schmutz als Krankheitsursache erkannte, propagierte er Hygienemaßnahmen: eine bessere Belüftung der Städte und Wohnungen sowie den Bau einer Kanalisation, die in München 1855 projektiert und ab 1862 umgesetzt wurden. Zwei Jahre später wurde die Wasserversorgung verbessert, wobei es ganz nach Pettenkofer weniger um gutes Trinkwasser als um die Spülung der Abwasserkanäle ging; zur Reinhaltung des Bodens mussten Senkgruben außerdem künftig abgedichtet sein. Hauptsächlich in den Schlussfolgerungen stand dem bayrischen Pettenkofer der preußische Rudolf Virchow nahe. Der stritt ebenfalls für sozialhygienische und stadthygienische Maßnahmen, vertrat aber einen sozialmedizinischen Ansatz, für den sich der Praktiker Pettenkofer nicht interessierte. An seiner Lehre war von Vorteil, dass sich die verschiedenen Richtungen darin wiederfinden konnten. Jedenfalls ist es nicht zuletzt seinen Erkenntnissen – mochten sie auch nicht allesamt späteren Forschungen standhalten – zu verdanken, dass alsbald vielerorts sanitäre Maßnahmen zur Verbesserung der Stadthygiene eingeleitet wurden, zum Wohl der Gesundheit der Städter bis heute. Einigermaßen verstockt blieb Pettenkofer jedoch, was die Unbedenklichkeit von Wasser betraf, die er noch 1892 mittels Selbstversuch sogar beweisen wollte. Er überlebte, anders als Peter Tschaikowski, der im Jahr darauf in Sankt Petersburg während einer Choleraepidemie ein Glas nicht abgekochtes Wasser trank und starb.

Die Seuche macht dem Fortschritt Beine

Bei allem Streit wurde die Cholera zum Schrittmacher der Modernisierung: als Anlass, die ungesunden, wuchernden Großstädte technisch aufzurüsten, um die Gesundheit der Stadtbevölkerung zu verbessern. Eindrucksvolle Denkmäler dieser Anstrengung sind die Einrichtungen kommunaler Trinkwasserversorgung und Abwasserentsorgung, wie das Beispiel Berlin illustriert. 1843 begann mit dem Gutachten einer Kommission, die der preußische König Friedrich Wilhelm IV. eingesetzt hatte, die Verbesserung der stadthygienischen Verhältnisse in Berlin. Vorschläge zur Spülung der Rinnsteine gab es seit Jahrzehnten, doch angesichts der enormen Zuwanderung nach Berlin, das eine Stadtmauer noch immer an räumlicher Ausdehnung hinderte, und der Cholera, die man mit den hygienischen Bedingungen in Verbindung brachte, konnte das Problem nicht mehr bloß debattiert werden. Doch die Berliner Mühlen mahlten langsam; außerdem standen die Größe der Stadt und der Mangel an Gefälle einer einfachen Lösung im Weg. Dass der Weg noch weit war, vermittelt ein berühmter Satz August Bebels, der in seinen Lebenserinnerungen genüsslich die sehr robusten Verhältnisse beim Toilettengang selbst im vornehmen Königlichen Schauspielhaus am Gendarmenmarkt beschrieb, wenn man austreten musste – Männer erleichterten sich in Nachttöpfe, die sie anschließend in einen großen Bottich entleeren mussten. Er fügte an:»Berlin als Großstadt ist wirklich erst nach dem Jahre 1870 aus dem Zustand der Barbarei in den der Zivilisation getreten.«

Weil aufgrund angespannter Finanzen der Stadt und dem schon damals hemmenden Kompetenzgerangel und Zuständigkeitswirrwarr der Plan für eine kommunale Wasserversorgung nicht vorankam, preschte der umstrittene Polizeipräsident Hinckeldey, vom Journalisten Egon Erwin Kisch später als »Liquidator der Achtundvierziger Revolution« bezeichnet, eigenmächtig vor. Er musste wenig befürchten, denn er war vom König berufen worden und wusste das königliche Innenministerium hinter sich. 1852 schloss er kurzerhand und ohne Genehmigung des Magistrats einen Vertrag mit einer englischen Gesellschaft über den Bau eines städtischen Wasserwerks. Man entnahm der Spree vorm Eintritt ins Stadtgebiet am Oberbaum Flusswasser, das sandgefiltert, aufbereitet und vorbei am Alexanderplatz zum Windmühlenberg (heute Prenzlauer Berg) gepumpt wurde, der oberhalb der Stadt lag. Dort gab es ein offenes Reservoir, später einen noch heute existierenden Wasserturm, von wo aus das Wasser in die tiefer liegende Stadt verteilt wurde. Eine vergleichbare Filteranlage konnte bislang keine Stadt des Kontinents vorweisen. Zunächst war das Wasser vor allem für die Spülung der Rinnsteine und die eben gegründete Feuerwehr gedacht, doch die Versorgung mit Trinkwasser kam gut an bei den Haushalten, wie die Wasserwerke 1857 stolz vermerkten:»Alle bereits vorhandenen Konsumenten aber bestätigen einstimmig und in begeisterten Worten, daß sie der Einführung der Wasserröhren (…) eine heilsame Erneuerung und Verjüngung ihres gesammten Wirthschaftswesens, ein unbeschreibliches Gefühl des Behagens, Wohlbefindens und der häuslichen Sicherheit und Unabhängigkeit zu danken haben.«

Nach und nach wurden in den Kellern der Häuser Anschlüsse gelegt. Die Wasserversorgung musste aufgrund des Stadtwachstums und der steigenden Nachfrage bald erweitert werden: Man baute Wasserwerke an Seen weiter außerhalb und pumpte das Wasser über weite Strecken in die Stadt. Doch der Erfolg der Modernisierungsmaßnahme schuf neue Nöte, denn mit mehr Frischwasser gab es auch mehr Abwasser, das entsorgt werden musste. Solange eine Lösung dieses Problems ausstand, blieb die Stadthygiene Berlins katastrophal – und wurde es immer mehr, weil Berlin nicht aufhörte zu wachsen.

Rinnsteine wie Spree konnten die wachsenden Mengen Abwasser nicht mehr bewältigen, zumal in den 1860er-Jahren Wasserklosetts in Mode kamen. Doch eine Kanalisation ließ noch eine Weile auf sich warten, denn wie andere Städte tat sich Berlin schwer damit, vor allem wegen der Kosten. Es war wohl eine weitere verheerende Cholera-Epidemie, die eine Entscheidung forcierte: Als 1866 die Cholera volle fünf Monate wütete, starben in Berlin mehr Menschen an der Seuche als je zuvor: fast 5500, das waren zwei Drittel der Erkrankten.

Umfänglich diskutierte man zunächst die Fortsetzung der nächtlichen Fäkalienabfuhr in verbesserter Form sowie eine Sammelkanalisation mit Entsorgung in die Spree. Der Ingenieur James Hobrecht, der bereits einen zukunftsweisenden Plan zur Stadterweiterung vorgelegt hatte, und Rudolf Virchow, der wieder in Berlin wirkte, stritten vehement für eine bedeutend aufwendigere Version, weil sie das Optimum im Sinne einer wirksamen Stadthygiene darstellte. Sie arbeiteten dabei Hand in Hand: Hobrecht prangerte 1868 an, dass der Staat zwar Techniker mit dem Problem Entsorgung befasse, nicht aber Mediziner, und seine Aufgabe der öffentlichen Gesundheitspflege nicht wahrnehme: »In Bezug auf die öffentliche Gesundheits-Pflege stelle der Staat seine Pflicht zu helfen und zu fördern, in die erste Reihe und nicht sein Recht. Fordern zu dürfen, daß seinen Anordnungen

Berliner Straßenszene mit Rinnstein (Gemälde von Eduard Gaertner, 1831)

Glauben und Gehorsam geschenkt wird (...)« Rudolf Virchow skandalisierte die Tatsache, dass die durchschnittliche Lebenserwartung der Wohlhabenden um fast zwei Jahrzehnte über der der Armen lag.

Die Königliche Baudeputation befürwortete die Spree-Entsorgung. Dagegen kämpfte der Landwirtschaftsminister vehement für die Abfuhrvariante, denn die Bauern nutzten die menschlichen Abgänge als Dünger – Kunstdünger gab es noch nicht. Um millionenschwere Verschwendung handele es sich, das wertvolle Gut einfach in die Spree zu spülen. Eine weniger potente Lobby stellten die »Nachtemmas« dar, die um ihre Arbeit fürchteten – und die Stadtverordneten wussten nicht recht weiter. Das erwies sich als Vorteil, weil nach einer Königlichen 1867 eine städtische Kommission eingesetzt wurde, die sehr sorgfältig prüfte, mit Rudolf Virchow als Leiter und James Hobrecht als leitendem Techniker.

Hobrecht erhielt den Auftrag, ein Konzept für eine Kanalisation zu erarbeiten, das er 1871 vorlegte. Sein Plan war ehrgeizig und hochmodern: ein Kanalisationssystem, das die Abwässer nicht unterirdisch in die Spree beförderte, sondern aus der Stadt pumpte, um die Abwässer dort auf Feldern zu verrieseln. Verrieselung war zwar keine neue Sache, hatte aber in Ausmaßen, wie sie für eine Großstadt nötig waren, noch keine Umsetzung erfahren. Doch die technischen Fortschritte erlaubten die Umsetzung, wenn auch für sehr viel Geld: Während die Spreekanalisation 13 Millionen Mark kosten sollte, belief sich Hobrechts Mammutprojekt auf rund 200 Millionen. Der ausgeklügelte Plan war wie schon sein Konzept der Stadterweiterung zukunftszugewandt, denn ein Ausbau war gleich mitangelegt. Hobrechts sogenanntes Radialsystem unterteilte die Stadt in zwölf Bereiche, an deren niedrigstem Punkt jeweils ein Pumpwerk mit Dampfmaschine errichtet wurde. Dorthin gelangten die Abwässer in unterirdischen Röhren per natürlichem Gefälle, um dann auf Rieselfelder vor der Stadt gepumpt zu werden. Verschiedene Umstände ermöglichten, dass das aufwendige Projekt schließlich in Angriff genommen wurde. Hobrecht hatte sich bereits ein Renommee erworben und reichhaltig publiziert. Virchow, der ihn unterstützte, konnte als Landtagsabgeordneter und Mitglied der Stadtverordnetenversammlung Einfluss nehmen. Und schließlich hatte der Krieg gegen Frankreich die öffentlichen Kassen gefüllt und begünstigte die Reichsgründung Prestigeprojekte – machte Berlin mit einem am Ende doch nur unwesentlich verbesserten System der »Nachtemmas« seinen neu gewonnen Status der Reichshauptstadt nicht lächerlich? War hier nicht eine Gelegenheit, Fortschritt zu demonstrieren und Paris zu überflügeln? 1873 genehmigte die Berliner Stadtverordnetenversammlung das Projekt, und der Bau der ersten fünf Abteilungen begann.

Als deren Erste wurde Abteilung III 1877 in Betrieb genommen, sie umfasste westlich vom Schloss den am dichtesten besiedelten Teil Berlins, in dem rund 100 000 Menschen lebten. Alle fünf Abteilungen waren 1883 fertiggestellt, zehn Jahre später

Berliner Wasserwerk Friedrichshagen, 1889 bis 1893 am Nordufer des Müggelsees unter Beteiligung englischer Spezialisten erbaut

sechs weitere Abteilungen sowie 1909 eine letzte. Im Umland wurden in bis zu 30 Kilometer Entfernung Stadtgüter in Rieselfelder umgewandelt und Ländereien angekauft; auf einer Fläche von insgesamt rund 16 000 Hektar, was damals einem Viertel der Fläche Berlins entsprach, betrieb man Landwirtschaft – von Ackerbau über Weidewirtschaft bis zur Fischzucht; der Dünger ging also nicht verloren.

Gegen Hobrechts Radialsystem wurde heftig agitiert. Häufig waren Virchow und Hobrecht Zielscheiben persönlicher Attacken, in denen ihnen mal Unfähigkeit, mal Wahnsinn unterstellt wurde. Anzeigen in Berliner Zeitungen sollten Ängste schüren: »Bewohner der Umgegend Berlins! Landleute! Seid auf Eurer Hut! Die Haupt- und Residenzstadt soll mit Peströhren durchzogen werden, deren werthlosen aber pestartigen Inhalt man auf Eure Felder ausbreiten will; Berieseln nennen sie diesen Unsinn drinnen beim Magistrat. Man wird Euch Eure Aecker abkaufen wollen. Fordert, so hoch wie ihr wollt, nehmt so viel als ihr nur bergen könnt, das Silber habt ihr dann im Kasten, aber Pest und Krankheit im Hause. Seid auf Eurer Hut, wenn die Berliner Pest-Canalmänner kommen. Verkaufet nicht! Denn ihr entwerthet Euren jetzt so werthvoll gewordenen Besitz und müsst schliesslich Euer Geburtsdorf verlassen, weil die Canalpest Euch verdrängt.«

Doch der Erfolg gab dem Projekt alsbald recht: Noch während das System in Bau war, drängten Immobilienbesitzer darauf, berücksichtigt zu werden, weil das die Vermarktung ihrer Häuser erheblich erleichterte. Der größte Erfolg aber war, dass Berlin seither von der Cholera verschont blieb. Dreizehn Mal hatte die asiatische Brechruhr gewütet und viele Tausend Berliner getötet, nun aber hatte der Schrecken ein Ende.

Weil die anderen Industriestädte nach und nach ähnliche Investitionen in Stadttechnik und Stadthygiene vornahmen, trat die Cholera schließlich ihren Rückzug an. Selbst das lange als ungesund verschriene München hatte dank Pettenkofer ganz erheblich nachgelegt und seine letzte Cholera-Epidemie 1873 durchgestanden. In einer westeuropäischen Metropole sollte es jedoch noch ein letztes Mal zu einer verheerenden Cholera-Epidemie kommen.

Die Cholera in Hamburg

Bereits 1881 hatte die fünfte Cholera-Pandemie eingesetzt, beschränkte sich aber zunächst längere Zeit auf Indien, China, Japan sowie Ägypten und den Mittelmeerraum, erfasste dann aber über Afghanistan Russland und erreichte, wohl von dort ausgehend, 1892 Hamburg. Die Hansestadt lebte damals wie heute vom Handel, der die Politik der Stadt prägte und nicht selten bestimmte. Als Stadtstaat im Deutschen Reich war Hamburg noch nicht recht angekommen in der Moderne des späten 19. Jahrhunderts – jedenfalls nicht, was die Leistungsfähigkeit der Verwaltung betraf. Das erwies sich als verhängnisvoll, denn längst hinkte Hamburg den anderen deutschen und europäischen Großstädten hinterher, auch was die Standards der Stadthygiene betraf. Die Stadt besaß zwar Trinkwasserversorgung und Abwassersystem, doch beides war schon längst nicht mehr auf der Höhe der Zeit.

Hamburg war damals bedeutender Auswandererhafen, den nicht nur Deutsche, sondern auch Russen nutzten, um nach Nord- und Südamerika zu emigrieren. Bis zu ihrer Abreise wurden die Emigranten in dürftigen Baracken am Amerikakai untergebracht, von wo die Abwässer über die Elbe dahin gelangten, wo das Trinkwasser für die Großstadt entnommen wurde: In Rothenburgsort, nur ein paar Kilometer flussabwärts, stand Hamburgs Wasserwerk und verteilte das Elbwasser unfiltriert an die Haushalte. Wohl unvermeidlich war, dass der Menschenverteiler Hamburg ebenso die Cholera unter die Leute bringen würde.

Der erste offizielle Cholera-Tote war, wieder einmal, ein einfacher Arbeiter, dessen Einsatzgebiet am Wasser lag, auf dem

Kleinen Grasbrook, wo die Hamburger Abwasserkanäle ihre Fracht der Elbe übergaben. Er starb am 15. August 1892, nachdem am Vortag die ersten Symptome aufgetreten waren. Rasch traten weitere Krankheits- und Todesfälle auf, und die Cholera wurde zum Stadtgespräch – die Behörden aber zögerten, den Seuchenfall auszurufen. Die Angst vor den wirtschaftlichen Auswirkungen war groß und bewirkte, dass die Verantwortlichen die Gefahr kleinredeten. Erst als ein Exodus aus der Stadt eingesetzt und die Zahl der Toten 200 erreicht hatte, gab der Senat zu, was längst kein Geheimnis mehr war, und erklärte am 24. August offiziell den Epidemiefall. Wie befürchtet, wurde Hamburg umgehend isoliert: Von dort kommende Schiffe wurden unter Quarantäne gestellt, sogar Waren aus Hamburg abgewiesen. Viele Firmen der Stadt mussten vorübergehend schließen, was vor allem die Arbeiter hart traf, die meist ohne Absicherung und Rücklagen waren und von einem Tag auf den anderen ihr Einkommen verloren. Massenarbeitslosigkeit war die Folge, aber auch der Tourismus kam zum Erliegen, wie das *Hamburger Fremdenblatt* im September berichtete: »Die sonst bis auf den letzten Platz besetzten Hotels erscheinen wie ausgestorben (…) Viele Gasthöfe haben geschlossen. Hamburg ist in Acht und Bann erklärt worden. Unsere Haupterwerbsquelle, die Schiffahrt, ist lahmgelegt (…) Traurig sieht es mit dem Fischfang aus. Ganze Ladungen der herrlichsten Seefische sind in der letzten Zeit in den am St. Pauli-Markt veranstalteten Auctionen unverkauft geblieben und aus diesem Grunde als Dünger abgefahren worden.«

Am selben Tag, an dem die Stadt sich offiziell zum Seuchenfall erklärte, traf aus Berlin Robert Koch in Hamburg ein, geschickt vom preußischen Gesundheitsminister. Koch hatte inzwischen den Cholera-Erreger dingfest gemacht und ihn in Hamburger Wasserproben nachgewiesen. Sonderlich willkommen war der Überbringer schlechter Nachrichten in Hamburg nicht, doch Robert Koch blieb ohnehin nicht lange. Bei seinem Kurzbesuch

Gemeinschaftstoiletten ohne Anschluss an die Kanalisation wie im Hamburger Gängeviertel begünstigten die Ausbreitung der Cholera 1892.

konnte er aber kaum übersehen, dass die Stadt mit der Situation völlig überfordert war. Das lag außer an der generell schlechten Verwaltung der Stadt auch am Fehlen einer funktionierenden Gesundheitsverwaltung. Man hatte keinerlei Maßnahmen zur Seuchenabwehr getroffen, weder waren Schulen geschlossen noch ein großer Apothekerkongress abgesagt worden. Koch besaß die Kompetenz, Hamburg Auflagen zu machen, sodass sein kurzer Aufenthalt große Folgen hatte. Die *Hamburger Freie Presse* zitierte ihn mit unmissverständlichen Worten: »Ich habe noch nie solche ungesunde Wohnungen, Pesthöhlen und Brutstätten für jeden Ansteckungskeim angetroffen wie in den sogenannten Gängevierteln, die man mir gezeigt hat, am Hafen, an der Steinstraße, an der Spitalerstraße oder an der Niedernstraße. (...) Ich vergesse, dass ich mich in Europa befinde.« Das konnte bei aller Sorge um die Einkünfte und die Arroganz der gut versorgten Honoratioren die Hamburger Senatoren nicht völlig kaltlassen.

Wie Jahrzehnte zuvor in London John Snow Krankheitsstände und Wasserversorgung in Zusammenhang gesetzt hatte, erwies in Hamburg ein Umstand unmissverständlich, dass die Hamburger Wasserversorgung das Problem war. Während nämlich in Hamburg die Cholera grassierte, kam das benachbarte Altona, damals noch eigene Stadt und Teil Preußens, glimpflich davon. Beide Städte waren bereits eng aneinandergerückt, und wo die Straße Schulterblatt die Grenze markierte, häuften sich auf der Hamburger Straßenseite die Cholerafälle, während die Altonaer Straßenseite verschont blieb. Die Bürger von Altona aber, die vom Wasserwerk Altona versorgt wurden, kamen schon seit Jahrzehnten in den Genuss sandfiltrierten Wassers, das ganz offensichtlich nicht kontaminiert war. Und wie um es noch eigens vorzuführen, gab es auf der Hamburger Seite des Schulterblatt in Hausnummer 24 den Hamburger Hof, der mit Wasser aus dem Altonaer Werk versorgt wurde. Unter seinen fast 350 Bewohnern wurden wie auf der gegenüberliegenden Altonaer Straßenseite keine Cholerafälle verzeichnet.

Der Befund war so eindeutig wie der Erfolg der Investitionen anderer Städte unumstritten, und so schickte sich auch Hamburg an, dem Koch'schen Eindruck vom außereuropäischen Hamburg nachhaltig entgegenzutreten. Abgesehen von den durch Robert Koch kurzfristig erlassenen Maßnahmen wie Schulschließungen und Veranstaltungsverbote, Verteilung abgekochten Wassers und einer Aufklärungskampagne, schob die Stadt Langfristiges an. Im Handumdrehen wurde mit dem Hygienischen Institut eine städtische Gesundheitsbehörde gegründet, die den Kompetenzwirrwarr ebenso beendete wie die daraus resultierende Untätigkeit. Ausgestattet mit Fachleuten und Labors, kümmerte sie sich künftig um alle Belange der Stadthygiene. Und nicht zuletzt wurden bislang gemächlich verlaufende Arbeiten an einer Sandfilteranlage beschleunigt, sodass die Hamburger ab Frühjahr 1893 mit gutem Trinkwasser versorgt wurden. Da hatte sich die Seuche aus der

Stadt nach 17 000 Erkrankungen und mehr als 6500 Todesfällen zwar längst verabschiedet, doch die getroffenen Maßnahmen sorgten dafür, dass die Cholera auch nicht mehr wiederkehrte.

Internationale Zusammenarbeit zur Bekämpfung der Cholera

Der Schub für die Stadttechnik der europäischen Metropolen, deren Wachstum unaufhaltsam schien, war nicht der einzige nachhaltige Impuls, den die Cholera gab. Vom zweiten profitieren wir ebenfalls bis heute, denn auch das Bemühen um eine internationale Gesundheitspolitik verdanken wir der Seuche aus Indien. Weil die Cholera als internationale Bedrohung wahrgenommen wurde, war dem von weit her eindringenden Aggressor allein mit nationaler Anstrengung nicht beizukommen. Die Pest hatte man mit einem geringen Maß an überstaatlicher Kooperation bekämpft, doch das 19. Jahrhundert war nicht nur das Jahrhundert der Cholera, sondern ebenso das des Internationalismus mit zahlreichen Anstrengungen, Standards zu vereinheitlichen und globale Absprachen zu treffen. Im selben Jahr 1851, als in London mit der ersten Weltausstellung das strahlende Großereignis und die Auftaktveranstaltung des neuen Internationalismus gefeiert wurden, setzten sich in Paris Diplomaten und Mediziner zur ersten Internationalen Sanitärkonferenz zusammen. Je mehr sich die Welt vernetzte und beschleunigter Verkehr die Entfernungen scheinbar schrumpfen ließ, desto deutlicher wurde, dass damit ebenso die wechselseitigen Abhängigkeiten wuchsen. Die Cholera stand fast immer im Mittelpunkt der Zusammenkünfte – so in der Frage, wie genau sie nach Europa gelangte und mit welchen Maßnahmen dem Einhalt geboten werden konnte. War die Gesundheit Europas in Indien zu verteidigen oder in Pufferzonen zwischen Ursprungsland und den Grenzen Europas? Bemerkenswert daran war, dass nicht wie bisher bei Konferenzen gewiefte Diplomaten die Dinge unter sich ausmachten. Für die Sanitärkonferenzen wurden Wissenschaftler hinzugezogen, was angesichts des Themas naheliegt, aber damals keineswegs selbstverständlich war. Ziel war, international zu regeln, wie man mit der Seuchengefahr im gemeinsamen Interesse verfuhr, doch bis zur Verabschiedung verbindlicher Abkommen war es ein weiter Weg. Bis zum Ersten Weltkrieg fanden an wechselnden Orten und bei wechselnder Beteiligung zwölf Sanitärkonferenzen statt, auf denen viel von einer unabhängigen Wissenschaft fern der Macht die Rede war. Doch unübersehbar war die Abhängigkeit von der Politik, die die Maßnahmen ja umsetzen musste und dabei nationalen und wirtschaftlichen Interessen immer wieder Vorrang gewährte. 1866 in Konstantinopel betraf das die Erforschung der Cholera durch eine internationale Kommission an ihrem Herkunftsort in Indien, was die britische Regierung aber nicht zulassen wollte. Nach der Eröffnung des Suezkanals 1869, der die Reisezeit von Indien nach Europa stark verkürzte, sperrten sich die Briten gegen Cholera-Schutzmaßnahmen bei passierenden Schiffen, wenn das ihre Handelsgeschäfte beeinträchtigte. Eine deutsche medizinische Fachzeitschrift bemerkte dazu lakonisch, auffälligerweise deckten sich die medizinischen Erkenntnisse der Briten stets mit ihren wirtschaftlichen Interessen. Doch prägten ebenso der Deutsch-Französische Krieg 1870/71 wie der schleppende Niedergang des Osmanischen Reiches die Verhandlungen. So drückte der Nationalismus den Sanitärkonferenzen genauso seinen Stempel auf wie der Epoche als Ganzes. Mitunter fand man sich aber in überheblichem Eurozentrismus rasch wieder zusammen, etwa in der Frage der Mekka-Pilger, die die vierte Cholera-Pandemie der 1860er-Jahre mit ausgelöst hatten. Unübersehbar spielte der Handel eine Hauptrolle bei der Verbreitung der Cholera, doch Europa kaprizierte sich auf muslimische Pilger und wollte diesbezügliche Maßnahmen durchsetzen. Ähnlich erging es den osteuropäischen Auswanderern, die über westeuropäische Häfen nach Amerika emigrierten, oder den Sinti und Roma, deren Mobilität eine größere Gefahr schien als die der Waren im expandierenden Welthandel. Doch bei aller Überheblichkeit und Einseitigkeit darf als Erfolg angesehen werden, dass internationale Zusammenarbeit erprobt wurde, denn auf diese Grundlage konnte später aufgebaut werden – zu unserem Vorteil bis heute.

KAPITEL 6

Tuberkulose – gehobenes Siechtum, verdienstvolle Leichen und fröhliche Mikrobenjagd

Historiker bezeichnen das 19. Jahrhundert gerne als »langes« Jahrhundert, wenn man es als Epoche betrachtet, die mit der Französischen Revolution 1789 beginnt und mit dem Ersten Weltkrieg 1914 endet. Was die Seuchengeschichte betrifft, war es nicht weniger ereignisreich als allgemeinhistorisch. Nicht nur die Pockenbekämpfung per Impfung und die Cholera als »neue Pest«, nicht nur bahnbrechende Erkenntnisse der Bakteriologie prägten das Zeitalter, mit der Tuberkulose rückte außerdem eine weitere Krankheit in den Vordergrund, die zur »Volksseuche« wurde. Im Unterschied zur Cholera war sie aber keineswegs neu, vielmehr zählt sie zu den ältesten Krankheiten und wurde schon deshalb in der öffentlichen Debatte anders verhandelt als die »asiatische Brechruhr«. Als weiterer Unterschied ist sie eine chronische, häufig langwierige Infektionskrankheit – nicht wie die Cholera, die plötzlich auftrat, schnell tötete und nur kurz verweilte. Gemeinsam ist beiden, dass sie unter den Umständen des Jahrhunderts zu einem wachsenden Problem wurden – Schätzungen zufolge trugen schließlich neun von zehn Einwohnern der Industrieländer den Tuberkulose-Erreger in sich, und die Krankheit rangierte im Ranking der Todesursachen ganz vorn. Sie wurde also zu einer der verheerendsten Plagen und erhielt daher ebenfalls einen Namen mit Bezug zur Mutter aller Seuchen: Man nannte sie die »weiße Pest«.

Erstes Auftreten schon in der Steinzeit

Die Tuberkulose kommt mindestens seit der Jungsteinzeit in Eurasien sowie möglicherweise bereits in Nordafrika vor, war aber bis in die Neuzeit nicht sehr verbreitet. Steinzeitliche Skelette mit eindeutigem Befund wurden auch in Deutschland gefunden. Ägyptische Mumien des dritten vorchristlichen Jahrtausends lassen den Befund ebenso zweifelsfrei zu wie über 2000 Jahre alte Knochenfunde in China, und die First Nations Nordamerikas litten offenbar ebenso an Tuberkulose wie Chilenen des 3. Jahrhunderts. Einer Vermutung zufolge gab es die Krankheit zuerst bei Tieren, und sie konnte mit der Tierhaltung auf den Menschen übergreifen, doch das ist umstritten. Medizinhistoriker haben Mühe, die Fährte der Tuberkulose in Texten aufzunehmen, denn ihre vielfältigen Erscheinungsformen wurden häufig als ganz unterschiedliche Krankheiten verstanden. Das änderte sich erst im 19. Jahrhundert. Trotzdem geht aus vielen Texten der Babylonier und Assyrer, aus Indien und China sowie der Griechen und Römer klar die Verbreitung der Tuberkulose hervor. Eine merkliche Zunahme von Krankheitsfällen lässt sich im 16. Jahrhundert erkennen – in europäischen Ländern mit ihren blühenden Städten, aber auch in Japan. Epidemisch und damit zu einem nahezu weltweiten Problem wurde die Tuberkulose seit dem 18. Jahrhundert mit der Industrialisierung und dem Wachstum der Städte. Zunächst florierte die Krankheit da, wo die industrielle Revolution einsetzte, in England, ehe sie als Begleiterscheinung der Industrialisierung in anderen Ländern, in denen Fabriken entstanden und Armutselend herrschte, zunehmend häufiger auftrat. Industriestädte in Nordamerika verzeichneten im 19. Jahrhundert horrende Raten von 400 bis 600 Toten pro 100 000 Einwohnern, allerdings sehr ungleich verteilt über soziale Schichten und Berufsgruppen. Während in den westlichen Ländern die Tuberkulose in der zweiten Hälfte des 19. Jahrhunderts allmählich den

Rückzug antrat, verzeichneten wirtschaftlich aufstrebende Länder steigende Zahlen. Millionen Menschen fielen ihr zum Opfer, bis wirksame Heilmittel gefunden wurden, doch bis heute gehört die Tuberkulose in vielen Regionen der Erde zu den wichtigsten Todesursachen.

Erreger der Infektionskrankheit ist *Mycobacterium tuberculosis*, das in mehreren Varietäten vorkommt und Wert legt auf ein Zusammenspiel mit der Verfassung des Wirts und Umgebungsfaktoren – die Infektion alleine macht also noch nicht krank. Drei Erregertypen werden je nach Virulenz unterschieden: Die niedrigste Virulenz hat der indische Typ I, aktiver sind Typ A, der in Afrika, China und Japan ebenso kursiert wie in Europa und Nordamerika, sowie Typ B, der ausschließlich in Europa und Nordamerika vorkommt. Tuberkulose gibt es auch bei Tieren, aber nur die Rindertuberkulose kann dem Menschen gefährlich werden; sie wird durch den Genuss von Fleisch, Milch und Milchprodukten übertragen. Abgesehen davon, erfolgt die Ansteckung ganz überwiegend über Aerosole. Beim Atmen, Sprechen, Spucken, Singen etc. gibt der Kranke Erreger ab, deren Partikel sich insbesondere in geschlossenen Räumen gut verteilen und in Staub sogar monatelang überleben können. Heute wissen wir, dass die Ansteckung über Staub selten vorkommt, verglichen mit der über Aerosole. Weil dieser Übertragungsweg aber früher als besonders häufig galt, wurde vielerorts das Spucken verboten.

Tuberkulose-Bakterien haben es nicht eilig damit, die Krankheit auszulösen, und die Inkubationszeit ist praktisch nur durch die Lebenszeit des Infizierten begrenzt. Als Schläferbakterien können sie jahrelang in ihrem Wirt lauern und erst sehr spät zuschlagen, wenn die Abwehrkräfte geschwächt sind, etwa durch eine andere Krankheit. Weitere Faktoren spielen eine Rolle, darunter das Alter: Kinder und Heranwachsende gehören ebenso zu den besonders Gefährdeten wie alte Menschen; je nach Alter spielt das Geschlecht eine Rolle, ebenso der spezifische Genpool.

Anfällig für die Krankheit sind zudem Menschen, die auf engem Raum mit anderen zusammenleben und dem Erreger dauerhaft ausgesetzt sind, sowie solche mit Proteinmangel, außerdem Raucher, Diabetiker oder Drogenkonsumenten. Staub emittierende Berufe sind ebenso problematisch wie körperlich anstrengende Arbeit generell. Daraus ergeben sich zwei wichtige Umstände: Erstens, Armut begünstigt die Tuberkulose enorm, während mit wachsendem Wohlstand die Anfälligkeit dafür merklich sinkt. Und zweitens hatte die Tuberkulose unter den Umständen der »schmutzigen« Phase der Industrialisierung im 19. und frühen 20. Jahrhundert besonders leichtes Spiel angesichts der Arbeits-, Lebens- und Wohnbedingungen breiter Schichten der Gesellschaft.

Romantische Krankheit oder Armutsseuche?

Da die Tuberkulose in so vielen Formen auftritt, wurde sie lange verschiedenen Krankheiten zugeordnet und erhielt erst 1839 vom fränkischen Mediziner Johann Lukas Schönlein ihren Namen. Bei einer geschlossenen oder Primärtuberkulose halten die körpereigenen Abwehrkräfte den Erreger in Schach, indem sie die Entzündungen im Lungengewebe in Knötchen verkapseln, den Tuberkeln. In diesem Stadium ist die Krankheit nicht ansteckend, der Erreger kann aber viele Jahre im Körper überleben. Wenn es den Bakterien gelingt, über die Blutbahn im Körper auszustreuen, spricht man von Miliartuberkulose, die ohne Behandlung zum Tod führt. Oder die Tuberkel verbinden sich nach unbestimmter Zeit, und Gewebszerfall setzt ein. Diese offene Tuberkulose verläuft ohne Behandlung ebenfalls tödlich; der Kranke ist außerdem hochinfektiös. Die häufigste Form ist die Lungentuberkulose (Schwindsucht), aber alle Organe können befallen werden, insbesondere Hirnhaut, Darm, Knochen, Lymphknoten, Wirbelsäule,

Nieren, Blase, Hoden oder die Haut. Wird eine nur latente Tuberkulose geheilt, ist eine Wiederansteckung möglich, denn es besteht keine Immunität.

Weil die Schwindsucht, wie die Tuberkulose häufig genannt wurde, im Unterschied zu anderen Infektionskrankheiten, die sehr rasch zuschlagen, so lange dauern kann, wurde sie für die chronisch Leidenden zum Dauerzustand und damit zu einem Teil des eigenen Lebens. Das prägte die Wahrnehmung der Kranken, wie aus einem Brief des Prager Schriftstellers Franz Kafka aus dem Jahr 1920 hervorgeht, als die Krankheit längst nicht mehr schlummerte: »(...) es ist übrigens kein eigentliches Kranksein, aber allerdings auch kein Gesundsein und gehört zu jener Gruppe von Krankheiten, die nicht dort ihren Ursprung haben, wo sie zu stecken scheinen.« Als bei Kafka 1912 Tuberkulose diagnostiziert wurde, musste das den körperlich wie seelisch Leidenden nicht überraschen, denn er erwartete für sich kein langes Leben: »Mit einem solchen Körper lässt sich nichts erreichen. Ich werde mich an sein fortwährendes Versagen gewöhnen müssen«, schrieb er im Jahr zuvor. Als die Krankheit 1917 mit einer Lungenblutung ausbrach, sah er darin den pathologischen Ausdruck einer seelischen Wunde, die er auf seine Verlobte Felice Bauer zurückführte, zumal die Diagnose im selben Jahr erging, in dem er Felice kennengelernt hatte: »Die Lunge ist nur ein Sinnbild (...) Sinnbild der Wunde, deren Entzündung F. und deren Tiefe Rechtfertigung heißt«, vertraute er seinem Tagebuch an. Die Krankheit bot Kafka den Ausweg, die Verlobung, für die er sich als »offenbar geistig unfähig« befand, (zum zweiten Mal) zu lösen. In einem Brief schrieb er: »Immerfort suche ich eine Erklärung der Krankheit, denn selbst erjagt habe ich sie doch nicht. Manchmal scheint es mir, Gehirn und Lunge hätten sich ohne mein Wissen verständigt. So geht es nicht weiter, hat das Gehirn gesagt, und nach fünf Jahren hat sich die Lunge bereit erklärt, zu helfen.« Eine gewisse Lebenshilfe bot ihm die Krankheit durchaus, denn sie ermöglichte eine Art Befreiung aus dem »schrecklichen Doppelleben«, unter dem er litt: Er bekam Krankenurlaub vom verhassten Job bei einer Versicherungsgesellschaft, zog zu seiner Schwester aufs Land, entkam damit dem gefürchteten Vater und entging der Heirat. Das löste akute Lebensnöte und prägte seinen Blick auf die Krankheit. In einem anderen Brief schrieb er bereits 1917: »Zur Gesundung ist, da hast Du natürlich recht, vor allem der Gesundungswille nötig. Den habe ich, allerdings (...) auch den Gegenwillen. Es ist eine besondere, wenn man will, eine verliehene Krankheit (...)«

Es sind nicht nur die Auswirkungen einer chronischen, lebensprägenden Krankheit, die sich in Kafkas Umgang damit äußern, und auch nicht allein seine hypochondrische Veranlagung angesichts einer beklagten Konstitution. Es ist auch der Widerhall des Bilds von der Tuberkulose als »verliehener«, wie er schreibt, als besonderer Krankheit besonderer Menschen. Als die Tuberkulose noch vergleichsweise selten war, hatte sich im 18. Jahrhundert die Vorstellung einer »romantischen« Krankheit etabliert, als eine Art Auszeichnung besonderer Empfindsamkeit, was sich hartnäckig hielt. Sogar Ärzte sahen das so, wie der selbst tuberkulosekranke Pariser Arzt René Laennec 1826 schrieb: »Unter den Ursachen für Tuberkulose kenne ich keine, die sicherer wäre als die traurigen Leidenschaften, vor allem, wenn sie sehr tief gehen und lange dauern.« Ein knappes Jahrhundert später schrieb Kafka an seine Freundin Milena Jesenská; »Ich bin geistig krank, die Lungenkrankheit ist nur ein Aus-den-Ufern-treten der geistigen Krankheit.«

Eine besondere Sensibilität, künstlerische Veranlagung, melancholischer Lebensüberdruss und existenzielle Sehnsüchtigkeit schien in der Krankheit ihren körperlichen Ausdruck zu finden, so jedenfalls wirkte es auf die Zeitgenossen. Dazu passte die besondere Erscheinung von Tuberkulosekranken: ätherisch und zart, mit glänzend ausdrucksstarken Augen, blassem Teint und geröteten Wangen – eine Erscheinung, die ihr »Seelenfeuer« nach außen trug. Das klassische Aussehen der Schwindsüchtigen wurde gar zum Schönheitsideal erhoben, dem Nichtinfizierte mit Diät und Schminke nachzueifern versuchten. Damit einher ging eine beträchtliche erotische Anziehungskraft der Tuberkulösen, deren Lebenshunger sozusagen eine Art biologisch induziertes Aussteigertum aus dem Moralkorsett der Zeit darstellte, was auf die in Konventionen Verschnürten höchst anziehend wirkte. Und ein bisschen widrig waren Künstlernaturen bei aller Bewunderung ja schon, da passte ein spezifisches körperliches Leiden zu dem der Künstlerseele ausnehmend gut. Ein wenig wirkt es aber auch wie eine Übergangsstation in der Einschätzung von Krankheitsursachen: Nicht mehr moralisierend-bigott als Strafe Gottes, aber auch noch nicht durch einen »neutralen« Erreger hervorgerufen, sondern Folge von Seelentiefe, Leidenschaft und Leidensfähigkeit im Übermaß, verglichen mit Normalsterblichen. Die mochten eine schnöde Existenz fristen ohne die Zerstreuungen der Boheme und die Seeleneinblicke der Künstler – dafür aber bekamen sie keine Schwindsucht. In der Tat sind die Dichter und Künstler, die an Tuberkulose litten, Legion: Bekannte Namen sind außer Franz Kafka Friedrich Schiller, Friedrich von Hardenberg (Novalis), Karl Philipp Moritz, Robert Louis Stevenson, Frédéric Chopin, John Keats, Carl Maria von Weber und viele andere mehr.

Die schönfärberische Mär der romantischen Tuberkulose wich der Wahrnehmung einer Armutsseuche, je mehr die Krankheit vor allem in den Arbeitervierteln der Industriestädte zur Massenerscheinung und schließlich zum Stigma wurde. Die riesige Armee der nichtprivilegierten Tuberkulosetoten fand in der Geschichte aber keine vergleichbare Anteilnahme wie die prominenten Opfer. Wie bei der Industrialisierung war England, insbesondere seine Hauptstadt London, im 18. Jahrhundert Vorreiter bei der Tuberkulose als Breitenphänomen. In Deutschland, wo die Industrialisierung mit Verzögerung einsetzte, starben Mitte des 19. Jahrhunderts pro Jahr bis zu 120 000 Menschen daran. Dabei waren unterschiedliche Regionen in unterschiedlichem Maß betroffen: 1896 etwa starben in Württemberg knapp 200 pro 100 000 Menschen an der Tuberkulose, in Preußen über 232, in Bayern jedoch gut 281 und in Sachsen fast 300. Im Durchschnitt ging jeder vierte Todesfall darauf zurück. 1903 schrieb das Kaiserliche Gesundheitsamt, eine Million Menschen in Deutschland litten an Tuberkulose, 200 000 Kranke müssten jedes Jahr im Krankenhaus behandelt werden. In den letzten acht Jahren des 19. Jahrhunderts seien in Deutschland über eine Million daran gestorben.

Statistische Untersuchungen belegten damals, dass vor allem Proletarier zwischen 20 und 40 Jahren betroffen waren, weil sie unter Bedingungen lebten, die der Krankheit Vorschub leisteten: harte körperliche Arbeit in schmutzigen Fabriken, enges Wohnen in ärmlichen Behausungen, wenig Luft und Licht, ungesunde Ernährung. Berlin führte 1861 erstmals eine Volkszählung durch; sie ergab, dass jeder zehnte Einwohner in einer Kellerwohnung lebte, bei steigender Tendenz. Die Hälfte der Wohnungen besaß nur ein heizbares Zimmer, und im Durchschnitt wohnten 4,3 Personen darin. Zehntausende hausten in noch viel größerer Enge, weil steigende Mieten die Familien zwangen, nicht nur auf kleinerem Raum zu leben, sondern auch noch zahlende Schlafburschen und -mädchen aufzunehmen, um überhaupt über die Runden zu kommen. Und an den Arbeitsstätten des Proletariats ging es kaum weniger eng und stickig zu. Bei näherer Betrachtung des Proletarieralltags dieser Zeit fragt man sich, wann die Menschen überhaupt je in den Genuss frischer, gesunder Luft kommen konnten. Der Berliner Arzt Solomon Neumann befasste sich mit der Medizinstatistik der Arbeiterschaft, untersuchte die Krankheitsverhältnisse bestimmter Berufsgruppen – und fand heraus, dass unter Webern die Tuberkulose besonders häufig auftrat: Dreimal häufiger starben sie daran als Zimmerleute. Neumann stritt außerdem dafür, neben ungesunden Arbeitsverhältnissen die Wohnbedingungen und Ernährungsaspekte zu gewichten, die er für die allgemein schlechte Gesundheit der Arbeiterfamilien gleichermaßen verantwortlich machte.

Erste Heilanstalten und Sanatorien

Wohlhabende Tuberkulosekranke konnten sich in ihrer Krankheit einrichten und sie kultivieren, vor allem aber standen ihnen die teuren Sanatorien offen, die es in Deutschland seit 1854 gab. Die Heilanstalt des Arztes Hermann Brehmer, der bei Schönlein in Berlin zur Heilbarkeit der Tuberkulose promoviert hatte, im schlesischen Görbersdorf (heute Sokołowsko) war die erste.

Brehmer propagierte die Heilkraft des geeigneten Klimas jedenfalls für Kranke im frühen Stadium, was die Fachwelt damals mehrheitlich für groben Unfug hielt; man verspottete ihn als »geschäftsgewandten Hotelier«. Und doch machte sein Beispiel weithin Schule. Görbersdorf, das in 800 Meter Höhe lag und in den 1860er-

Lungensanatorium Görbersdorf in Schlesien

und 1870er-Jahren großzügig ausgebaut wurde, wirkte beispielhaft. Brehmers Frischlufttherapie sollte die Konstitution stärken, indem die Kranken möglichst viel Zeit draußen verbrachten; der Genesung nachhelfen sollten Kaltwasserkuren, reichhaltige Kost und der Genuss von Alkohol, den er als »wirkliches Arzneimittel« betrachtete. Erste Geige im Brehmer'schen Behandlungskonzept aber spielte der »immune Ort«, also die gute Höhenluft weit weg von Fabrikschloten.

Zum eigentlichen Modell für viele weitere Sanatorien wurde Peter Dettweilers 1874 eröffnete »Klimatische Heilanstalt Falkenstein« im Taunus, nicht weit von Frankfurt/Main. Dettweiler war erst Patient, dann Assistent Brehmers gewesen, ging mit den Behandlungsmethoden seines Lehrvaters jedoch nicht d'accord. Sie waren ihm wohl nicht fundiert genug, wenn er Brehmers Lehre als »bestechendes physiologisches Scheingewand« bezeichnete. Vielleicht konstatierte der vormalige preußische Militärarzt aber auch einen Mangel an Zackigkeit. Jedenfalls entwickelte er in Hessen ein rigideres Verfahren, dessen Erfolg er sorgsam dokumentierte und auswertete. Sein ganzheitlicher Ansatz propagierte eine insgesamt gesunde Lebensweise, viel Ruhe, strenge Diät und verlangte strikte Observanz. Die ärztliche Rolle verstand er als die eines »Apostels«, der seinen Patienten persönlicher medizinischer Ratgeber war, aber gleichzeitig beanspruchte, eine gewisse Macht auf sie auszuüben. Streng einzuhalten waren die Hygiene-Regeln, zu denen die Nutzung des »Blauen Heinrich« gehörte, einer eiförmigen Spuckflasche für den Lungenauswurf, gefertigt aus dunkelblauem Glas.

Herzstück der Dettweiler'schen Methode aber war die berühmte Liegekur auf überdachten Terrassen, um die Lunge gleichzeitig ruhigzustellen und mit heilender, keimarmer Höhenfrischluft zu versorgen. Unter Aufsicht verbrachten die Patienten bis zu zehn Stunden in der Horizontalen – bei jedem Wetter und gegebenenfalls in Decken gut verpackt. Selbst die Nachtruhe wurde ebenso bei offenem Fenster absolviert. Ausgleichend zum strengen Regi-

Blauer Heinrich: Dr. Dettweilers Taschenflasche für Hustende

ment wirkte mutmaßlich der sonstige Standard eines Grand-Hotels, sowohl was Service, Zimmer und Essen als auch was die Mitpatienten betraf, die mindestens gut situiert, wenn nicht gesellschaftlich hochkarätig waren – wie die Kosten ebenfalls.

Zur nicht nur literarischen Chiffre für exklusive Lungensanatorien wurde das schweizerische Davos, dem Thomas Mann 1924 mit seinem Roman *Der Zauberberg* ein epochales Denkmal schuf. In einem Hochtal auf 1500 Meter Höhe gelegen, entstanden dort Einrichtungen für Tuberkulosekranke, und zwar dank der Beobachtungen eines Revolutionsflüchtlings aus dem Badischen. Alexander Spengler war 1849 in die Schweiz geflohen, geblieben und nach seinem Medizinstudium Dorfarzt in Davos geworden. Ihm fiel auf, dass es zum einen dort oben keine einheimischen Tuberkulosefälle gab, dass zum anderen Rückkehrer zwar oft mit entsprechenden Anzeichen eintrafen, sich aber rasch erholten, wenn sie noch nicht allzu krank waren. Spengler entwickelte daraus eine

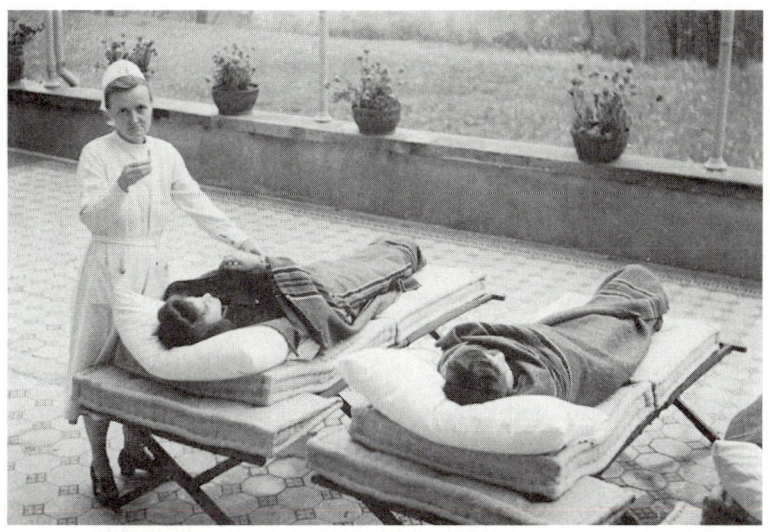

Liegekur auf Schloss Lanke nördlich von Berlin

Behandlungsmethode und ein Geschäft. Bald kamen Kurgäste, zunächst nur im Sommer, ab 1865 auch im Winter. Die ersten beiden Wintergäste verbreiteten die Kunde, und innerhalb weniger Jahre wurde aus dem Graubündner Bergdorf Davos ein weltbekannter Winterkurort, der internationale Anziehungskraft entfaltete. Der Erfolg Spenglers hatte auch damit zu tun, dass die Kurgäste sich nicht allzu sehr disziplinieren mussten. Sie wurden nicht in geschlossenen Kurkliniken untergebracht, sondern wohnten in einer Herberge ihrer Wahl und genossen das umfängliche Freizeit- und Kulturprogramm. Das änderte sich mit Karl Turban, einem weiteren Badener, der in Davos 1889 die erste geschlossene Kurklinik eröffnete und sich am strengeren Regime aus dem Taunus orientierte. Turban legte wie sein Lehrer Dettweiler großen Wert auf Hygiene, achtete darauf, dass die Kranken ihre Spuckfläschchen benutzten, und ließ darüber hinaus Spucknäpfe installieren.

Es lag auf der Hand, dass die »Volksseuche« nicht wirksam eingedämmt werden konnte, wenn sich die Behandlung auf betuchte Kranke mit leichten Symptomen beschränkte. Die breite Masse der Betroffenen waren einfache Arbeiter im Haupterwerbsalter, und die volkswirtschaftliche Bedeutung der Tuberkulose als langwieriger chronischer Krankheit erfuhr allmählich Beachtung. Das geschah lange bevor Regierungen es als ihre Aufgabe betrachteten, die Lebensbedingungen der ärmeren Bevölkerung ganz grundsätzlich zu verbessern. Einstweilen ging es um die Erhaltung oder Wiederherstellung der Arbeitskraft, um die wirtschaftlichen Kosten der Krankheit einzudämmen. Tuberkulose-Heilanstalten fürs einfache Volk forderte Dettweiler schon 1887. Er propagierte »einfache Häuser mit dem nöthigsten Comfort zum Schlafen, gute Küche, offene Holzhallen, baumreicher Garten und die Nähe des Waldes würden ausreichen«. Das klang weniger mondän als das Leben auf dem Zauberberg, aber der Gesundheit derer zuträglich, die aus den dreckigen und emissionsbelasteten Fabrikstädten nie herauskamen. Bis Volksheilanstalten entstanden, verging zwar noch einige Zeit, aber 1892 konnte Dettweiler in Falkenstein die erste Volksheilstätte in Deutschland eröffnen. Als zwei Jahre später die Landesversicherungsanstalten die Kosten übernahmen, wuchs das Angebot rasch, und ein volkstümlicher Spitzname setzte sich durch: Hustenburg. Damit richtete sich die Lungenheilstättenbewegung jetzt auch an die besonders betroffenen sozialen Schichten, jedoch wieder nur an Kranke im heilbaren Frühstadium der Tuberkulose.

Isolation und Meldepflicht – auf Kosten der Armen

Von dieser Betroffenengruppe abgesehen und solange ansonsten kein Heilmittel und keine Therapie verfügbar waren, konzentrierte sich die Debatte auf Prophylaxe und den Umgang mit hochansteckenden Kranken, die an offener Tuberkulose litten. Immer wieder wurde diskutiert, durch Isolation der Betroffenen die Ansteckungsgefahr zu mindern. Pläne für die strenge Absonderung offen Tuberkulosekranker und eine generelle Meldepflicht scheiterten allerdings im Reichstag – aber nicht, weil man damit Grundrechte verletzt sah, sondern weil angesichts der Verbreitung der Tuberkulose die Kosten enorm gewesen wären.

Wie bei der Cholera führte die Ausbreitung der Tuberkulose in der Arbeiterklasse dazu, den Armen die Schuld an der »Proletarierseuche« zuzuschieben. Als Träger des Tuberkulose-Erregers gerieten mit dem Nachweis der Infektion vornehmlich sie in den Ruch, andere zu gefährden. Nicht die objektiven, unverschuldeten und miserablen Lebensbedingungen der Arbeiterklasse wurden skandalisiert, sondern ihr angeblich fehlendes Wissen, ein beklagter Mangel an Hygiene und unterstellter Unwille zur Vorsorge. Moralisierend verurteilte man die Lebensweise der »niederen Schichten«, deren Ausschweifungen, Trunksucht und mangelnder Anstand als Nährboden der Tuberkulose galten. Im Bemühen um Eindämmung der Tuberkulose trafen die Behörden zwar »weichere« Maßnahmen, als die Infektiösen zu internieren. Broschüren wurden verteilt und Vorträge veranstaltet, die über Merkmale, Übertragungswege und Vorsorge informierten, sogar Theaterstücke und später Filme sollten aufklären. Häusliche Hygiene wurde propagiert, Lüften angemahnt, Sonnenlicht gerühmt. Spucknäpfe hielten Einzug in die Städte, die das Spucken auf die Straße aus Infektionsschutzgründen verboten. Alles in allem aber liefen die Aufklärungskampagnen, nicht zuletzt durch den paternalistischen Furor, weiterhin auf eine Stigmatisierung der Infizierten hinaus, deren gefährlichste Vertreter aus der Arbeiterklasse kamen. Die Broschüren mochten vordergründig neutral Ansteckungswege und Vorsichtsmaßnahmen erläutern, doch allzu oft verriet die Darstellung der Alltagsszenen, wer die Verantwortung tragen sollte, die Tuberkulose einzudämmen. Man sieht schlecht Gekleidete rücksichtslos husten, während aufrechte Bürgerinnen ängstlich zurückzucken. Schautafeln zeigten saubere Bürgerwohnungen mit gediegenem Interieur, während als Negativbeispiel eine verlotterte Arbeiterbehausung diente.

Insbesondere auf Arbeiterhaushalte hatten es die Tuberkulosefürsorgestellen abgesehen, deren kostenlose Dienstleistung aus Vorbeugung, Beratung – und Aufsicht bestand. Da Letztere allzu oft bevormundend und herablassend ausfiel, nahmen viele die Angebote nicht wahr. Denn beflissene Fürsorgerinnen der »besseren Kreise« inspizierten die Wohnungen, um Ratschläge zu erteilen, wie durch »Licht, Luft und Sauberkeit« der Tuberkulose entgegenzuwirken war. Man kann sich vorstellen, dass viele Familien aus Stolz oder Scham eine solche Begehung tunlichst vermeiden wollten. Die Vorgaben zum gesunden Wohnumfeld und Lebenswandel mochten schlüssig klingen, waren aber unter den Lebensbedingungen der Arbeiterfamilien und in ihren engen, schlecht beheizbaren, dunklen Wohnungen nicht umsetzbar. Wie sollte etwa ein infektiöser Familienvater in einer winzigen Wohnung isoliert werden, um seine Familie nicht anzustecken? Der Rat lautete, eigene Schlafzimmer für Schwerkranke einzurichten – doch Familien, die auf Küche und Stube beschränkt waren, konnten damit wenig anfangen. Eine andere Vorgabe betraf die Sauberkeit der Wohnung und ließ sich in bürgerlichen Wohnungen in guter Bausubstanz sowie von nicht arbeitenden Hausfrauen sicher gut umsetzen. Wer aber in vernachlässigten Mietskasernen unverständigen Hauswirten ausgeliefert war und eine kräftezehrende Sechstagewoche zu je zehn Stunden Arbeit zu absolvieren hatte, konnte solche Erwartungen nicht so umstandslos erfüllen.

Mit der Aufnahme in die Kartei der Fürsorgestellen war man zudem ausgeliefert, denn die Gemeindeschwestern tauchten immer wieder und unangemeldet auf. Zu befürchten war außerdem, dass die Fürsorgerinnen in manchem Fall auf eine Isolierung

Kranker in Heilstätten oder Tuberkulosestationen von Krankenhäusern hinwirken würden – fern von der Familie und in den
meisten Fällen für die Angehörigen eine Schreckensvorstellung.
Vor allem aber schreckte das Stigma, denn mittlerweile galt die
Tuberkulose allenfalls noch in weltfremd vergeistigten Kreisen als
romantisch.

Zwar setzte sich im späten Kaiserreich insbesondere die Sozial-
demokratie im Namen der Arbeiter gegen die Stigmatisierung zur
Wehr und prangerte an, in welche Umstände das Proletariat gezwungen war. Dabei ging es nicht zuletzt um die drängende Woh-
nungsfrage, denn arme Mieter waren dem Profitstreben der Ver-
mieter schutzlos ausgeliefert und die Auswüchse oft genug
himmelschreiend. Trotzdem blieb die Lobby der Betroffenen noch
zu kraftlos, um wirkliche Veränderungen herbeizuführen. Arbei-
terwohnungen, die Licht, Luft und Sonne boten, Hygienestan-
dards einhielten und gar mit einem Balkon aufwarteten, wurden
erst nach dem Ersten Weltkrieg gebaut, als Deutschland Republik
geworden war und zum ersten Mal sozialdemokratisch regiert
wurde. So blieb das Elend der Armen einstweilen erhalten und
diente Künstlern wie Käthe Kollwitz oder Heinrich Zille als Motiv, die auf den Berliner Straßen nicht wegschauten wie die meisten anderen. Mit trockenem Witz, der das Lachen noch vor dem
Laut zur Betroffenheit machen kann, dokumentierte Zille das
Großstadtleben der Armen in seinen Milieuzeichnungen, etwa
wenn ein Mädchen vor seinen Freundinnen prahlt, sie könne Blut
in den Schnee spucken, wenn sie nur wolle. Auf ihn geht auch der
Satz zurück, man könne mit einer Wohnung ebenso gut töten wie
mit einer Axt.

Das Stigma der Tuberkulose wurde später, in der Zeit des Nationalsozialismus, noch weiter getrieben und die Krankheit überaus rigoros bekämpft – bis hin zur behördlichen Zwangseinwei-
sung und Minderversorgung Tuberkulosekranker, die als Gefahr
für den Volkskörper und unproduktiv galten.

Ein medizinischer Quantensprung

Ungezählte Arme unter den Todesopfern von Cholera oder Tuberkulose leisteten ungefragt und ohne ihre Einwilligung das ganze 19. Jahrhundert hindurch der medizinischen Forschung wertvolle Dienste, denn im Unterschied zu den Bessergestellten durften sie ohne Weiteres obduziert werden. Sie bilden den passiven, stummen, vergessenen, aber höchst bedeutenden Teil der »Pariser Schule« in der ersten Hälfte des 19. Jahrhunderts. Als nämlich aus den Hospitälern des Mittelalters und der frühen Neuzeit Krankenhäuser wurden, die den Begriff im modernen Sinn eher verdienen als die überkommenen Verwahranstalten, wurde die französische Hauptstadt zum Schauplatz eines Entwicklungssprungs der medizinischen Forschung, der die Seuchenbekämpfung entscheidend voranbrachte.

Die bloße Verwahrung und Pflege der Kranken entwickelte sich allmählich zur medizinischen Behandlung von Patienten, als die Ärzte begannen, zum besseren Verständnis der Krankheiten systematisch und wissenschaftlich vorzugehen. Aus ihrer Arbeit und dem Willen, neue Wege zu beschreiten, entstand die Pariser Krankenhausmedizin, die inmitten der wissenschaftlichen Revolution, die seit Mitte des 16. Jahrhunderts ein Feuerwerk an Erkenntnissen und Fortschritten entfachte, eine Art medizinischer Unterrevolution hervorbrachte. Die Medizin wurde wissenschaftlich, indem sie ihre Datengrundlage erweiterte und objektiven Erkenntnissen zunehmend mehr vertraute als den subjektiven Schilderungen der Kranken und dem eigenen bloßen Eindruck oder Augenschein. Neu eingeführt in die Diagnostik wurde damals außerdem die Mathematik, um statistisch den Nachweis führen zu können, ob eine Behandlung prinzipiell wirksam war oder nur zufällig anschlug, und daraus Behandlungsgrundsätze zu entwickeln. Die Erkenntnisse der Krankenhausmedizin lösten viele Grundsätze der alten Lehrmeister der Medizin ab, denn der neue Leitgedanke hieß: weniger lesen, mehr beobachten, unvoreingenommen sein. Es ging darum, nicht mehr einfach nur auf das zu vertrauen, was Jahrhunderte zuvor behauptet worden war, sondern auf das eigene Urteilsvermögen zu setzen – und insbesondere auf die Möglichkeiten der systematischen Wissenschaft. Paris zog schon bald Mediziner aus aller Welt an, die von ihren französischen Kollegen lernen wollten, um die neuen Kenntnisse zu Hause weiterzuverbreiten. Die Ausbildung bestand jetzt nicht mehr nur aus theoretischen Vorträgen, sondern aus Schulungen an Krankenbett und Seziertisch. Die Schattenseite am Beginn der modernen Medizin war, dass den Ärzten der Pariser Schule Erkenntnis und Fortschritt der Medizin wichtiger waren als etwa die Tuberkulosekranke im Bett vor ihnen, die zuvörderst Anschauungs- und Forschungsobjekt war und nicht eine kranke Frau, deren Leiden geheilt oder wenigstens gemindert werden sollte. Sie war ein wertvolles Untersuchungsobjekt unter vielen. Profiteure des Aufbruchs waren die Patienten späterer Zeiten bis in unsere Gegenwart, denen die Fortschritte schließlich zugutekamen, aber nicht die Kranken des Hôtel-Dieu, des Hôpital de la Pitié oder des Hôpital de la Charité im Paris des frühen 19. Jahrhunderts.

Grundvoraussetzung für den medizinischen Quantensprung war Quantität, denn bei damals über 20 000 Betten boten die Pariser Krankenhäuser enorm viel Anschauungsmaterial. So horchte der Pariser Arzt Laennec mit dem Stethoskop, das er eigens für diesen Zweck erfunden hatte, die Lungen ungezählter Tuberkulosekranker ab und versuchte, das, was er beim Abhören mit dem Stethoskop hörte, zu systematisieren, um genauere Diagnosen zu erstellen. Der akustische Befund ließ sich im Todesfall per Obduktion mit dem pathologischen des geöffneten Brustraums abgleichen. Laennec, der später selbst an Tuberkulose starb, beschrieb 1819 die charakteristischen Knötchen – die Tuberkel, die der Krankheit ihren Namen geben sollten – als maßgebliche Ausformung und Anzeichen der Krankheit. Zum einen boten die Krankenhäuser, die damals in großer Zahl entstanden, viele Patienten als lebende Forschungsobjekte, aber mindestens ebenso wichtig waren die Toten, an denen in rasch wachsender Zahl Obduktionen durchgeführt wurden. An den Leichen aus den Krankenhäusern konnten die Ärzte studieren, was die Krankheiten im Körper bewirkt hatten, welche Veränderungen an Organen und Geweben auffällig waren, und daraus Rückschlüsse über die Krankheiten ziehen. Die systematische Forschung ermöglichte allgemeine Erkenntnisse über die Krankheit, an der die Patienten gestorben waren. Damit ließ sich zunehmend besser beurteilen, welcher Zustand und welches Stadium einer Krankheit »am lebenden Objekt« zu bestimmen war. Der Medizinhistoriker Roy Porter bezeichnete denn auch als eigentliches »Heiligtum« der neuen Pariser Schule die Leichenhalle, zu der sich als weiterer Kultusort das Labor gesellte. Das wurde jedoch weniger das Betätigungsfeld französischer als insbesondere deutscher Mediziner. Vom Labor ging bald ein weiterer, besonders folgenreicher Schub für den medizinischen Fortschritt aus.

Der Aufstieg der Bakteriologie und Labormedizin

Wie die allgemeine Geschichte liebt auch die Wissenschaftsgeschichte (und ihr Publikum) die Helden als Akteure des Fortschritts. Im Beitrag des deutschen Labors zum medizinischen Fortschritt im 19. Jahrhundert steht für das Heldentum wie kein anderer Robert Koch. Seine Verklärung zum Übervater der Bakteriologie vollzog sich bereits zur Zeit seines Wirkens, popularisiert unter anderem durch Karikaturen, in denen er, an einer Kochmütze leicht erkennbar, im Labor hantiert. Doch wie es für Helden der Geschichte fast immer gilt, kam der »Vater der Bakteriologie« nicht allein aus sich selbst zu seinen bahnbrechenden Erkenntnissen, sondern konnte auf Vorarbeiten aufbauen: Zum einen auf eine Vorgeschichte der Bakteriologie, auch wenn sich deren Wirkmacht erst durch seinen Beitrag entfalten konnte, zum anderen auf Zuarbeit und Unterstützung zeitgenössischer Forscherkollegen. Bis heute profitieren wir von Kochs Beitrag, dessen Name das Institut, das 1891 eigens für ihn gegründet wurde, heute trägt. Wie damals kein anderer verstand er es, in seinen Forschungen nutzbar zu machen, was ihm an Erkenntnissen und Instrumentarium zur Verfügung stand.

Zu denen, die lange vor Koch erste Arbeiten ausführen, die sich mit der Bakteriologie in Verbindung bringen lassen, gehört im frühen 16. Jahrhundert der Veroneser Arzt Girolamo Fracastoro, der der Syphilis ihren Namen gab. Er vermutete bereits, dass es Krankheiten gab, die durch Erreger von Mensch zu Mensch weitergegeben wurden, durch sogenannte Contagien, die jeweils mit einer bestimmten Krankheit infizierten. Doch auch wenn uns das heute vertraut vorkommt, bewegte sich Fracastoro ansonsten weiter im Kontext der damaligen Lehren – so blieb er dabei, dass die Gestirne ein Wörtchen mitzureden hatten. Fracastoro hat außerdem die kleinen Lebewesen, die er vermutete, nie gesehen. Anders anderthalb Jahrhunderte später der Niederländer Antoni van Leeuwenhoek, der nicht nur Textilunternehmer in Delft, sondern ein vielseitig interessierter Naturforscher und Tüftler war. Er entwickelte um 1670 zunächst zur besseren Qualitätskontrolle von Stoffen und Fäden ein Mikroskop, mit dem er dann auch Naturforschungen betrieb. Die Vergrößerung war ausreichend für seine Entdeckung von Mikroorganismen, die er vor der Linse zappeln sah und *animalcules* nannte, also Kleintierchen. Auf Niederländisch sprach er von kleinen *beestjes* und *schepsels*, also Tierchen und Kreatürchen – van Leeuwenhoek hatte die Bakterien entdeckt. Er wurde berühmt mit seinen Kleinstwelten unter dem Mikroskop und bekam zu seinem Stolz wie Missvergnügen mitunter hohen Besuch, dem er unter der Linse Großes zeigen sollte, darunter vom russischen Zar Peter dem Großen. Van Leeuwenhoek stellte allerdings keine Verbindung her zwischen seinen *animalcula* und der Entwicklung von Krankheiten, und selbst Mediziner interessierten sich zunächst nicht für seine Entdeckung. Ohnehin war es noch ein Stück Weges, bis die Mikroskopie weit genug war, um Medizingeschichte zu schreiben, denn van Leeuwenhoek konstruierte nach dem Prinzip der Lupe Einfachmikroskope, die über eine 280-fache Vergrößerung nicht hinauskamen.

Der Beginn der medizinischen Bakteriologie lässt sich auf das späte 18. Jahrhundert datieren. Damals begannen Botaniker, die Kleinsttierchen zu katalogisieren, und versuchten herauszufinden, was sie bewirkten, etwa wenn Obst verfault oder gärt. Als Krankheitsursachen jedoch konnte sich die Medizin Bakterien, also lebende Kleinstorganismen, noch immer nicht recht vorstellen. Erst um die Mitte des 19. Jahrhunderts wuchs die Bereitschaft, neue Möglichkeiten in Betracht zu ziehen, dafür neue Wege der Erforschung zu gehen und experimentellen Erkenntnissen mehr zu trauen als überlieferten Glaubenssätzen: Wie die Krankenhausmedizin wurde die Forschung im Labor wissenschaftlich.

Zu dieser Zeit schrieb der Anatom und Pathologe Jacob Henle, der nacheinander in Zürich, Heidelberg und Göttingen lehrte, von lebenden Mikroorganismen als möglichen Krankheitserregern, wenn auch vorerst theoretisch. Er griff Robert Koch insofern vor, als er forderte, solche Erreger als definitive Krankheitsursache mikrobiologisch nachzuweisen. In Frankreich war Louis Pasteur, der Kochs Gegenspieler auf der anderen Seite des Rheins werden sollte, um 1860 der Nachweis gelungen, dass es Mikroorganismen waren, die die Gärung bewirken, und dass es sich dabei nicht um einen rein chemischen, also unbelebten Prozess handelte. Durch aufwendige Experimente konnte er zeigen, dass Luft Bakterien enthielt, aber je nachdem, woher die Luft stammte, in ganz unterschiedlicher Zusammensetzung. Nach ihm wurde die Pasteurisierung benannt, mit der Lebensmittel haltbar gemacht werden, weil die kurzzeitige Erhitzung Mikroorganismen abtötet. Dabei sterben auch Tuberkuloseerreger ab, sodass die Pasteurisierung sich später als Weg erwies, die Tuberkulose-Infizierung durch Milch tuberkulöser Kühe zu verhindern. Von Pasteurs Erkenntnissen für die junge Bakteriologie beeinflusst, untersuchte der englische Chirurg Joseph Lister den Einfluss von Mikroorganismen bei der Wundeiterung und führte 1867 hygienische Maßnahmen bei Operationen ein: sterilisiertes Operationsbesteck und Karbol als Desinfektionsmittel, mit dem unter anderem Verbandsmaterial getränkt wurde.

Die Annahmen der Mediziner gingen einstweilen aber weit auseinander – wenig erstaunlich, wo es sich bei aller Modernisierung doch so lange um Thesen handelte, wie kein unwiderlegbarer Nachweis geführt war. Doch bot die Vielfalt an Meinungen und Thesen andererseits jede Menge Anstoß für weitere Forschungen und Überlegungen. Wenn sich Krankheit an Veränderungen im Gewebe erkennen ließ, war es der Körper, der diese Veränderungen auslöste, oder kam das durch äußere Einwirkung zustande? Und wenn es etwas außerhalb des Körpers war: Wirkte ein Erreger auf den Körper als bloßer Auslöser oder war er selbst aktiv tätig? Selbst nachdem sich klarer abzeichnete, dass Bakterien aktiv eingriffen, blieb weiterhin ungelöst, wie man in einem Wimmelbild von Kleinsttierchen unter dem Mikroskop denjenigen Typ ausfindig machen und zweifelsfrei identifizieren sollte, der die Krankheit verursachte. An Theorien zur Erklärung der Infektionskrankheiten mangelte es nicht, wohl aber an unwiderlegbarer Beweisführung, auch wenn zunehmend häufiger Tierversuche durchgeführt wurden, um Krankheiten absichtlich auszulösen.

Unverzichtbare Vorarbeit für Kochs Beitrag lieferte der Breslauer Pflanzenphysiologe Ferdinand Cohn, der in den 1870er-Jahren die verschiedenen Bakterien beschrieb und klassifizierte. Er schuf die Grundlagen für weitere Forschungen und brachte das moderne Verständnis von Bakterien auf den Weg. Wie Louis Pasteur war Cohn davon überzeugt, dass bestimmte Bakterien für bestimmte Krankheiten zuständig waren und nicht je nach den Umständen Unterschiedliches hervorbrachten. Er bestand darauf, dass auch für die Kleinstorganismen das Gesetz der Konstanz der Arten galt.

Der aufstrebenden Laborforschung kam zugute, dass ihr wichtigstes Instrument, das Mikroskop, fortentwickelt wurde. Im ersten Drittel des 19. Jahrhunderts wurden zusammengesetzte Mikroskope mit zwei achromatischen Linsen so gut, dass ihre Nutzung für medizinische Zwecke sinnvoll war und mit ihrer Hilfe die moderne Histologie, die Gewebeforschung, begründet werden konnte. Ein weiterer Schub erfolgte mit der Gründung der Carl-Zeiss-Werke in Jena, die leistungsfähige Linsen herstellten und Mikroskope zunehmend preiswerter anboten. In der zweiten Jahrhunderthälfte entwickelte sich außerdem die Technik der Herstellung medizinischer Präparate, darunter die Einfärbung. Labore entstanden, in denen Gewebeproben untersucht und präpariert wurden. Geeignete Arbeitsmethoden fürs Labor wurden entwickelt, so die Züchtung von Bakterien in sterilen Reinkulturen, wie sie vor allem der Breslauer Botaniker Ferdinand Julius Cohn erarbeitete. Besonders wichtig war außerdem eine Methode zur Einfärbung von Bakterien, um sie kenntlich zu machen, wofür als Erster ein weiterer Forscher in Breslau, der Pathologe Carl Weigert, ein Verfahren mithilfe von Anilinfarben entwickelte. Die Arbeiten Cohns und Weigerts waren es im Besonderen, die Robert Koch zugutekamen.

Robert Koch hatte sein Studium in Göttingen und Berlin hinter sich, als er 1866, als 22-jähriger Assistenzarzt am Hamburger Allgemeinen Krankenhaus, mit der Cholera konfrontiert wurde. Ausweislich seiner Bücherbestände war er über den Forschungsstand zu den Infektionskrankheiten auf dem Laufenden und begann erste eigene Untersuchungen zur Krankheit unter dem Mikroskop. In den 1870er-Jahren wandte er sich dem Milzbrand zu, dessen Erreger er 1876 nachwies. Dafür forschte er mit erheblichem

Aufwand im bescheidenen Hinterzimmerlabor seiner Arztpraxis, das nur durch einen Vorhang vom Behandlungsraum abgeteilt war, unter anderem an Mäusen und Kaninchen. Beim Milzbranderreger wies Koch an Tieren zum ersten Mal überhaupt nach, dass Bakterien Infektionskrankheiten übertragen – und dass jede Krankheit ihren spezifischen Erreger hatte. 1878 formulierte er seine wichtige Erkenntnis: »Einer jeden Krankheit entspricht (…) eine besondere Bakterienform und diese bleibt, so vielfach auch die Krankheit von einem Tier auf das andere übertragen wird, immer dieselbe.«

Zu dieser Zeit war Koch Kreisphysikus in Wollstein (heute das polnische Wolsztyn) in der damaligen preußischen Provinz Posen. Dort begann er seine eigentliche Forschungstätigkeit und unterhielt Forschungskontakte zu den Kapazitäten im 160 Kilometer entfernten Breslau (Wrocław), deren Forschungen ihm so nützlich waren: Neben Ferdinand Cohn und Carl Weigert war das der Pathologe Julius Cohnheim, außerdem lernte Koch in Breslau Cohnheims Studenten Paul Ehrlich kennen. Als Koch Anfang Mai 1876 den Forscherkollegen seine Experimente und Erkenntnisse zum Milzbranderreger vorführte, waren sie begeistert. Es lag auf der Hand, dass Koch als Provinzarzt weit unter seinen Kapazitäten lag, und auf Betreiben seiner Breslauer Forscherkollegen kam er schließlich 1880 an das Kaiserliche Gesundheitsamt in Berlin, das auf Drängen der Ärzteschaft erst vier Jahre zuvor gegründet worden war. Dort arbeitete man bereits an einer Medizinalstatistik und nahm Ende der 1870er-Jahre den Kampf gegen Infektionskrankheiten auf, indem man ihre Erforschung vorantrieb und Präventivmaßnahmen auf dem Gebiet der Hygiene entwickelte. Direkt gegenüber der Charité erhielt Koch ein eigenes Labor und zwei Assistenten. Die Hilfestellung war gegenseitig: Robert Koch erhielt die erhofften Forschungsmöglichkeiten, die ihm in Wollstein gefehlt hatten, und begann seine ertragreichste Schaffensperiode; das Gesundheitsamt wiederum gelangte durch ihn zu nationalem wie internationalem Ansehen. Koch wandte sich der Tuberkulose zu, der damals am meisten gefürchteten Krankheit, um nach dem Milzbrandbazillus nunmehr deren Erreger dingfest zu machen. Dafür experimentierte er zunächst mit Meerschweinchen, die mit tuberkulösem Gewebe infiziert tatsächlich krank wurden. Bei Ernst Abbe und Carl Zeiss in Jena ließ er passgenaue Verbesserungen in der Mikroskoptechnik entwickeln und experimentierte mit der Mikrofotografie, bis er aussagekräftige Fotos von Bakterien, die mit Anilinfarben kenntlich gemacht waren, unter dem Mikroskop erstellen konnte. Weigerts synthetische Farbstoffe erwiesen sich als höchst willkommene Möglichkeit, körpereigene Substanz von körperfremder zu unterscheiden, denn nun konnte man sie sichtbar machen.

Koch setzte außerdem drei Postulate auf, die zum Nachweis einer Infektionskrankheit nötig sind und als »Koch'sche Postulate« bleibende Berühmtheit erlangten: Die Erreger müssen im Körper der Kranken, also etwa in Gewebe, Blut oder Speichel, nachweisbar sein; sie müssen auf Nährböden in Reinkultur heranzuzüchten sein; sie müssen nachweislich Tiere infizieren können und wiederum in deren Blut nachweisbar sein. Mit einem einer Infektionskrankheit zweifelsfrei zuzuordnenden Erreger wurde dieser zum diagnostischen Indikator, was die Definition der Infektionskrankheiten fortan prägte. Auch Kochs Entwicklungen für die bakteriologische Methodik waren wegweisend – seine Publikation zur Herstellung von Bakterien-Reinkulturen auf festen Nährböden von 1881 bezeichnete der Historiker der Mikrobiologie Hans Günter Schlegel als »Rezeptbuch für die ganze Welt«, mit dem das goldene Zeitalter der Bakteriologie eingeläutet wurde.

Mit Robert Koch und der Tuberkulose verbindet sich ein maßgeblicher Durchbruch in der Erforschung der Seuchen, eine wissenschaftliche Sensation: Am 24. März 1882 hielt Robert Koch in einem nicht übermäßig großen Lesezimmer der Berliner Physiologischen Gesellschaft unweit des Reichstags einen Vortrag, der

Geschichte schrieb: »Über die Tuberkulose«. Erstmalig in der Geschichte der Medizin wies er nach, dass »pathogene Agentien«, wie er sagte, also Mikroben beim Menschen Krankheiten verursachen können, indem sie einen Organismus befallen – dass es also Infektionskrankheiten gibt, die übertragen werden können. Damit begann die Ära der modernen Mikrobiologie – und auf die Frage, die durch die Seuchengeschichte immer wieder gestellt, hin und her gewendet, aber nicht wissenschaftlich beantwortet werden konnte, war die Lösung gefunden. Am Ende seines Vortrags resümierte Koch: »Und alle diese Tatsachen zusammengenommen, berechtigen zu dem Ausspruch, daß die in den tuberkulösen Substanzen vorkommenden Bazillen nicht nur Begleiter des tuberkulösen Prozesses, sondern die Ursachen desselben sind, und daß wir in den Bazillen das eigentliche Tuberkelvirus vor uns haben. Es fehlte bisher an einem bestimmten Kriterium für die Tuberkulose. In Zukunft wird es nicht schwierig sein, zu entscheiden, was tuberkulös und was nicht tuberkulös ist. Nicht der eigenthümliche Bau des Tuberkels, nicht seine Gefäßlosigkeit und das Vorhandensein von Riesenzellen wird den Ausschlag geben, sondern der Nachweis der Tuberkelbazillen. Meine Untersuchungen habe ich im Interesse der Gesundheitspflege vorgenommen, und dieser wird auch, wie ich hoffe, der größte Nutzen daraus erwachsen. Bisher war man gewöhnt, die Tuberkulose als den Ausdruck des sozialen Elends anzusehen, und hoffte von dessen Besserung auch eine Abnahme dieser Krankheit. Eigentliche gegen die Tuberkulose selbst gerichtete Maßnahmen kennt deswegen die Gesundheitspflege noch nicht. Aber in Zukunft wird man es im Kampf gegen diese schreckliche Plage des Menschengeschlechts nicht mehr mit einem unbestimmten Etwas, sondern mit einem faßbaren Parasiten zu tun haben, dessen Lebensbedingungen zum größten Teil bekannt sind und noch weiter erforscht werden können.« Der Vortrag war eine Sensation und ein medizinhistorischer Moment, wie den Zuhörern umgehend klar war. Unter den

Zuhörern, die nach dem Ende von Kochs Ausführungen tief beeindruckt geschwiegen haben sollen, statt sogleich angeregt zu diskutieren, befanden sich zwei Wissenschaftler, die ebenfalls ergriffen waren: Kochs Kollege Friedrich Löffler und der Impfpionier Paul Ehrlich. Löffler schrieb später, dieser Vortrag habe Koch »mit einem Schlage zum größten, erfolgreichsten und verdienstvollsten Forscher für alle Zeiten« gemacht. Ehrlich sprach von seiner Zeugenschaft als »mein größtes wissenschaftliches Erlebnis«.

Überhaupt vollzog sich die »medizinische Revolution«, der Übergang von der Krankenhaus- zur Labormedizin, nahezu live vor den Augen der staunenden Zeitgenossen – ein umso interessierteres Publikum, weil der sich vollziehende Wandel ganz konkret mit der eigenen Gesundheit zu tun hatte oder haben konnte. Dass die Mikrofotografie dabei bunte Bilder bereitstellte, war aufregend neu und höchst anschaulich – während 2020 nach der Identifizierung von Sars-CoV-2 das Virus im Handumdrehen visualisiert wurde, hatte die Öffentlichkeit des späten 19. Jahrhunderts nach Jahrhunderten der Seuchengeschichte erstmals Erreger vor Augen, die bislang als »unsichtbare Gefahr« ein teuflisches Mysterium gewesen waren. Als Koch 1883 auf der Berliner Hygiene-Ausstellung Laborapparaturen, Nährböden für Bakterien und vor allem Aufnahmen von Tuberkulose-Bakterien präsentierte, stieß er auf großes Interesse. Auch damit wurde die »Mikrobenjagd« zum Bestandteil der Modernisierungsschübe des späten 19. Jahrhunderts.

Die damalige Berichterstattung bemühte stets ein militärisches Vokabular, um die Fortschritte zu beschreiben. In der Popularisierung der Labormedizin fand der Kampf zwischen Forschern und Bakterien statt und wirkte wie ein Krieg an ferner Front, an dem der Kranke gar keinen Anteil hatte – außer dem, vom Sieg der Medizin zu profitieren. Diese martialischen Vergleiche vom Krieg gegen die Krankheitserreger sind uns heute suspekt, dabei waren sie damals, in der militaristisch aufgeladenen Rhetorik der Zeit, vermutlich so unvermeidlich, wie es heute gebrandmarkt wird. Es war die Metaphorik, mit der man die damalige Öffentlichkeit zweifellos am besten »abholen« konnte. Nimmt man aber die Erfahrung einer Pandemie hinzu, wirkt der Vergleich zum Kriegsgeschehen gar nicht mehr so abwegig, was ihn aber nicht weniger problematisch macht angesichts der nachfolgenden Weltkriege und der biologistischen Kriegsrhetorik im Nationalsozialismus.

Der Schritt vom allgemeinen Krieg gegen die Mikroben zur Brandmarkung politischer Gegner als Bakterien war nämlich nicht weit – man fühlt sich schnell erinnert an die »politische Pest« im Vokabular des preußischen Königs Friedrich Wilhelm IV. Noch schlimmer hielt es die NS-Propaganda, die zur Propagierung ihres rassistischen Feindbilddenkens auf bakteriologisches Vokabular zurückgriff. Auf einer Karikatur des *Stürmer* aus dem Jahr 1943 ist ein (unbestechlich wissenschaftliches) Mikroskop abgebildet, das den vermeintlichen Feind vergrößert, dargestellt als mikrobengleiche Symbole, die der Leser den »Feinden« von Juden oder Homosexuellen bis zu den Kriegsgegnern USA, Sowjetunion und Großbritannien unschwer zuordnen kann. Da war der Schritt nicht mehr weit, Millionen Menschen zu ermorden, als wären es bösartige Bakterien.

Der siegreiche Durchbruch der Bakteriologie kam den Menschen erst sehr viel später zugute – dafür aber profitieren wir bis heute von den bahnbrechenden Erkenntnissen der medizinischen Forschung des 19. Jahrhunderts, auf denen die Forschung seither aufbaut. Robert Koch aber schuf die Grundlagen für die internationale »Bakterienjagd« auf die Erreger der Infektionskrankheiten, die in rascher Folge Ergebnisse zeigte. Bis zum Ersten Weltkrieg wurden neben Dutzenden anderen Bakterien mehr als zwei Dutzend Krankheitserreger identifiziert, darunter von Typhus und Diphtherie, Pest und Syphilis, Ruhr, Fleckfieber, Meningitis, Pneumonie oder Wundstarrkrampf (Tetanus).

Der Druck auf Forscherstars wie Koch war enorm. Der Entdecker des Tuberkulose-Erregers sollte nicht nur die medizinische

Forschung voranbringen, er sollte gleichzeitig den Ruhm der Wissenschaftsnation Deutschland mehren, um so dem Renommee des noch jungen, geltungshungrigen Nationalstaates zugutezukommen. In der national aufgeladenen Atmosphäre war gegen den Konkurrenten Pasteur und damit den französischen »Erbfeind« insgesamt ein Coup erster Güte gelungen. Dem sollte schon bald ein weiterer folgen, als das Rennen der Forschernationen um den Cholera-Erreger begann. Als 1883 in Ägypten die Cholera ausbrach, reisten Forscherteams unter anderem aus Paris, London und Berlin an, um den »unsichtbaren Feind« dingfest zu machen. Alle hatten den Auftrag, nicht nur die Forschung voranzubringen, sondern auch den Ruhm ihrer Nation zu mehren, wenn sie als Erste den Erreger präsentieren würden. Koch versorgte aus der Ferne die deutsche Öffentlichkeit mit Informationen über seine Arbeit in Alexandria, die Zeitungen berichteten mit nationalistischen Spitzen gegen Frankreich vom Wettrennen der Superforscher. Redliche Forscher waren danach allein die Deutschen, während die Konkurrenz nur auf den eigenen Vorteil bedacht war, wie ein bösartiger Artikel im *Berliner Tageblatt* nahelegte: »Binnen Kurzem kursierte in der Stadt das Gerücht, die deutschen Ärzte hätten bereits sehr günstige Resultate aufzuweisen. Die Herren Franzosen spitzten die Ohren, suchten selbstredend ihrem Volkscharacter getreu, den Herren mit einem Riesenbacillus, den sie entdeckt haben wollten, in die Parade zu fahren, wurden indeß nach wenigen widerlegenden Worten des Geheimraths Koch in ihre engen wissenschaftlichen vier Pfähle zurückgewiesen.« Allerdings vereitelten die klimatischen Verhältnisse und das Abklingen der Seuche den Erfolg, doch Koch reiste mit seinen Leuten unverdrossen weiter nach Kalkutta in Indien, Herkunftsland der Cholera. Dort konnte er unter besseren Bedingungen schließlich den Erreger *Vibrio cholerae* isolieren und im Umfeld einer lokalen Epidemie im Trinkwasser nachweisen. Als die Forschungsreisenden Anfang Mai 1884 nach Berlin zurückkehrten, bereitete man ihnen einen triumphalen Empfang mit abermals nationalistischen Akkorden in der Presse und Lobeshymnen, Audienz beim greisen Kaiser, für Robert Koch einen Orden sowie eine Prämie von 100 000 Reichsmark. Eine Extrabeilage des *Tageblatts* zog Parallelen zum Sieg über Frankreich 1871: »Wie vor 13 Jahren das deutsche Volk einen glorreichen Sieg über den alten Erzfeind unserer Nation feierte, so feiert heute die deutsche Wissenschaft einen glänzenden Triumph über einen der tückischen Feinde der ganzen Menschheit, über eine der gefürchtetsten und mörderischsten Volksseuchen der Neuzeit.« Die Nation war dankbar, wahlweise aus Gründen des Nationalprestiges oder aus Begeisterung für den medizinischen Fortschritt – im Zweifel aufgrund von beidem zugleich.

Ein noch größerer Triumph wäre mit einem Heilmittel gegen die gefürchtete »Volksseuche« gelungen. Das wäre etwas ganz Neues gewesen, denn bisher waren im Kampf gegen Infektionskrankheiten Prophylaxemaßnahmen erprobt, also Hygiene und Immunisierung, aber keine Medikamente entwickelt worden. Ein solches heiß ersehntes Heilmittel kündigte Koch im August 1890 auf dem 10. Internationalen Medizinischen Kongress im Berliner Circus Renz öffentlichkeitswirksam an: ein Medikament gegen die Tuberkulose, das in Bälde auf den Markt käme. Das Zirkusgebäude, der spätere Friedrichstadtpalast am Schiffbauerdamm, war für das Ereignis tempelartig umgestaltet worden: Wie vor ihm Rudolf Virchow und Joseph Lister hielt Koch, mit Jules-Verne-Bart und kleiner Metallbrille mit ovalen Gläsern, seinen Vortrag zu Füßen einer riesigen Statue des Äskulap, des griechischen Gottes der Heilkunst. Am 13. November sollte es so weit sein, doch was genau das für ein Medikament war, blieb streng geheim, schon aus patentrechtlichen Gründen. Dahinter steckte überdies Kochs Bestreben, selbst daran zu verdienen, was jedoch Reichskanzler Caprivi persönlich verhinderte. Sowieso erwies sich das vorschnell gepriesene Tuberkulin innerhalb weniger Monate als

Flop, der Skandal war riesig – und die Enttäuschung der hoffnungsvollen Kranken bodenlos. Trotzdem hielt die Regierung dem Forscher die Stange – abgesehen von seinen unzweifelhaften Verdiensten, blieb er der einzige deutsche Mediziner mit einem Pasteur vergleichbaren internationalen Ruhm. Und Frankreich wissenschaftlich auszustechen blieb weiterhin Staatsräson, weshalb für Koch das »Institut für Infektionskrankheiten« gegründet wurde. Im Preußischen Abgeordnetenhaus betonte Ministerialdirektor Althoff die »patriotische Seite«: »Es handelt sich um einen Ehrenpunkt für die deutsche Wissenschaft. Meine Herren, die deutsche Forschung hat vorzugsweise das Verdienst, die Ursache der Infektionskrankheiten (...) nachgewiesen zu haben. Es sind uns andere Staaten mit ähnlichen oder verwandten Instituten vorausgegangen. (...) Wir möchten nicht zu weit hinter ihnen zurückbleiben, wir möchten ihrem Vorgange folgen, wir möchten, dass Sie die deutsche Wissenschaft in den Stand setzen, das zu vollenden, was sie angefangen hat, da zu ernten, wo sie gesät hat.«

Man kann einen weiten Bogen schlagen vom Schwarzen Tod des 14. Jahrhunderts bis zum Triumph der Bakteriologie nach vielen Heimsuchungen durch weitere Seuchen Ende des 19. Jahrhunderts. Althergebrachte Glaubenssätze der Medizin mussten überwunden werden, an denen wie an religiösen Dogmen lange Zeit streng festgehalten wurde. Für die Medizin erwiesen sich die Lehren des Hippokrates und ihre Kanonisierung durch Galen als Sackgasse, aus der ein Ausweg erst gefunden werden musste. Erst musste sich durchsetzen, dass nachweisbaren Erkenntnissen aus einem Experiment mehr Substanz entsprang als den Lehrsätzen uralter Schriften. Und die Neugier der Forscher musste sich erweitern von der reinen Naturbeschreibung zur unvoreingenommenen Suche nach Ursachen für Prozesse und ihre Abläufe, ob beim Wachstum der Pflanzen oder bei Entstehung und Verlauf von Krankheiten. Der Fortschritt brauchte Zeit, weil zum einen das Althergebrachte hemmte und zum anderen das wissenschaftliche Handwerkszeug entwickelt werden musste: Chemie, Physik, Mathematik, Biologie. Es gibt viele berühmte Beispiele für die Skrupel, die Forscher überwinden mussten: Lichtgestalten wie Nikolaus Kopernikus, Galileo Galilei oder Charles Darwin zögerten, wenn es an die Veröffentlichung ihrer bahnbrechenden Forschungen ging. Sie fürchteten den Zorn der Kirche, die ihre Deutungshoheit eisern verteidigte. Doch die Wissenschaft befreite sich und ging über das hinaus, was Immanuel Kant als »bloßes Herumtappen« bezeichnet hatte. Um auf die Mikroebene vordringen zu können, bedurfte es außerdem der technischen Möglichkeiten, die seit dem Spätmittelalter Schritt für Schritt entwickelt wurden. Verstehen wir die Schreckenserfahrung der Pest und ihrer dramatischen Auswirkungen als eine Art Aussaat der Moderne im Hinblick auf den medizinischen Fortschritt, dann wurde jetzt, Ende des 19. Jahrhunderts, die erste große Ernte eingefahren.

KAPITEL 7

Die Spanische Grippe – ein amerikanisches Virus?

Nachdem der Erste Weltkrieg jahrelang in den Schützengräben der Westfront mehr oder weniger stecken geblieben war, kamen die Dinge 1918 wieder in Bewegung. Zu Jahresbeginn formulierte US-Präsident Wilson, der sein Land im Jahr zuvor in den Krieg geführt hatte, seine Vorstellungen einer Nachkriegsordnung, dann beendete Deutschland den Krieg im Osten durch den Diktatfrieden mit Sowjetrussland. Das brachte Entlastung für die deutsche Armee, und weil Frankreich und Großbritannien gerade schwächelten und die Truppenpräsenz der USA in Europa noch überschaubar war, sah die Oberste Heeresleitung Möglichkeiten für eine günstige militärische Entscheidung durch eine Reihe vielleicht kriegsentscheidender Vorstöße an der Westfront. Doch gelang es in den fünf Schritten der Frühjahrsoffensive zwischen Mitte März und Mitte Juli 1918 nicht, eine solche Entscheidung zugunsten Deutschlands herbeizuführen. Als Mitte Juli an der Marne Franzosen und Amerikaner die letzte deutsche Offensive zurückdrängten, trat der Krieg in seine abschließende Phase. Nunmehr lief es auf eine deutsche Niederlage und das Ende des Krieges zu. Das lag nicht allein, aber ganz erheblich an der gleichzeitig rasch wachsenden Zahl von US-Soldaten, die zugunsten der Westmächte eingriffen.

Die USA brachten aber nicht nur immer mehr Soldaten nach Europa, sondern mit ihnen Influenzaviren, die sich rasch in allen

Armeen verbreiteten – mitten in der Schlussphase des Ersten Weltkriegs entfaltete sich eine verheerende weltweite Pandemie, deren Wucht ohne den Krieg nicht denkbar ist. Die »Spanische Grippe« dehnte sich in Windeseile auf alle Kontinente aus und forderte in nur einem Jahr und drei Wellen viele Millionen Todesopfer weltweit. Demografisch gesehen, war dies das schlimmste Einzelereignis des 20. Jahrhunderts. Und sowohl, was die absoluten Opferzahlen betrifft, als auch in Ausbreitung und Geschwindigkeit war es die größte bekannte Pandemie der Menschheitsgeschichte – obwohl die genaue Zahl der Todesopfer so unklar wie umstritten ist. In jedem Fall aber übersteigt die Zahl der Grippetoten 1918/19 die Zahl der im Krieg Gefallenen von zehn Millionen erheblich, wenn nicht um ein Vielfaches. Im Vergleich stellt die »Spanische Grippe« sogar den Schwarzen Tod des 14. Jahrhunderts in den Schatten.

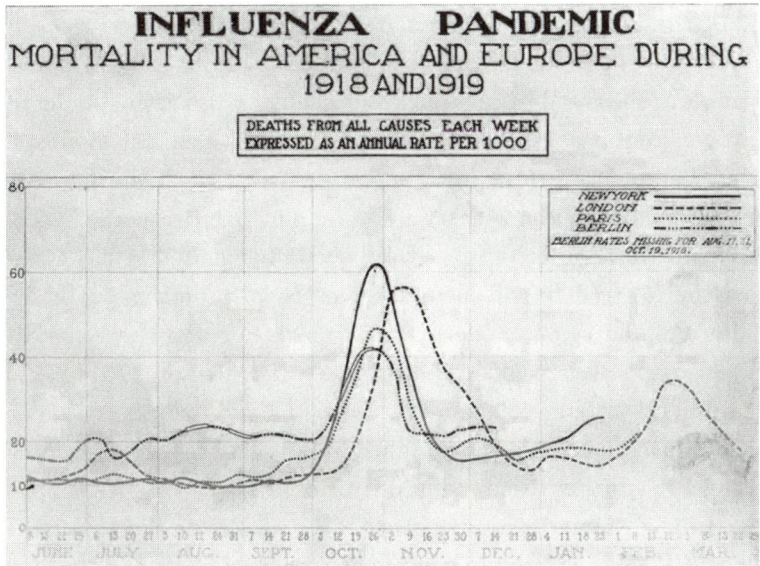

Mortalität der Spanischen Grippe: Anstieg der Todesraten in den Städten New York, Berlin, Paris und London 1918/19

247

Eine neue »Pest«

Einige Ähnlichkeiten mit der Pest gab es durchaus, jedenfalls in der zweiten Welle der Grippe: Bei ohnehin kurzer Inkubationszeit von ein bis zwei Tagen tötete das Influenzavirus so schnell wie das Pestbakterium. Nur wenige Tage konnten vergehen zwischen Infektion und Tod, manchmal waren es sogar nur Stunden nach Auftreten der ersten Symptome. Zu diesen zählten vor allem schwere Kopf- und Gliederschmerzen und hohes Fieber, Erschöpfung, Husten sowie als Sekundärinfektion eine bakterielle Lungenentzündung, die zum Tod führen konnte, wenn Bakterien die Lungenbläschen verschleimen ließen, sodass die Kranken qualvoll erstickten. Man nannte es auch den »blauen Tod«, weil der Sauerstoffmangel die Gesichter der Patienten blau oder schwarz werden ließ – die Verfärbungen waren eine weitere Ähnlichkeit mit der Pest. Wer die Spanische Grippe überlebte, brauchte nicht selten Wochen, um wieder voll einsatzfähig zu sein.

Wie lange es die Grippe oder Influenza bereits gibt, ist unbekannt. Sie kommt beim Menschen ebenso vor wie bei anderen Säugetieren, insbesondere Schweinen, aber auch bei Geflügel. Wie bei anderen Infektionskrankheiten schufen Städte und das Zusammenleben von Mensch und Tier günstige Umstände für die Grippeviren. Die ersten Hinweise auf Influenza liefert das europäische Mittelalter vor allem ab dem 15. Jahrhundert, bevor die Alte Welt die Viren um den Erdball schickte. Von mehreren massiven Grippewellen im 18. Jahrhundert war die von 1781/82 die größte, sie wütete vor allem in Italien, England und Amerika. Die schlimmste Pandemie des 19. Jahrhunderts erreichte Europa Ende 1889 aus östlicher Richtung und wurde daher »Russische Grippe« genannt. Zwar verlief diese Grippe nicht allzu oft tödlich, doch die enorm hohen Ansteckungsraten führten zu hohen Opferzahlen insgesamt: In Europa starben mindestens eine Viertelmillion Menschen daran. In der allgemeinen Wahrnehmung rangierte die

Grippe jedoch hinter der Cholera, obwohl diese insgesamt viel weniger Todesopfer forderte. Unter den vielen Toten der Grippe aber waren normalerweise ganz überwiegend Ältere, deren geringere Widerstandskraft man gewissermaßen in Rechnung stellte. Weil gemessen an der Zahl der Infizierten die Zahl der Toten gering und die Influenza dem grippalen Infekt verwandt schien, wurde sie schon damals häufig unterschätzt. Die schnoddrigen Berliner verbuchten sie als »Faulenzia«. Als jedoch die nächste Grippewelle über die Welt hereinbrach, waren nicht nur die Todeszahlen ungleich höher, die Spanische Grippe befiel außerdem ganz überwiegend junge, kräftige Menschen, die eigentlich über die nötigen Immunabwehrkräfte verfügten, um der Krankheit beizukommen.

Woher stammt die schlimmste Influenza-Pandemie?

Die Bezeichnung »Spanische Grippe« verwirrt bis heute, denn die Pandemie hatte ihren Ursprung keineswegs in Spanien. Von dort aber erreichten die ersten Meldungen die europäische Öffentlichkeit, da im Unterschied zu den kriegsbeteiligten Staaten Spanien die Berichterstattung nicht unter Zensur gestellt hatte. Nach einem verbreiteten Erklärungsmodell über die Herkunft der Pandemie kam das Virus aus den Vereinigten Staaten. Danach entstand die Influenza möglicherweise durch Zoonose auf einer Geflügelfarm im US-Staat Kansas, nicht weit entfernt von Camp Funston, einem Ausbildungsstützpunkt der U. S. Army, wo am 4. März 1918 der Ausbruch der Influenza gemeldet wurde. Sie verbreitete sich sehr rasch zunächst unter den Soldaten, dann in der Zivilbevölkerung. Allerdings waren bereits im vorangegangenen Winter in New York Influenza-Fälle mit vergleichbarem Verlauf aufgetreten, das Virus könnte in Nordamerika also schon länger in Umlauf gewesen sein – nach Vermutung einiger Forscher bereits seit 1915.

Dass die Influenza-Saison 1915/16 quer durch die USA besonders heftig verlaufen war, stützt diese These vom frühen Ursprung der Pandemie.

Sie ist zwar durchaus wahrscheinlich, aber nicht bewiesen. Einer zweiten Theorie über den Ursprung der »Spanischen Grippe« zufolge entstand das Virus in Europa. Denn dort, im mit rund 20 000 Betten wohl größten damaligen Lazarettkomplex im nordfranzösischen Étaples an der Kanalküste, traten im Winter 1916/17 Influenza-Fälle auf. Den Ärzten in Étaples und kurz darauf im südenglischen Aldershot, dem größten Armeestützpunkt in England, fiel auf, dass insbesondere kerngesunde kräftige Männer erkrankten und viele von ihnen starben.

Eine dritte These schließlich vermutet eine chinesische Herkunft des Virus. In China wurden schon vor 1918 Fälle von Krankheiten mit Lungenkomplikationen beobachtet, aber fälschlich als Lungenpest diagnostiziert. Das entsprach zwar den Symptomen, aber nicht der Tatsache, dass nur ein geringer Anteil der Erkrankten starb – bei der Lungenpest hätten es nahezu alle sein müssen. Falls es sich damals um eine neue Grippe gehandelt hat, deren epidemisches Potenzial nicht ausreichend ernst genommen wurde, könnte die kriegsbedingte Mobilität den Erreger in die westliche Welt getragen haben. Chinesische Arbeiter wurden damals zur zivilen Unterstützung der alliierten Truppen nach Europa geschickt und könnten das Virus mitgebracht haben.

Die drei Theorien sind alle so überzeugend, wie sie Schwächen aufweisen. Einen gravierenden Schwachpunkt haben sie gemeinsam: Der letzte, virologisch zu erbringende Beweis steht weiterhin aus. Die Diagnose bleibt also schwierig, wie es in einem epidemiologischen Fachartikel britischer und US-amerikanischer Forscher heißt: »Die Wahrscheinlichkeit, dass ein Epizentrum der Pandemie vor Ort sehr genau ausgemacht und dokumentiert wurde, ob in Kansas, Étaples, China oder anderswo, liegt nahe null. Andererseits ist die Aussicht, dass früh dokumentierte Fälle später als die ersten angeboten werden, offensichtlich sehr hoch: Das liegt in der Natur von Pandemien, die Schlagzeilen machen.« Wenn nämlich irgendwo in der Welt ein neues Virus entsteht und vom Tier auf den Menschen überspringt, geschieht das in aller Regel ohne die Aufmerksamkeit der Welt, die erst dann erwacht, wenn das Virus sein Potenzial entfaltet. Das tut es aber nicht notwendigerweise an seinem Ursprungsort. Zudem war damals die Aufmerksamkeit der Medizin in Sachen Influenza zwar höher als je zuvor, weil die Russische Grippe so verheerend gewesen war. Trotzdem sah man sie als viel weniger gefährlich an als Pest oder Cholera, mit denen man außerdem mehr Erfahrung hatte. Zudem waren die Möglichkeiten des Monitoring kleiner als heute, ein volles Jahrhundert später. Abgesehen von den Unklarheiten seiner Herkunft, ist aber nicht zu bestreiten, dass das Virus vom Ersten Weltkrieg profitierte, der eben jene beschleunigte globale Mobilität hervorbrachte, die dem Erreger die rasante Verbreitung über den Erdball ermöglichte. Weil auf dem europäischen Kriegsschauplatz Soldaten aller Kontinente kämpften, waren nach Europa Asien und Nordafrika an der Reihe, im Juli Australien. Wo auch immer das Virus also herstammte: Der europäische Kriegsschauplatz war das Superspreading-Event, das die Seuche in alle Welt katapultierte. Da sie ins Kriegsgeschehen eingriff, lautet eine immer wieder diskutierte Frage, ob die »Spanische Grippe« womöglich zum entscheidenden Faktor in der Schlussphase des Krieges wurde.

Verlauf in drei Wellen

Die Heimsuchung der Welt durch die Spanische Grippe erfolgte in drei Wellen. Die erste ab März 1918 traf die Armeen besonders stark, war aber vergleichsweise harmlos im Hinblick auf die Todesrate. Im Verlauf glich sie einer gewöhnlichen Influenza – mit dem Unterschied, dass es im Frühjahr begann, also am Ende der üblichen Grippesaison, und dass es vor allem 20- bis 40-Jährige traf. Am 15. April 1918 wurden in einem US-Camp nahe Bordeaux die ersten Influenza-Fälle gemeldet, britische Soldaten in Frankreich traf es erstmals Ende April. Im deutschen Heer der Westfront erreichten die Erkrankungen im ersten Julidrittel einen Höchststand, als rund 400 000 Soldaten wegen Influenza dienstunfähig gemeldet waren. Die verschiedenen Truppenteile waren allerdings höchst unterschiedlich betroffen, am stärksten das bayrische Heer unter dem Wittelsbacher Kronprinz Rupprecht, der selbst daran erkrankte. Zeitweise war jede zweite deutsche Division betroffen, manchmal mit Krankenständen von bis zu 80 Prozent. Kriegsteilnehmer Ernst Jünger beschrieb die Situation Anfang Juli in seinem Buch *In Stahlgewittern*:»Nachdem wir eine Woche in vorderster Linie gelegen hatten, mussten wir nochmals die Hauptwiderstandslinie besetzen, da unser Ablösungsbataillon durch die Spanische Grippe fast aufgelöst war. Auch von unseren Leuten meldeten sich täglich mehrere krank. Bei der Nachbarsdivision wütete diese Grippe so stark, daß ein feindlicher Flieger Zettel abwarf, auf denen stand, daß der Engländer die Ablösung übernähme, wenn die Truppe nicht bald zurückgezogen würde. Doch erfuhren wir, dass sich die Seuche auch auf der Gegenseite mehr und mehr ausbreitete; allerdings waren wir infolge der schlechten Ernährung anfälliger. Gerade die jungen Leute starben über Nacht hinweg.«

Ein anderer Soldat der Westfront, der Unteroffizier Dominik Richert, Landwirt aus dem Elsass, wurde im Unterschied zu Jünger Anfang Juli 1918 selbst krank und beschrieb die Influenza in seinen Erinnerungen ausführlicher:»Bereits seit einigen Tagen fühlten sich einige Soldaten unwohl, ohne daß man eigentlich wußte, was ihnen fehlte. Da lasen wir in den Zeitungen von einer neuartigen Krankheit, genannt die Spanische Grippe, weil sie in Spanien ihren Anfang genommen hatte. Nun wußten wir Bescheid. Immer mehr Soldaten erkrankten und schlurften wie halbtot herum. Obwohl sie sich krank meldeten, kam kaum einer ins Lazarett, denn es hieß, es gebe keine Leichtkranken und Leichtverwundeten mehr, nur noch Schwerverwundete und Tote. Da die unterernährten, von den Strapazen entkräfteten Körper der Krankheit keinen Widerstand entgegensetzen konnten, war in wenigen Tagen die Hälfte der Mannschaft erkrankt. Von einer Pflege war keine Rede.« Richert spürte die Influenza auf einer Dienstfahrt nach Metz zum ersten Mal:»Zwischen Rethel und Sedan fühlte ich die ersten Fieberwellen, bald glühend heiß, bald kalte Schauer. Die Grippe hatte mich nun ebenfalls erfaßt.« Den Unteroffizier hatte es zunächst nicht allzu schwer erwischt, jedenfalls absolvierte er seine Dienstfahrt wie vorgesehen und kehrte zurück zu seinem Bataillon im nordfranzösischen Bévillers nahe der belgischen Grenze.»Ich meldete mich sofort krank, da die Grippe nun stärker auftrat und ich ganz heiser wurde. Vor dem Hause, in dem der Arzt die Untersuchungen vornahm, standen so gegen 100 Mann, die sich fast alle wegen Grippe krank gemeldet hatten. Eine Untersuchung war es eigentlich nicht. Man wurde gefragt, wo es fehlte. Als ich geantwortet hatte, mußte mir der Sanitätsunteroffizier eine etwa pfenniggroße Pfefferminztablette geben, wobei der Arzt sagte: ›Kochen Sie sich Tee! Der nächste!‹ Also konnte ich gehen. Kochen Sie sich Tee! Das ist ungefähr dasselbe wie: Stirb oder verreck! Ich wurde innerlich so wütend, daß ich mir fast nicht zu helfen wußte. Kochen Sie sich Tee! Ich hatte ja nicht einmal ein Stückchen Zucker, gar nichts!« Dabei entsprach das Verhalten des Arztes ganz den Vorgaben, die der Sanitätsdienst erhalten hatte; viele Soldaten machten die gleiche Erfahrung. Nur im äußersten Fall nämlich sollten Grippekranke ins Lazarett überwiesen werden. Dahinter stand die Prämisse, die Truppenstärke in der Entscheidungsphase des Krieges aufrechtzuerhalten, sowie die verbreitete Auffassung der Führungsoffiziere und Generäle, die Soldaten wollten sich vor allem drücken. Trotzdem schwoll im Juli der Krankenstand im Heer auf nahezu das

Doppelte an, und die 400 000 Grippekranken bildeten mit annähernd 60 Prozent die größte Gruppe. Zwar wurde nur etwa jeder siebte grippekranke Soldat ins Lazarett eingewiesen, dramatisch war die Lage trotzdem, wie sich Oberstabsarzt Friedrich Zöllner später erinnerte: »Fabrikgebäude mußten über Nacht eingerichtet und Pferdezelte aufgebaut werden, um die Hunderte und Aberhunderte aufzunehmen, die von der Seuche erfaßt zurückströmten. Es war eine Zeit ernster Sorgen.«

Dominik Richert hatte zunächst Glück, denn die französische Familie, bei der er einquartiert war, pflegte ihn. Dann aber wurde seine Einheit verlegt, und er landete, noch immer krank, in einem derart schäbigen Krankenlager, dass er sich lieber vorzeitig gesund meldete. Bei seiner Kompanie kurierte er dann die Grippe aus, bevor der überzeugte Kriegsgegner bald darauf, nach vier Jahren Soldat, mit Kameraden zu den Franzosen überlief.

Unter dem Decknamen »Marneschutz-Reims« lief damals die letzte Offensive der Deutschen. Sie hatte am 10. Juli beginnen sollen, startete dann aber, mit 52 Divisionen, fünf Tage später. Das lag an logistischen Problemen, die das deutsche Heer seit Längerem hatte und die nur zum kleineren Teil eine Folge der Spanischen Grippe waren. Zwar schob die Heeresführung Ende September, als der Reichstag unter dem Eindruck der gescheiterten Offensiven die Lage debattierte, die Grippe als Faktor in den Vordergrund, doch das sollte von eigenen Versäumnissen ablenken. Taktische Fehler und Mängel in der Planung der Offensiven waren es, die zum Scheitern führten. Insgesamt wirkte die Grippe als nachrangiger Faktor auf das Kriegsgeschehen ein, schon weil alle Kriegsparteien betroffen waren, wenn auch zu unterschiedlichen Zeitpunkten. Dem deutschen Heer verschaffte die Grippewelle beim Gegner zu Beginn der Offensiven einen leichten Vorteil, was sich später jedoch umkehrte, als die deutschen Soldaten in großer Zahl erkrankten, während die andere Seite das Schlimmste hinter sich hatte. Laut Kriegssanitätsbericht erkrankten in der ersten

Grippewelle im Juli und August insgesamt rund 700 000 deutsche Soldaten. Das entspricht ungefähr 10,6 Prozent des Bestands, wobei aber die Westfront weit überdurchschnittlich betroffen war. Der tatsächliche Krankenstand dürfte noch einmal erheblich höher gelegen haben.

Ob es nun die aus ihren Ausbildungslagern in den USA eintreffenden amerikanischen Soldaten waren, die ihre verbündeten französischen und britischen Kameraden infizierten, oder ob das Virus auf anderem Weg auf den europäischen Kriegsschauplatz kam: Ins deutsche Heer konnte das Virus am leichtesten über Kriegsgefangene eindringen. Die deutschen Soldaten, Heimaturlauber wie Verwundete, die in die Heimat zurückverlegt wurden, steckten schließlich die Zivilbevölkerung an. Im Unterschied zur letzten schweren Influenza-Pandemie 1889/90, die aus Osten gekommen war, erreichte der Erreger Deutschland diesmal also aus Richtung Westen. Das geschah ab Anfang Mai, wovon die deutsche Öffentlichkeit zunächst allerdings nichts erfuhr. Seit Kriegsbeginn bestand Zensur, und für Epidemien oder Pandemien galt wie für alles Gesundheitliche: »Medizinische Abhandlungen, welche die Bevölkerung beunruhigen und im feindlichen Ausland zu unserem Nachteil ausgebeutet werde können, dürfen nicht veröffentlicht werden.«

Die Zensurvorschriften nahmen aber Nachrichten aus Ländern aus, die am Krieg nicht beteiligt waren, und so druckten die deutschen Zeitungen landauf, landab in meist gleichem Wortlaut Ende Mai eine Meldung der Agentur Reuters über Spanien. In der Berliner *Vossischen Zeitung* beispielsweise konnte man auf Seite vier der Abendausgabe des 28. Mai unter der Überschrift »Rätselhafte Epidemie in Spanien« neben einer Karte des Frontverlaufs bei Soissons und über den Gewinnzahlen der »Preußisch-Süddeutschen Klassenlotterie« abgedruckt lesen: »Der König, der Ministerpräsident und die anderen Minister sind unter rätselhaften Erscheinungen an einer Krankheit erkrankt, die sich über ganz Spanien verbreitet und die dreißig Prozent der Bevölkerung befallen hat. Die Krankheit wird nicht als ernst angesehen. Viele Theater bleiben geschlossen, da das Personal an der unerklärlichen Krankheit leidet. Der Dienst auf den elektrischen Bahnen ist gestört, da die meisten Beamten angesteckt sind. Die Ärzte raten an, ernste Vorsichtsmaßnahmen zu ergreifen, da im Jahre 1889 die Pest auf dieselbe Weise begann wie diese Krankheit. Die Blätter verwenden einen großen Teil ihres Raumes, um Einzelheiten über die Krankheit zu geben. Der Bevölkerung wird angeraten, alle Zimmer gut zu lüften und oft in die frische Luft zu gehen. Die öffentlichen Vergnügungen werden so gut wie nicht besucht. Man vermutet, daß der König angesteckt wurde, als er gestern in der Schloßkapelle dem Gottesdienst beiwohnte. Die spanische Botschaft in Berlin hat bisher keine Nachrichten über diese rätselhaften Massenerkrankungen erhalten.« Überall im Deutschen Reich platzierten die Zeitungen diese Meldung auf ihren hinteren Seiten.

Das plötzliche Auftreten der Krankheit und die gesteuerte Nachrichtenlage ließen Mutmaßungen ins Kraut schießen, woher die Krankheit eigentlich komme und was für eine es wirklich sei. Dass die Pest genannt wurde, provozierte Gerüchte und Ängste, in der so tödlichen zweiten Welle genährt von den (zutreffenden) Details über blaue oder schwärzliche Verfärbungen der Schwerkranken und Toten – war die Pest nicht deshalb als »Schwarzer Tod« bezeichnet worden? Handelte es sich etwa um die gefürchtete Lungenpest, die praktisch jeden tötete? General Ludendorff wertete das noch Ende September 1918, angesichts der drohenden Niederlage, gar als willkommene Nachricht. »Ich habe mich an diese Nachricht geklammert wie ein Ertrinkender an einen Strohhalm«, soll Ludendorff enttäuscht gesagt haben, als aus der Lungenpest eine vermeintlich harmlose Grippe geworden war.

Kriegsbedingt machten die Gegner Deutschlands das Kaiserreich für die Krankheit verantwortlich: Wer erstmals in einem Krieg im großen Umfang Giftgas als Kriegswaffe einsetzte, mochte in eigenen Laboren ebenso eine Biowaffe entwickelt haben. Überall diskutiert wurde daher die Möglichkeit, die Pandemie könne mit dem deutschen Giftgas-Einsatz zu tun haben. Die USA vermuteten außerdem manipuliertes deutsches Aspirin, die Franzosen verdächtigten deutsche U-Boote, den Erreger verteilt zu haben. Die deutsche Einschätzung ging meist dahin, die allgemein schlechte Versorgungslage dafür verantwortlich zu machen, dass so viele Opfer zu beklagen waren. Dass sich diese Einordnung in vielen zeitgenössischen Berichten findet, ist nur verständlich angesichts der enorm gesunkenen Zuteilungen und geschwächten Allgemeinverfassung der Zivilbevölkerung. Diese Vermutung hält sich hartnäckig bis heute, ist aber unzutreffend. Denn ansonsten wären nicht, wie es der Fall war, ganz überwiegend kräftige junge Menschen unter den Opfern gewesen. Es lassen sich auch keine aussagekräftigen Unterschiede zwischen unterversorgten Städtern und besser genährten Landbewohnern ausmachen, was schwere Verläufe und Todesfälle betrifft. Heute vermutet man, dass aus der Altersgruppe zwischen 20 und 40 Jahren die meisten Todesopfer stammten, habe eben an deren Widerstandskraft gelegen: Danach war es eine überschießende Immunantwort des Körpers auf die Infektion, die den Kranken letztlich überforderte und sterben ließ.

Wohl um entsprechenden Gerüchten schnell entgegenzutreten, kam die *Vossische Zeitung* vier Tage später in ihrer Samstagabendausgabe unter der Überschrift »Die Erkrankungen in Spanien. Eine gewöhnliche Grippe« beruhigend auf das Thema zurück:»Von der Berliner spanischen Botschaft wird uns auf unsere Anfrage über die rätselhafte Epidemie in Spanien, über die inzwischen aus Madrid ein ausführlicher telegraphischer Bericht eingetroffen ist, folgendes mitgeteilt: Die Krankheitserscheinungen haben *keinerlei ernste Bedeutung*. Es handelt sich um eine gewöhnliche Grippe, die sich durch ein schnell auftretendes hohes Fieber kennzeichnet und im Verlauf von drei bis vier Tagen ohne irgendwelche weiteren Folgen vorübergeht. Die Ärzte senden niemanden deswegen in das Krankenhaus; auch die Soldaten, die erkrankt waren, sind in den Kasernen geblieben. Die Ärzte sind der Ansicht, daß innerhalb weniger Tage die Epidemie völlig erloschen sein wird. Die anfänglichen Befürchtungen haben jetzt bereits einer sorglosen Laune Platz gemacht, mit der man sich über die Unbequemlichkeiten der durch ihre leichte Übertragbarkeit lästigen, aber sonst ganz harmlosen Krankheit hinwegzusetzen beginnt.« Wieder erschienen gleichlautende Meldungen in den anderen deutschen Blättern. Man kann vermuten, dass die Beruhigungspille wirkte, denn im Unterschied zur Pest, von der man damals besser als heute wusste, dass sie keineswegs ausgerottet war, handelte es sich bei der Influenza um keine »skandalisierte Krankheit«, wie es der Medizinhistoriker Alfons Labisch nannte. Ganz wie heute wurde die Grippe als eine eher lästige denn gefährliche Krankheit angesehen, die regelmäßig kam, aber allenfalls Alte und Schwache tötete. Dramatischer war da der Kriegsverlauf des Jahres 1918, die noch verbreitete Hoffnung auf ein siegreiches Ende durch die deutschen Offensiven und die schwierigen Bedingungen, unter denen die Bevölkerung nach vier Jahren Krieg litt.

Die deutschen Zeitungen schrieben fortan von der »spanischen Krankheit«, berichteten aber ebenso, von den amerikanischen Soldaten in Europa und in den heimatlichen Ausbildungscamps stürben mehr an Influenza und Lungenentzündung als bei Kriegshandlungen. Die Maßgabe, nicht für Beunruhigung unter der Zivilbevölkerung zu sorgen, bedeutete im Umkehrschluss, dass Meldungen über die Schwächung des Gegners durch die Grippe dem Propagandazweck zugutekamen. Von Erkrankungen unter den eigenen Soldaten war trotz steigender Krankenzahlen in der deutschen Presse keine Rede, ob an der Front oder zu Hause, um Unruhe in der Bevölkerung zu vermeiden. Informationen dazu lieferten Heeresstatistik, medizinische Untersuchungen und Berichte erst nach Kriegsende.

Die Influenza breitet sich aus

Doch in den Militärlazaretten häuften sich die Influenzafälle, und über die Lazarette in Deutschland hatte der Erreger leichtes Spiel und griff im Handumdrehen auf die Zivilbevölkerung über. Bereits Anfang Mai war Düsseldorf erreicht, im nahen Ruhrgebiet wütete die Seuche in der Folge besonders stark. Im Juni waren Frankfurt/Main, Gießen und Halle infiziert sowie Nürnberg, wie der *Berliner Lokalanzeiger* am 28. Juni berichtete. Dort bereiteten seit Ende Juni die hohen Krankenstände infolge der Grippe den Fabriken, Ämtern und Betrieben große Schwierigkeiten. Erschreckend klangen manche Berichte, nach denen überall im Land Menschen auf offener Straße urplötzlich von der Krankheit übermannt wurden und die Krankenstände in immer mehr Betrieben schlagartig in die Höhe schossen. Die Presse beruhigte, auf Betreiben der Behörden wurde die Krankheit als zwar heftig, aber kurz und harmlos dargestellt. Den Vorgaben des Reichsgesundheitsrats folgend, betonten die Zeitungen im Sommer immer wieder, es handele sich gesichert um eine harmlose Grippe, gegen die man präventiv allerdings nicht viel machen könne. Die Welle werde schnell vorübergehen, einstweilen sei Betroffenen anzuraten, sich zu schonen, Bettruhe zu halten und einen Arzt aufzusuchen. Der *Fränkische Kurier* betonte, in fetten Lettern eigens hervorgehoben, es handele sich um keine neue, unbekannte Krankheit, sondern um »eine explosionsartig auftretende Influenza, die meist sehr rasch vorübergeht«. Die Bezeichnung »Blitzkatharr« machte die Runde. Und tatsächlich hatte beispielsweise in Nürnberg die erste Welle schon Ende Juli ihren Höhepunkt überschritten.

Den Rat zum Arztbesuch zu befolgen war kein leichtes Unterfangen. Die steigenden Krankenzahlen überforderten das kriegsbedingt ausgedünnte Gesundheitswesen rasch, zumal in den meisten Krankenhäusern ein Teil der Betten für verwundete Soldaten reserviert war. Vor allem aber fehlten Pflegekräfte und insbesondere Ärzte, die eingezogen waren – Ärztinnen gab es nur ausnahmsweise. Die besonders starke Infektiosität des Erregers führte außerdem vermehrt zu Ansteckungen unter dem medizinischen Personal, was die Lage in den Krankenhäusern weiter verschärfte. Trotz der rapide hochgeschnellten Infektionszahlen hielten sich die Opferzahlen aber in Grenzen. Der immens hohe Krankheitsstand bereite jedoch den Städten aufgrund des unter den Bedingungen der Kriegswirtschaft großen Arbeitskräftemangels erhebliche organisatorische Probleme.

Nachdem die Angst vor einer Pest zerstreut worden war, herrschte in der allgemeinen Wahrnehmung offenbar wenig Beunruhigung. In Heidelberg schrieb der Historiker Karl Hampe am 5. Juli in seinem *Kriegstagebuch* zum ersten Mal überhaupt von der »spanischen Krankheit«, die in der Stadt bereits weitverbreitet sei. »Die biedere alte Grippe ist durch Aufenthalt im Ausland wieder interessanter geworden. Von erheblicher Bedeutung ist die Seuche nicht.« Hampe und seine Frau waren nicht die Einzigen, die in diesem Sommer vor allem damit befasst waren, durch Beeren- und Pilzesammeln auf Waldausflügen die familiäre Ernährungslage aufzubessern und andere kriegsbedingte Versorgungsengpässe auszugleichen. Ohnehin war die Sorge um kämpfende Angehörige drängender als die Angst vor Ansteckung. Die Grippe war eher eine Randerscheinung, und es war ja auch nur eine Influenza. Hampe verfolgte zwar die militärischen und politischen Entwicklungen aufmerksam und führte ein ausführliches Tagebuch, hatte aber einstweilen kein weiteres Wort übrig für die Grippewelle.

Mitte Juni wurde Berlin erfasst, und man verzeichnete einen Mangel an Fahrern der öffentlichen Transportmittel. Ähnliches berichtete aus München der Historiker Karl Alexander von Müller in seinen Memoiren: »Ein paar hundert Pflegerinnen fielen jeden Tag allein in den Münchner Lazaretten aus und sollten ersetzt werden, der Straßenbahnverkehr wurde eingeschränkt, in den großen Industriebetrieben waren bis zu einem Drittel der Belegschaften ausgeschaltet: war es der erste der apokalyptischen Reiter – wer wußte, ob nicht die andern im fahlen Abendrot schon ihre Rosse aufzäumten?« Von Müller erkrankte bald selbst, erholte sich aber rasch wieder, wie der weitaus größte Teil der Grippekranken der ersten Welle.

Etwas später als Berlin, Nürnberg und München meldete Leipzig am 5. Juli erste, ungewöhnlich massive Arbeitsausfälle durch Influenza in den Betrieben. Das Gesundheitsamt versicherte die Bevölkerung von der Harmlosigkeit der Influenza, nannte Schutzmaßnahmen aussichtslos und empfahl, einen Arzt aufzusuchen und ansonsten strenge Bettruhe zu halten. Nach zwei bis drei Tagen trete die Genesung ein. Zwei Wochen später waren fast 4800 vorwiegend jüngere Leipziger krank, und Todesfälle nach Lungenentzündungen traten plötzlich gehäuft auf. Leipziger wie andere Zeitungen druckten Ratschläge ab:

1. *Man hüte sich vor Erkältungen, kleide sich warm, schütze sich vor Durchnässen, auch der Füße.*

2. *Man treibe sorgfältige Körperpflege; spüle fleißig den Mund, wenigstens früh und abends, mit reinem Wasser, dem man ein Körnchen übermangansaures Kali zusetzt; man wasche sich vor jedem Essen die Hände.*

3. *Man vermeide Krankenbesuche, lasse sich von niemand ins Gesicht sprechen, sich nicht anhusten oder anniesen. Besondere Vorsicht ist in dieser Beziehung in den Straßenbahnen, im Gedränge, bei Versammlungen, z. B. im Theater usw., geboten.*

4. *Bei den ersten Anzeichen der Krankheit (...) lege man sich sofort ins Bett und mache, unterstützt durch reichliches Trinken heißen Flieder-, Brust- oder Lindenblütentees, eine Schwitzkur. Vor allem muß man die Arbeit unterbrechen und sie nicht vor völligem Wohlbefinden wieder aufnehmen; eher darf man auch das Bett nicht verlassen. Die Kranken sind von den übrigen Familienangehörigen möglichst abgesondert zu halten. Ihr Eß- und Trinkgeschirr ist stets sorgfältig zu reinigen und darf von anderen Personen nicht benutzt werden.*

Die zweite Welle – das Virus mutiert

Egal, wie sehr die Menschen die Influenza beschäftigte, die Aufmerksamkeitsspanne war kurz, denn die Welle flachte so plötzlich ab, wie sie gekommen war. Überall in Europa legte man die Grippe schon deshalb vorschnell zu den Akten und wandte die Aufmerksamkeit den militärischen Entwicklungen der Endphase des Krieges sowie dem erheblichen Alltagsaufwand zu, den die Kriegsbedingungen den Zivilisten aufbürdeten. So viel hatte das Jahr 1918 bis zum Sommer bereits den europäischen Zivilgesellschaften an Aufmerksamkeit und Langmut abverlangt, dass man über die Grippewelle schnell hinwegging. Sehr bald aber kam die Influenza mit viel größerer Wucht zurück. In der zweiten Welle von Mitte August bis November 1918 entfaltete sie ihre tödlichste Wirkung, denn das Virus war inzwischen mutiert, war ansteckender und führte viel häufiger zu schweren Verläufen mit häufig tödlichem Ausgang.

Im August traten, weit voneinander entfernt auf drei Kontinenten, in weniger als zwei Wochen in drei wichtigen Seehäfen Fälle der Influenza auf: Zuerst am 15. August in Freetown im heutigen Sierra Leone, eine Woche später im französischen Brest und kurz darauf in Boston an der US-Ostküste. Von den Hafenstädten aus verbreitete sich die Grippe in kürzester Zeit ins Landesinnere und auf Handels- und Reiserouten in benachbarte Länder. Mit der zweiten Welle aber setzte das große Sterben ein. Das mutierte Virus löste nun in einer viel größeren Zahl Lungenkomplikationen aus, die in rund einem Drittel der Fälle tödlich endeten. Pathologen weltweit erschraken, wenn sie die Verstorbenen obduzierten, deren Lungen voller Blut und Schleim waren – die Kranken waren qualvoll erstickt.

In Deutschland dauerte es noch etwas. Das deutsche Heer an der Westfront traf es bereits im September erneut, und mit Zeitverzögerung ab Mitte September schließlich Deutschland selbst.

Am 26. September schrieb die *Tägliche Rundschau*, Berlin verzeichne wieder steigende Grippezahlen. Zu dieser Zeit besuchte Karl Hampe die Reichshauptstadt und schrieb in seinem Tagebuch ausführlich über Theaterbesuche und allerlei kriegsalltägliche Unannehmlichkeiten, verlor aber kein Wort über die Influenza. Dabei waren die Zustände infolge der zweiten Welle durchaus schnell sehr dramatisch. Selbst schwer erkrankt, schrieb am 3. Oktober in einem Lazarett in Kaiserslautern Vizefeldwebel Hans Scheidter in sein Tagebuch: »Die Grippewelle greift weiter um sich. (...) Die Krankheitsfälle steigern sich von Tag zu Tag, immer mehr Todesfälle treten ein, immer größere Landesteile werden von der heimtückischen Lungenkrankheit befallen. Schon trägt sie epidemischen Charakter, massenweise sterben die Menschen dahin, manche sogar schon nach wenigen Stunden. In den Leichenhallen der Friedhöfe stauen sich die Särge. Beerdigung folgt auf Beerdigung. Trauer und Schmerz liegt über der Bevölkerung.« Auch den Vizefeldwebel gaben die Ärzte schon auf, bis nach drei Wochen das Fieber doch noch zurückging und er genas.

Obwohl die Mehrzahl der Grippekranken das Bett zu Hause hütete, verbuchten die Krankenhäuser Höchststände an Gesamtbelegung und Neuzugängen. Weil viele durch eine Erkrankung in der ersten Welle noch immun waren, lagen die Krankenzahlen an sich zwar niedriger – aber die Zahl der schweren Verläufe und vor allem der Toten explodierte. Ärzte und medizinisches Personal gaben ihr Bestes, wie sie das in Krisenzeiten immer tun, doch die Krankenhäuser waren mit schweren Fällen sehr bald überlastet und die Optionen ohnehin beschränkt. Immer mehr Patienten mussten in Korridoren und Untersuchungszimmern untergebracht werden, selbst die Betten reichten mancherorts nicht mehr aus. Viele Krankenhäuser mussten Grippefälle ablehnen, entschieden wurde etwa nach der Höhe des Fiebers wie im Berliner Westend-Klinikum, das Kranke erst ab 41 Grad stationär aufnahm. Wie die Krankheit zu behandeln war, blieb umstritten. Die Ärzte versuchten alle möglichen Therapien und sahen sich immer wieder mit ihrer eigenen Machtlosigkeit konfrontiert. Gegen die nun gehäuft auftretenden Fälle von Lungenentzündung war nicht viel auszurichten, weder standen Antibiotika gegen die bakterielle Pneumonie noch Beatmungsgeräte zur Verfügung.

Ob in den kriegführenden Armeen oder der Heimatbevölkerung – das medizinische Personal war mit der Pandemie ebenso überfordert wie die Behörden. Für die Maßnahmen zum Grippeschutz waren deutschlandweit Städte und Kommunen zuständig, doch auf Seiten der Behörden war das regional übereinstimmende Merkmal im Umgang mit der Pandemie zumeist Passivität. Präventivmaßnahmen konnten in der Kürze der Zeit ohnehin kaum ergriffen werden, und die Behörden beschränkten sich mehr oder weniger auf den Ratschlag, sich nicht gegenseitig anzuhusten, Menschenansammlungen zu meiden und häufig die Hände zu wa-

Schutzmaßnahmen in Seattle: Ohne Maske gibt es keinen Zutritt zu öffentlichen Verkehrsmitteln.

schen. Weder fürs Heer noch für die Zivilbevölkerung wurden Atemschutzmasken verordnet. Sie waren selten ein Thema und noch seltener zu sehen – die neuerdings wieder gezeigten Fotos stammen in der Regel aus den USA oder dem US-Heer.

Die Stadt Berlin überließ die Regelung von Schulschließungen den Bezirken, die die Maßnahme nur sehr zögernd ergriffen. Erst nach und nach wurden aus wenigen geschlossenen Schulen Dutzende, schließlich Hunderte. Die Straßenbahnen der Reichshauptstadt verbuchten Mitte Oktober 15 Prozent grippebedingte Ausfälle in der Belegschaft, auf manchen Ämtern der Stadt waren es gar 30 Prozent. Die Briefzustellung kam ins Stocken, weil immer mehr Boten krank waren; Telegramme wurden nur noch per Briefpost zugestellt.

Die lokale Zuständigkeit führte zu größeren Unterschieden und entsprechendem Ärger, beispielsweise in der Frage von Schulschließungen oder was das Verbot von Veranstaltungen betraf. So zögerte Leipzig lange damit, Grippeferien zu verhängen, während Dresden beim Einsetzen der zweiten Welle sogleich reagiert hatte. Und während die sächsische Hauptstadt Veranstaltungen verbot, wurde die Leipziger Herbstmesse unverdrossen durchgeführt. Für Berlin forderte die *Tägliche Rundschau* am 21. Oktober den Shutdown wie in manch anderer Stadt, vor allem die noch offenen Schulen wurden als skandalös empfunden. Doch in den Behörden bestanden Bedenken, da die Schulspeisung für viele kriegsbedingt unterversorgte Kinder die einzige warme Mahlzeit am Tag war. Nürnberg meldete Mitte Oktober binnen fünf Tagen fast 3000 Erkrankungen. 51 Schulklassen waren bereits nach Hause geschickt worden, weil so viele Schüler krank waren, als am 18. Oktober entschieden wurde, alle städtischen Schulen für acht Tage ganz zu schließen, was anschließend verlängert wurde. Auf Proteste von Eltern wurden die Leipziger Schulen Ende Oktober geschlossen, obwohl der Stadtarzt vom Sinn der Maßnahme keineswegs überzeugt war. Sie diene eher »zur Beruhigung der aufgeregten Öffentlichkeit«. Auch der Besuch von Theaterauf- und Filmvorführungen wurde untersagt, was sich offenbar vor allem gegen die Schüler höherer Klassen richtete, die ihre neu gewonnene Freizeit zu nutzen wussten, sich nun aber mit strengen Strafen von bis zu zweiwöchigem Arrest bedroht sahen. Andernorts wurden Kurkonzerte abgesagt, Tagungen verschoben, Ehrungen vertagt.

Ähnlich wie Berlin verfuhr zunächst Dortmund, was Schulen und Veranstaltungen anging: Veranstaltungen blieben erlaubt, aber den Bürgern wurde empfohlen, sie nicht zu besuchen. Eine generelle Schließung der Schulen verfügten die Behörden nicht, erst wenn mehr als ein Drittel der Schüler krank waren, wurden die betroffenen Schulen für etwa zwei Wochen geschlossen. Ab dem 21. Oktober wurden schließlich doch alle Schulen geschlossen und erst am 16. November wieder geöffnet. Viele Kommunen entschieden, die Herbstferien zu verlängern, doch das Vorgehen blieb uneinheitlich.

Karikatur zum Versammlungsverbot

Weil die Schulfrage im Mittelpunkt der allgemeinen Debatte stand, beschränkte sich ein Großteil der (im Vergleich zu heute ohnehin sehr spärlichen) Berichterstattung der Zeitungen darauf, den aktuellen Stand der Schulschließungen zu referieren. Daneben wurden allgemeine Krankenstände vermeldet sowie die Einschränkungen im Nah- und Fernverkehr. Letztere hatten ihren Grund allerdings nicht ausschließlich in der Pandemie, sondern ebenso in den Bedingungen des nunmehr fünften Kriegsjahres. Es war daher keine völlig neue, wohl aber zusätzlich verschärfte Lage. Ohnehin war das öffentliche Leben durch die Auswirkungen des Krieges so sehr beeinträchtigt, dass die nichtmedizinischen Folgen der Grippewelle sich weniger dramatisch darstellten, als das in Friedenszeiten der Fall gewesen wäre. Von Hamsterkäufen etwa ist an keiner Stelle die Rede, weil die Versorgungslage sowieso schon längst prekär war.

Nach Heidelberg zurückgekehrt, kam Karl Hampe in seinem Tagebuch im Oktober mit einigem Erschrecken schließlich doch noch auf die Pandemie zurück:»Die Grippe führt hier jetzt zu schweren Verwicklungen; in der letzten Woche gab es sechzig Todesfälle!« In seinem *Kriegstagebuch* bildete die Grippe jetzt für kurze Zeit eine Art Hintergrundrauschen der allgemeinen Auflösungserscheinungen an Kriegs- und Heimatfront. Doch schon der nächste Satz offenbart, wo die Hauptsorge des Historikers weiterhin lag:»Die politischen Sorgen lassen mich nicht recht schlafen; sobald man einen Augenblick wacht, fällt es wie eine schwere Last auf einen.«

Zuoberst auf der Tagesordnung stand für die meisten Zeitgenossen nicht die Grippe, denn als die zweite Welle durch Deutschland schwappte, ging nicht nur der Krieg zu Ende, sondern die alte Ordnung wankte, und eine Zeitenwende zeichnete sich ab.

Als aber ab Mitte Oktober die enormen Ansteckungszahlen dazu führten, dass immer mehr Menschen entweder selbst betroffen waren oder im eigenen Umfeld das Wüten der Grippe miterlebten, verdrängte die Influenza für kurze Zeit das Kriegsgeschehen von Platz eins der allgemeinen Aufmerksamkeit. So vermerkte Karl Hampe am 20. Oktober in seinem Tagebuch:»Die städtische Bevölkerung steht gegenwärtig noch mehr unter dem Eindruck der bösartigen Grippe als unter dem der großen Niederlagen. Der Dienstboten- und Pflegemangel erhöhen die Not. Frau Runke mit ihren drei Kindern ist ganz ohne Hülfe, sie selbst mit angehender Lungenentzündung, zwei Kinder an Grippe erkrankt. Dabei scheuen sich die meisten Menschen, in solche Grippewohnungen zu gehen, als seien es Pesthöhlen. Lotte hat ihnen das Essen gekocht. So mag es manchen gehen.« Dortmund erlebte den Höhepunkt der zweiten Grippewelle ab dem 20. Oktober, und die städtische Medizinalstatistik verzeichnete, dass zwei Drittel der Toten in der folgenden Woche an der Influenza bzw. an Lungenentzündung starben. In München erkrankte Karl Alexander von Müller zum zweiten Mal an der Spanischen Grippe, erneut mit mildem Verlauf:»(...) jedoch nach den ersten Tagen hohen Fiebers blieb zunächst eine anhaltende Schwäche und vor allem eine Art Lähmung der Stimmbänder, die mir jedes laute Sprechen unmöglich machte.« Im ostpreußischen Königsberg notierte Schiffbaumeister Gustav Fechter am 29. Oktober:»Die spanische Grippe fordert so viele Opfer, daß die Leichen tagelang wegen mangelnder Särge nicht bestattet werden können. Und die Sonne scheint so klar über all dem Elende, als herrsche in der Welt der schönste Frieden.«

Sehr rasch jedoch forderten die militärischen und politischen Entwicklungen erneut den größeren Teil der Aufmerksamkeit und verdrängten das große Sterben nach kurzer Zeit wieder vom Spitzenplatz des Interesses. Denn die Lage wurde so dramatisch, dass nicht nur schon von Berufs wegen aufmerksame Zeitgenossen wie die Historiker Hampe und von Müller es mit der Angst zu tun bekamen. Wie die Öffentlichkeit insgesamt hatten sie erleben müssen, dass die jahrelang von der deutschen Kriegspropaganda genährte Siegeshoffnung plötzlich von den Tatsachen Lügen gestraft wurde. Dass der Krieg mit einem Mal verloren war, wurde zur schrecklichen Gewissheit. Die beiden konservativen und kaisertreuen Männer konnten der Entwicklung nichts Gutes abgewinnen, wie von Müller, aufs Krankenlager gezwungen, beschreibt: »Derweil dröhnten von draußen, erst in meine Arbeits-, dann in meine Krankenstube, in nie abreißender, sich steigernder Folge, die grausamen Stundenschläge unseres politischen und militärischen Zusammenbruchs – war es nicht der Boden unseres ganzen Lebens, der unter uns ins Entschwinden geriet? Die deutsche Waffenstillstands- und Friedensbitte auf Grund der vierzehn Punkte Wilsons; das wochenlange, zermürbende Hin und Her der immer neuen feindlichen Machtforderungen und deutschen Zugeständnisse, während die Front im Westen Schritt um Schritt, in unerschütterter Tapferkeit zurückwich und die alte preußischdeutsche Monarchie Stück um Stück ihre Rechte ans Parlament abgab (…)« Die letzten Tage der Hohenzoller und Wittelsbacher Monarchien verfolgte der Historiker vom Krankenzimmer aus, gelegentlich von draußen den Aufruhr vernehmend. Seit Anfang Oktober 1918 hatte das Deutsche Reich eine neue Regierung erhalten, wurden Waffenstillstandsverhandlungen geführt und eilends demokratische Reformen eingeleitet sowie die Sozialdemokraten an der Regierung beteiligt. Dann meuterten Anfang November die Kieler Matrosen, was auf die Zivilbevölkerung übersprang und schließlich zu Revolution und Sturz der Monarchie am 9. November führte: Deutschland wurde Republik. Ähnlich wie von Müller erging es Franz Kafka in Prag, der mit der Influenza im Bett lag, während sich draußen große Geschichte vollzog: Krank wurde er Mitte Oktober, noch als Untertan des letzten Habsburgerkaisers Karl I., einigermaßen genesen fand er sich vier Wochen später als Bürger der soeben neu gegründeten Tschechoslowakei wieder. In Wien erlebte der Maler Egon Schiele die neuen Zeiten hingegen nicht mehr, er starb bereits am 31. Oktober 1918 an den Folgen der Spanischen Grippe.

Während die Geschichte sich beschleunigte, rangen Tausende Influenzakranke in Deutschland sprichwörtlich um Luft, ohne dass ihnen wirksame medizinische Hilfe zuteilwurde. Was war dramatischer in der Wahrnehmung der Zeitgenossen? Die explodierenden Krankheitsfälle mit plötzlich sehr hohen Todeszahlen, mit denen jeder Einzelne im privaten Umfeld auf die eine oder andere Weise zu tun hatte? Oder die Tatsache, dass der Krieg auf sein Ende zulief, die Kronen der beiden Kaiser Österreichs und Deutschlands sowie der deutschen Fürsten purzelten und allerorten Arbeiter- und Soldatenräte gegründet wurden? Das Sterben war seit vier Jahren Alltag, doch der Untergang der Monarchie, Systemwende und Revolution kamen plötzlich und unerwartet.

Das Pandemiegeschehen blieb keineswegs auf die Städte beschränkt, doch ist die insgesamt für Deutschland ohnehin sehr magere Quellenlage für den ländlichen Raum noch schwächer. Im dünn besiedelten Mecklenburg-Schwerin traf die Grippe in beiden Wellen vergleichsweise früh ein, vermutlich wegen mehrerer Garnisonen und Kriegsgefangenenlager, der Ostseehäfen und der Fernbahn durchs Land nach Berlin. Im Herbst verhängte Schwerin beim Stadtwerk eine Gassperre – aufgrund von Personalmangel. Den beklagte auch die Rostocker Feuerwehr, die die Lücke aber mit Mitgliedern des Männerturnvereins auffüllen konnte. Güstrow befürchtete Probleme für die anstehende Kartoffelernte. Die *Lübtheener Nachrichten* konnten, wie manche andere Zeitung, aus Personalnot für eine Weile nicht erscheinen; wieder anderen fehlten die Austräger. Der sehr viel kleinere Nachbarstaat Mecklenburg-Strelitz hingegen, auf den das in geringerem Maße zutraf, wurde erst einen Monat später heimgesucht, erstmals am 20. Juni bei der ersten sowie Mitte Oktober bei der zweiten Welle.

Im Osthessischen verordnete der Fuldaer Bischof Ende Oktober seinem Bistum im täglichen Gottesdienst Gebete gegen die Seuche. Südlich von Fulda war das Dorf Heubach von der Spanischen Grippe schwer betroffen: Jeder dritte der 600 Einwohner wurde krank, 28 Dorfbewohner starben. In Heubach erwischte es außerdem zahlreiche französische und russische Kriegsgefangene, von denen der zuständige Arzt die schweren Fälle ins nächste Lazarett in Schlüchtern verlegen lassen wollte. Der dortige Landrat aber lehnte ab; die christliche Nächstenliebe hatte offenbar Grenzen, wenn es um feindliche Kriegsgefangene ging. Zu spät, wie der Arzt später beklagte, brachte man die schwer Erkrankten auf einem beschwerlichen dreistündigen Transport ins Fuldaer Krankenhaus, wo drei der Kriegsgefangenen starben. Insgesamt waren die Todesraten unter Kriegsgefangenen besonders hoch.

In Bayern schrieb am 5. November der *Münchner Generalanzeiger* vom »bösartigen Charakter«, den die Grippe nunmehr angenommen habe. Im bayrischen Fürstenfeldbruck lag der Krankheitsstand der Offiziersschule zeitweilig bei 75 Prozent. In Papenburg im Emsland kehrte Mitte November ein Soldat aus dem Krieg heim, gerade rechtzeitig zur Beerdigung der eigenen Familie. Seine Frau und zwei Kinder im Alter von neun Monaten und drei Jahren waren der Grippe zum Opfer gefallen, nur eine Tochter überlebte. Der Heimkehrer erfuhr davon erst bei seiner Ankunft. Dass Familien mehr als ein Opfer zu beklagen hatten, kam häufig vor und ist bei der hohen Infektiosität und häuslicher Pflege kaum verwunderlich. Besonders tragisch waren Fälle, in denen Überlebende des Krieges noch der Grippe zum Opfer fielen, wie in Sterberegistern von Dorfgemeinden mitunter eigens vermerkt wird.

Ab Anfang November gingen die Infektionszahlen allmählich wieder zurück. Während überall in Deutschland die Zeit des deutschen Kaiserreichs und der Monarchie zu Ende ging, der Kaiser im Salonwagen ins Exil rollte, der bayrische König abenteuerlich per Automobil aus München floh und der sächsische König in breitestem Dialekt dem Thron entsagte – während also die alte Ordnung unterging und um eine neue gerungen wurde, zog sich das Influenzavirus zurück. Eine dritte Welle im Frühjahr 1919 fiel schwach aus und erhielt kaum noch öffentliche Aufmerksamkeit.

Bilanz der Spanischen Grippe

In der Bilanz zeigt sich am Beispiel Nürnberg die Übersterblichkeit infolge der Spanischen Grippe: Sieben Prozent der Einwohner waren so schwer grippekrank, dass sie zum Arzt gingen. Über 1300 Menschen starben daran, in einer Stadt von 330 000 Einwohnern sind das 0,4 Prozent der Bevölkerung. Im Oktober lag die Zahl der Toten in Nürnberg fast viermal höher als in den meisten anderen Monaten des Jahres, wenn man die sonstigen Grippewochen außer Acht lässt. In Berlin starben allein im Oktober an Influenza und Lungenentzündungen knapp 200 Menschen pro 100 000 Einwohner, sechsmal mehr als üblicherweise in einem Oktober, mit dem Höhepunkt in der letzten Oktoberwoche. In Leipzig wiederum starben während der gesamten Pandemiezeit zwischen Juli 1918 und Anfang März 1919 bei 550 000 Einwohnern über 1400 Menschen an der Spanischen Grippe. Die Aussagekraft der Todesstatistiken ist jedoch begrenzt, wie nach dem Krieg der Epidemiologe, Sozialhygieniker und Medizinalrat im preußischen Sozialministerium Adolf Gottstein beklagte. Da die Grippe keine meldepflichtige Krankheit war, ist die Datenlage uneinheitlich und die Meldungen aus den deutschen Regionen lassen sich nicht zu einer aussagekräftigen Statistik zusammenführen. Den Opfern zuzurechnen sind nicht nur die Toten, die laut Sterberegister der Grippe zum Opfer fielen, sondern zusätzlich der größere Teil der Toten aufgrund von Lungenentzündung oder Atemwegserkrankungen, die infolge der Influenzainfektion auftraten. Bei beidem lag die Zahl der Gestorbenen 1918 erheblich höher als in den Vorjahren, an Lungenentzündung starben gar doppelt so viele wie sonst. Die Opferzahl für ganz Deutschland ist also nicht einfach zu ermitteln und entsprechend umstritten. Für das Deutsche Reich insgesamt ist von mindestens zehn Millionen Grippekranken auszugehen – bei einer Gesamtbevölkerung von 65 Millionen. Von den Infizierten starb ein sehr viel höherer Anteil von rund 2,5 Prozent als in gewöhnlichen Grippewellen, die bei 0,1 Prozent der Erkrankten zum Tod führen. Damit lag die Sterblichkeit der Spanischen Grippe ungefähr 25-mal höher als üblich.

Vermutlich starben über 300 000 Menschen in Deutschland infolge der »Spanischen Grippe«, das wären rund 0,5 Prozent der Gesamtbevölkerung und mindestens viermal mehr, als bis September 2021 der Corona-Pandemie zum Opfer fielen.

Zur dramatischen Größenordnung der Spanischen Grippe mag gar nicht passen, dass sie lange nahezu vergessen schien und selbst von der Geschichtsschreibung jahrzehntelang weitgehend ignoriert wurde. Doch die Toten der Grippewelle wurden in den Familien häufig den Kriegstoten zugezählt, zumal wenn es sich um Kriegsheimkehrer handelte, die den Krieg überstanden hatten, aber nun noch dem Grippevirus zum Opfer fielen. Ohnehin setzte man die Zahl der Grippetoten am ehesten in Bezug zu der viel höheren von rund zwei Millionen gefallener deutscher Soldaten. Den Toten der Schlachtfelder und Schützengräben gestand man außerdem mehr Gedenken zu als den Toten der Krankenstuben, die nicht unmittelbar »im Kampf fürs Vaterland« gestorben waren.

Ganz ähnlich sortierte das allgemeine Gedächtnis: So wie die Grippewelle den Zeitgenossen als eine unter vielen Katastrophen erschien, so ließen diese rasanten Entwicklungen die Pandemie, die zwischendurch kurz auftauchte, wütete und wieder verschwand, in der Rückschau die Erfahrungen mit ihr schnell verblassen. Nach Kriegsende wurden die Zeiten, jedenfalls in Europa, ja kaum übersichtlicher: Revolutionen, Systemwechsel, neue Grenzziehungen, Flüchtlingswellen, Bürgerkriege, politische Instabilität, Wirtschaftskrise, Inflation und anderes mehr hielten Deutschland noch jahrelang in Atem. In der Erinnerung der Zeitgenossen klemmte die Pandemie zwischen Kriegserfahrung, politischem Umbruch und der Anstrengung, in der sich ohnehin nur allmählich abzeichnenden Nachkriegsordnung einen Platz zu finden. Was ist schon eine Grippewelle, mag sie noch so verheerend sein, wenn gerade eine ganze Welt untergeht und die neue unter schweren Wehen erst allmählich entsteht? Das galt besonders für Deutschland, das sich nach jahrelanger Versicherung, im Recht zu sein, plötzlich als kriegsschuldig wiederfand und mit Sowjetrussland bis auf Weiteres zum europäischen Paria degradiert wurde.

Doch nicht nur Deutschland, ganz Europa war und blieb mit sich selbst beschäftigt (und die meisten Länder nur mit sich) und hätte das weltweite Ausmaß der Tragödie wohl auch dann nicht recht zur Kenntnis genommen, wenn man die Opferzahlen überhaupt erfahren hätte. Doch weder Politik noch Medizin lieferten eine solche Bilanz. Die erste globale Bestandsaufnahme der größten Pandemie aller Zeiten erschien fast ein Jahrzehnt danach: 1927 in den USA. In Europa starben neueren Schätzungen zufolge rund 2,3 Millionen Menschen. Aber abgesehen davon, dass die europäischen Länder viermal mehr Kriegs- als Pandemietote verbuchten: Die erschreckend hohe Todesrate der »Spanischen Grippe« beruht auf der globalen Gesamtschau.

Die 1927 publizierte Zahl von rund 21,5 Millionen Toten weltweit war außerdem, heutigen Beurteilungen zufolge, viel zu niedrig veranschlagt. Die weitaus größten Opferzahlen verbuchte Asien mit 26 bis 36 Millionen, eine Studie von 1986 errechnete allein für Indien 18 Millionen Tote. Ebenfalls verheerend traf es Afrika mit einer absoluten Opferzahl in der Höhe Europas, allerdings bei einer vielfach geringeren Bevölkerungszahl. 1991 schließlich lagen neue Untersuchungen zu den Gesamtopferzahlen der »Spanischen Grippe« vor, die eine erklärtermaßen vorsichtige Schätzung von 30 Millionen Toten angaben, in einer Spanne von 25 bis 40 Millionen. Doch seither wurden zahlreiche weitere Regionalstudien erarbeitet, sodass der aktuelle Forschungsbefund sich auf insgesamt 50 Millionen Tote beläuft. Diese Zahl beruht auf einer Gesamtschau der zahlreichen neueren Untersuchungen und kommt der Wahrheit zweifellos näher als die ältere von 21,5 Millionen. Unanfechtbar ist sie jedoch nicht, denn das Problem der lückenhaften Datenlage besteht weiterhin. Möglicherweise ist die tatsächliche Zahl der Toten während der nur ein knappes Jahr dauernden Pandemie der »Spanischen Grippe« noch erheblich höher: bis zu 100 Millionen, wenn man weiterhin bestehende Lücken berücksichtigt.

Bei neueren Untersuchungen fiel Historikern auf, dass selbst die medizinische Fachwelt nach der Katastrophe offenbar wenig daran interessiert war, eine kritische Bestandsaufnahme anzugehen. Hier liegt ein anderer Grund dafür, dass die Welt über die Spanische Grippe hinwegging: das klägliche Versagen der Medizin, die in den Jahrzehnten zuvor doch so hatte auftrumpfen können. Es lässt sich durchaus vorstellen, wie das eine oder andere informierte Tischgespräch während oder kurz nach der Pandemie die Frage aufwarf, wieso eigentlich die Medizin derart scheitern konnte, nachdem jahrzehntelang ein Triumph nach dem anderen im Kampf gegen Infektionskrankheiten gefeiert worden war. Das galt insbesondere für die deutsche Bakteriologie, die international in hohem Ansehen gestanden hatte. Fast symbolisch erscheint aus deutscher Perspektive, wie parallel zu Versagen und Zusammenbruch des Kaiserreichs und seiner Militärkraft die seit den Tagen Robert Kochs führende deutsche Bakteriologie ihren internationalen Ruf Lügen strafte. Der Fall der deutschen Bakteriologie war ebenso tief wie der Deutschlands, denn als die Influenza-Pandemie das Land überrollte, konnte sie nicht viel mehr beitragen, als altgewohnte Seuchenmaßnahmen zu empfehlen und an den Kranken alle möglichen verfügbaren Medikamente zu versuchen – in der Hoffnung, eines möge anschlagen. Hilflos fast wie zur Zeit des Schwarzen Todes wirkte sie, weil der Erreger der Spanischen Grippe ebenso unbekannt blieb, wie man in Sachen Therapie im Dunkeln tappte. Nach den Triumphen der Mikrobiologie, der Jagd auf Mikroben und der Erfolge in der Erforschung der Infektionskrankheiten gaben Medizin und Forschung bei der ersten Pandemie des 20. Jahrhunderts also ein überaus blamables Bild ab. Das hatte nicht zuletzt damit zu tun, dass die Bakteriologie als das Maß aller Dinge gehandelt worden war. Starr und unbeweglich beharrte insbesondere die deutsche Medizin seit 1892 darauf, ein Bakterium namens *Bacillus influenzae (Haemophilus influenzae)* verursache die Grippe. Nach seinem Entdecker, Kochs Schüler Richard Pfeiffer, wurde es das Pfeiffer'sche Bakterium genannt. Er hatte bei Grippepatienten ein spezifisches Bakterium entdeckt – ein tatsächlich pathogenes Stäbchenbakterium, das allerdings nicht der eigentliche Auslöser der Influenza ist, sondern eine Art mikrobischer Trittbrettfahrer. Von dieser falschen Fährte wollte man nicht lassen. Und weil der Ruhm der deutschen Bakteriologen so groß war, folgte selbst international eine Mehrheit der Fachleute der These, das »Pfeiffer'sche Bakterium« sei der Erreger der Grippe. Doch ließ sich dieses Bakterium bei den Opfern der Spanischen Grippe gar nicht häufig genug nachweisen, um wirklich der gesuchte Erreger sein zu können.

So kam es dazu, dass nach dem Krieg nicht nur Deutschland sein Ansehen verloren hatte, sondern auch die deutsche medizinische Forschung. Dem entsprach, dass aufgrund der militärischen Beschränkungen des Versailler Vertrags die medizinische Forschung nicht mehr im gewohnten Ausmaß vom Militär gefördert wurde, wie es im Kaiserreich der Fall gewesen war.

Die Suche nach dem Grippe-Erreger

Doch Krisen bieten Chancen, und die internationale medizinische Forschung nahm die Herausforderung an, die sich aus der Influenza-Schlappe ergab. Weil die Grippe-Pandemie die Bakteriologie in ihrem Absolutheitsanspruch als Sackgasse entlarvt hatte, musste die medizinische Forschung neue Wege gehen und die Spur der

Viren verfolgen. Dabei übernahmen die USA und Großbritannien die Führung, während die Bakteriologie in Deutschland einige Beharrungskraft entfaltete. Von noch Kleinerem als den Bakterien hatten Mediziner bereits seit den 1890er-Jahren gesprochen: Viren, die als Krankheitserreger ebenfalls infrage kamen. Dass nicht alle Mikroben sich filtern ließen, war bereits seit 1884 nachgewiesen, aber was im bakterienfreien Filtrat eines Chamberland- oder Berkefeld-Filters noch schwamm, konnte man im Labor einstweilen nicht sichtbar machen. Die Mikroskope, die Viren hätten aufspüren können, waren noch nicht verfügbar. Erst in den 1930er-Jahren konnten Viren dank der Entwicklung von UV- und Elektronenmikroskop nachgewiesen werden.

Einstweilen verfolgten die Forscher andere Wege, den Grippe-Erregern auf die Spur zu kommen. 1918 fanden sich in Boston inhaftierte US-Matrosen bereit, gegen die Zusicherung der Freilassung an Versuchen teilzunehmen. Sie wurden in Gruppen eingeteilt und verschiedenen Prozeduren unterzogen: Eine Gruppe wurde mit Nasensekret grippekranker Kameraden infiziert, eine andere erhielt bakterienfreies Filtrat. Die dritte Gruppe musste Aerosole kranker Kameraden einatmen, der vierten spritzte man Blut der Kranken. Allerdings wurde zur Überraschung der Ärzte keine der Versuchspersonen krank. Dann filtrierten Forscher in Deutschland und den USA ein Substrat aus dem Rachen Grippekranker und versuchten, die Infektion weiterzugeben. Kurz nach dem Krieg gewann der deutsche Pathologe Erich Leschke von der Berliner Charité ein bakterienfreies Substrat von Grippekranken und konnte die Influenza übertragen. Ähnliche Ergebnisse erzielte der Hygieniker Hugo Selter, der zusammen mit seinem Assistenten erfolgreich einen Selbstversuch unternahm. Doch die vereinzelten Übertragungsversuche verwiesen zwar auf ein Virus als Erreger, da Bakterien herausgefiltert waren, konnten aber noch nicht als Nachweise gelten. Sowieso fehlte weiterhin ein Fahndungsfoto des mutmaßlichen Erregertäters.

Jahre später untersuchten Forscher in den USA die Schweinegrippe und lieferten durch Bakterienfilter und Tierversuche den Nachweis, dass ein Virus der Grippeerreger sein musste. 1931 schließlich konnte Richard Shope von der New Yorker Rockefeller University bei kranken Schweinen zwar ein pathogenes Virus isolieren, aber nicht nachweisen, dass es auch Menschen krank machte. Diesen Nachweis erbrachte 1933 eine Forschungsgruppe um die drei britischen Mediziner Christopher Andrewes, Patrick Laidlaw und Wilson Smith, die in einer Grippewelle aus Sekret von Patienten ein bakterienfreies Filtrat gewannen. Es dauerte zwar, bis sie Tiere fanden, die damit infiziert werden konnten, aber mit Frettchen gelang es schließlich. Die Behandlung von gesunden Schweinen mit dem Filtrat des US-Forschers Shope schlug an, und schließlich glückte der Nachweis, dass dieselben Viren bei Menschen und Schweinen gleichermaßen die Influenza auslösten. Ein weiterer US-amerikanischer Virologe isolierte in New York erstmals für die USA das Grippevirus beim Menschen und war während des Zweiten Weltkriegs maßgeblich an der Entwicklung eines Grippe-Impfstoffs für die US-Streitkräfte beteiligt. Von der Forschung seit der Katastrophe der »Spanischen Grippe« profitiert heute, wer sich für eine Grippe-Impfung entscheidet. Allerdings genießt sie in der Öffentlichkeit keinen allzu guten Ruf, was an der ständigen Weiterentwicklung des Grippevirus liegt. Vor einer Grippewelle erstellt, basiert das Vakzin auf Kalkulationen, in welcher Form die Influenza zuschlagen könnte – das kann mal mehr, mal weniger erfolgreich ausgehen.

Viren sind nicht nur kleiner als Bakterien, sie haben keinen eigenen Stoffwechsel und sind deshalb auf einen Wirt angewiesen, dessen Zellen sie nutzen. Haben sie den nicht, sind sie wie tote Materie, doch bei feindlicher Übernahme einer Wirtszelle mittels Infektion verwandeln sie sie in eine Virenreproduktionsmaschine von höchster Effizienz. Heute lassen sich Influenzaviren in vier Gattungen unterteilen, von denen vor allem Typ A und Typ B

Virusgrippen auslösen und meist per Tröpfcheninfektion über Aerosole weitergegeben werden. Vor allem A-Viren mutieren sehr leicht, indem sie bei einer Infektion verschiedener Virusstämme in einer Wirtszelle per Antigenshift Gensegmente austauschen und dadurch neue Subtypen bilden. Alle größeren Influenza-Pandemien seit der Spanischen Grippe wurden von Subtypen der Virusgattung A ausgelöst. Die DNA-Sequenzierung des Erregers der Spanischen Grippe gelang in den 1990er-Jahren anhand erhaltener Gewebeproben von US-Soldaten und Grippetoten, die im Permafrostboden von Alaska begraben worden waren.

Nicht nur für die Virologie, sondern generell für die weitere Erforschung der Infektionskrankheiten erwies sich der tiefe Fall der Bakteriologie als Vorteil, denn die Schlappe zwang zum Umdenken. In der Weimarer Republik nahm man Infektionskrankheiten wieder umfassender in den Blick, nicht mehr rein bakteriell und laborgestützt, sondern breiter sozialhygienisch und umfassender experimentell, denn der Eindruck war, wie der Medizinhistoriker Andrew Mendelsohn schrieb:»Im Rückblick schien das alte bakteriologische Laboratorium ein Ort gewesen zu sein, wo Naturwidriges ohne Bezug auf das tatsächliche Verhalten der Infektion veranstaltet wurde.« Forscher in Deutschland, England und den USA entwickelten die Epidemiologie nach dem Ersten Weltkrieg weiter und führten sie weg von der vereinfachenden bakteriologischen Gleichung Erreger–Infektion–Krankheit–Epidemie hin zu einem komplexeren epidemiologischen Verständnis von Seuchen. Die Auffassung setzte sich durch, dass nicht nur der Erreger eine Rolle spielte, sondern Umweltbedingungen und die persönliche Disposition weitere Faktoren bei der Entstehung einer Epidemie oder Pandemie waren. Für die Befreiung von den Dogmen der Bakteriologie hatte es allerdings eine der schlimmsten Influenza-Pandemien aller Zeiten gebraucht.

KAPITEL 8

Kinderlähmung – das Buch der Krankheit schließen

Während manche der gefürchteten Infektionskrankheiten sich wie von selbst zurückzogen und andere durch wirksame Behandlung oder Impfung ihren Schrecken verloren, traten im 20. Jahrhundert zahlreiche neue schlimme Krankheiten auf oder wurden, wie im Fall der Spanischen Grippe, längst bekannte Krankheiten plötzlich besonders tödlich. Eine kurze steile Karriere hatte die Infektionskrankheit Poliomyelitis, die nach vielen Jahrhunderten eher seltenen Auftretens plötzlich von der endemischen in die epidemische Phase überging und in den Jahrzehnten nach dem Zweiten Weltkrieg Eltern wie Kinder in große Sorge versetzte.

Poliomyelitis oder abgekürzt Polio, in Deutschland als Kinderlähmung bekannter, lässt sich weit zurückverfolgen. Mit einiger Wahrscheinlichkeit gab es sie bereits vor Jahrtausenden, denn mögliche Fälle wurden durch Knochenuntersuchungen in Jungsteinzeit und Bronzezeit ausgemacht. Auf einer altägyptischen Darstellung aus dem 14. vorchristlichen Jahrhundert kann man die Krankheit abgebildet sehen: Ein Türhüter namens Roma mit verkümmertem Bein, typischer Fußhaltung und Stock, der der Fruchtbarkeitsgöttin Astarte huldigt. Auch an einigen ägyptischen Mumien wurden charakteristische Deformationen nachgewiesen. Beispielsweise dürfte der Klumpfuß des Pharao Siptah aus dem 12. Jahrhundert v. Chr., dessen Grab 1898 gefunden wurde, eine

Folge der Kinderlähmung gewesen sein. Siptah regierte nicht einmal sechs Jahre und starb schon mit etwa 20 Jahren.

Schriftliche Hinweise auf die Krankheit Polio liefern hebräische Bibel und griechische Texte, und bereits Hippokrates beschrieb ein Krankheitsbild, das dem entspricht, was man später Kinderlähmung nannte. Fürs Mittelalter finden sich ebenfalls einige künstlerische Hinweise, so auf Hieronymus Boschs »Krüppelprozession« aus dem frühen 16. Jahrhundert, auf dem ein Junge mit typisch deformiertem Bein zu sehen ist. Aus der Barockzeit stammt das Gemälde »Der Klumpfuß« des in Neapel tätigen Spaniers Jusepe de Ribera, das vermutlich ebenso die Folgen der Poliomyelitis darstellt.

Polio wird epidemisch

Lange trat die Krankheit aber nur vereinzelt auf, bis sie Ende des 19. Jahrhunderts epidemisch wurde. Das vermehrte Auftreten hatte einen auf den ersten Blick abwegigen Grund – wenn man bedenkt, dass viele Erreger wie die von Pest, Cholera oder Tuberkulose von Hygienemängeln profitierten. Und doch gilt für die Kinderlähmung – wie im Übrigen ebenso für das vermehrte Auftreten von Allergien –, dass die hygienischen Verbesserungen in den westlichen Industrienationen den Polioerreger begünstigten. Denn durch mehr Sauberkeit hatten Kleinkinder weniger Gelegenheit, schon früh in Kontakt mit dem Virus zu kommen und eine Immunität zu entwickeln, solange die Infektion milder verläuft und sie noch vom mütterlichen Immunschutz profitieren.

Der erste Mediziner, der die Kinderlähmung beschrieb, war 1789 der Engländer Michael Underwood; eingehender beobachtet und ausführlicher beschrieben wurde sie vom Cannstädter Orthopäden Jakob Heine, zuerst auf einem Vortrag 1838 in Freiburg vor der Versammlung der deutschen Naturforscher und Ärzte, dann in seiner ersten Veröffentlichung 1840. Der Erreger blieb einstweilen unbekannt, doch Heine beschrieb das epidemische Auftreten der Krankheit und vermutete bereits das Rückenmark als ihren Sitz. 1860 nannte er sie daher Spinale Kinderlähmung, und 1873 führte der Freiburger Internist Adolf Kußmaul, der auch für den Begriff des Biedermeier Pate stand, den Fachbegriff *Poliomyelitis anterior acuta* ein.

Eine frühe Polio-Patientin dieser Zeit ist die wohl bekannteste in Deutschland: Margarete Steiff, die Erfinderin der Steiff-Tiere. 1847 geboren, beschrieb sie die Erkrankung, die ihr Leben verändern und bestimmen sollte, später in ihrem Tagebuch sehr nüchtern: »Mit 1½ Jahren wurde ich von einer Krankheit befallen, nach welcher ich nicht mehr gehen konnte, der linke Fuß war vollständig, der rechte teilweise gelähmt, auch der rechte Arm war sehr geschwächt.« Woran sie litt, wurde erst später als Kinderlähmung erkannt. Therapie oder Heilung gab es nicht, und Margarete Steiff musste mit ihrer bleibenden Beeinträchtigung ebenso leben wie ungezählte Kranke bis in die Zeit nach dem Zweiten Weltkrieg. Lebensberichte von Poliokranken beschreiben meist, wie die Krankheit aus heiterem Himmel auftrat und wie Ärzte hilflos und Eltern verzweifelt reagierten, weil nichts blieb als Therapieversuche und die Hoffnung, die Lähmungen würden wieder vergehen. Und wie die Betroffenen gezwungen waren, mit den Folgen klarzukommen und die Lebensplanung danach auszurichten. Die Lähmung der Atmung konnte gar nicht behandelt werden, Beatmungsgeräte existierten noch lange nicht. Noch weit ins 20. Jahrhundert hinein reagierten Mediziner häufig mit Achselzucken auf Fälle von Poliomyelitis, um zu kaschieren, dass sie der Krankheit so gut wie nichts entgegenzusetzen hatten. Zwar wurden Erfolge insbesondere mit Wassertherapien verzeichnet, doch mehr als eine vorübergehende Linderung der Krankheitsfolgen ließ sich damit nicht erreichen.

1890 wies der schwedische Kinderarzt Karl Oskar Medin in Stockholm nach, dass es sich um eine Infektionskrankheit handelt. Umstritten blieb einstweilen, ob die Ansteckung von Mensch zu Mensch erfolgte, was Medin wie viele seiner Kollegen bezweifelte. Aufgrund der saisonalen Auffälligkeit vermutete man als Überträger noch lange zum Beispiel frisches Obst oder Gemüse. Ein Schüler Medins, Otto Ivar Wickman, nutzte 1905 eine Folge von Polio-Epidemien in Schweden für epidemiologische Untersuchungen und kam durch die Rückverfolgung der möglichen Ansteckungswege zu dem Schluss, dass der Erreger durch Körperkontakt weitergegeben wurde. Er dokumentierte verschiedene Verbreitungswege, so über eine Bahnverbindung und eine Schule. Offen blieb die wichtige Frage, ob eine Ansteckung stets zur Krankheit führte – und wenn nicht, ob die Infizierten bei einem symptomfreien Verlauf den Erreger trotzdem weitergeben konnten. Letzteres schloss Wickman aus seinen Ermittlungen zu Verlauf und Weg der schwedischen Epidemie von 1905. Den Erreger ausfindig zu machen misslang zunächst.

Das Virus wird entdeckt

1908 jedoch entdeckten der bedeutende österreichische Pathologe Karl Landsteiner, der bereits die verschiedenen menschlichen Blutgruppen nachgewiesen hatte, und sein Kollege Erwin Popper das Virus. An der Kinderklinik des Wiener Wilhelminenspitals hatten sie sich die Kinderlähmung vorgenommen. Landsteiner und Popper infizierten erfolgreich zwei Affen mit dem Rückenmark eines an Kinderlähmung gestorbenen Kindes und wiesen damit die Infektiosität der Krankheit nach. Ein Jahr später entdeckten der Rumäne Constantin Levaditi und sein Kollege Arnold Netter am Pariser Institut Pasteur Antikörper gegen das Virus. Gemeinsam mit schwedischen Kollegen fand Levaditi heraus, dass der Erreger sowohl in Rachen, Halsröhre, den Darmwänden und Darminhalt als auch in den Fäkalien von Infizierten vorkam, und wies so den oralen Übertragungsweg nach. Doch weil diese Erkenntnisse sich vor allem in den USA nicht durchsetzen konnten, stockte der Fortschritt in der Poliobekämpfung. Unklar blieb einstweilen außerdem, wie genau der Erreger auf das Nervensystem Einfluss nahm. Weil dann aber die USA zu einem Hauptschauplatz von Polio-Epidemien wurden, wurde dort zunehmend engagierter geforscht, was schließlich die Polioforschung – und die Virologie insgesamt – seit den späten 1930er-Jahren entscheidend voranbrachte. Heute gilt der Polioerreger als eines der am besten erforschten Viren.

In mühevoller Fleißarbeit untersuchten US-Virologen über drei Jahre, in welchen Typen das Poliovirus überhaupt vorkam. Nachdem die drei Typen bestimmt waren, benannte man sie »Leon« (Typ 3) nach einem in Los Angeles an Polio verstorbenen Jungen, »Lansing« (Typ 2) nach der Heimatstadt eines weiteren Opfers sowie den meistverbreiteten Virustyp 1 »Brunhilde« nach einer Schimpansin aus dem Versuchslabor der Johns Hopkins University.

Die Kultivierung der Polioviren in menschlichem Gewebe gelang nach jahrelangen Problemen 1949 dem Bostoner Virologen John Franklin Enders, nachdem er Ähnliches im Jahr zuvor in Hühnerbrühe mit Mumpsviren bewerkstelligt hatte. Enders hatte bereits in Harvard an der Züchtung von Viren geforscht und war inzwischen Kopf einer Forschungsabteilung für Infektionskrankheiten am Bostoner Kinderkrankenhaus. Er war maßgeblich an der Entwicklung von Impfstoffen gegen Viruskrankheiten beteiligt, und mit der Kultivierung von Polioviren war eine entscheidende Voraussetzung für die Entwicklung eines Vakzins auch gegen Kinderlähmung erfüllt. Mit zwei Kollegen erhielt Enders dafür 1954 den Medizinnobelpreis. Als weitere Voraussetzung musste aber noch der Nachweis gelingen, wie das Virus ins zentrale Nervensystem gelangte: über den Blutkreislauf oder ohne Umwege über die Nase direkt ins Gehirn? Nachdem der Weg über den Blutkreislauf nachgewiesen werden konnte, waren genügend Bedingungen erfüllt, um einen Impfstoff zu entwickeln.

Verlauf der Kinderlähmung

Das Poliovirus wird durch Tröpfchen- oder Schmierinfektion übertragen und vermehrt sich im Darm, kann aber auf das Nervensystem übergreifen und dort schwere Lähmungserscheinungen auslösen. Die Krankheit erfasst nicht ausschließlich, aber vor allem Kinder und Jugendliche und tritt meist im Sommer oder Herbst auf. Sie kann ganz unterschiedliche Verläufe nehmen: Die größere Zahl der Infektionen geht sogar völlig symptomfrei ab. Ist das nicht der Fall, treten wenige Tage, höchstens aber drei Wochen nach der Infektion erste Symptome auf, die grippeähnlich sind: Fieber, Gliederschmerzen, Hals- und Kopfschmerzen, steifer Nacken. In der überwiegenden Zahl der Fälle klingen die Symptome nach drei Tagen wieder ab, und der Patient ist geheilt. Bei bis zu zehn Prozent der Infizierten kommen jedoch Muskelschwäche, Zittern, Hirnhautentzündung hinzu, weil der Erreger das Nervensystem erfasst. Einen schweren Verlauf mit bleibenden Lähmungserscheinungen erleiden rund ein Prozent der Infizierten. Ein solcher Verlauf kann sogar zum Tod führen. Die Lähmungserscheinungen können aber auch von selbst wieder verschwinden oder zumindest nachlassen. Wenn der Patient gesundet, kann das bis zu einem Jahr dauern. In weniger glücklichen Fällen kommt es zu bleibenden Schäden wie Muskelschwund, Störungen des Knochenwachstums und Lähmungen.

Die Lähmung betrifft zwar vorzugsweise die Oberschenkelmuskulatur, aber auch das Zwerchfell kann betroffen sein, sodass die Atmungsfunktion massiv gestört wird. Das führt zu akuter

Lebensgefahr, wenn die Atmung nicht unterstützt werden kann. Was heute Beatmungsgeräte besorgen, wurde nach dem Zweiten Weltkrieg mit der Eisernen Lunge behandelt: riesige Apparaturen, in die die Kranken geschoben wurden – eine Tortur für Kinder, wenn auch lebensrettend. Der Unterdruck in den luftdicht verschlossenen Röhren half beim Atmen. Je nachdem, wie stark die Lähmung des Zwerchfells ausfiel, mussten es die Kinder in der Eisernen Lunge stunden- oder gar tagelang aushalten. Das Pflegepersonal der Kinderkrankenhäuser gab sich alle Mühe, den kleinen Patienten diese Tortur zu erleichtern: Durch Vorlesen und das Verbreiten guter Laune, durch Lieblingsstofftiere, die den Kindern beistanden, außerdem wurden nach Möglichkeit mehrere Kinder gemeinsam behandelt, damit ihnen nicht allzu langweilig wurde.

In Deutschland trat die Kinderlähmung lange nur vereinzelt auf, bis sie im Verlauf des 19. Jahrhunderts allmählich häufiger wurde. Jakob Heine konnte in seiner Studie von 1840 zunächst nur auf Grundlage von vielleicht zwei Dutzend Aussagen treffen, während eine weitere 20 Jahre später bereits auf 150 Fällen beruhte. In Skandinavien wurde 1881 erstmals ein noch kleiner Ausbruch von Poliomyelitis dokumentiert, bevor Anfang des 20. Jahrhunderts größere Epidemien auftraten. Im Sommer 1905 nahm die Zahl der Erkrankungen in Schweden und Norwegen plötzlich rapide zu, allein in Schweden wurden über 1000 Fälle registriert. Bald traf es ebenso England, Österreich, Nordamerika und schließlich 1909 erstmals in größerem Umfang Deutschland mit etwa 1500 Fällen. Auffällig waren die Unterschiede zwischen den europäischen Ländern: In Skandinavien trat die Kinderlähmung am häufigsten auf, in West- und Südeuropa am seltensten. Die Zahl der weltweit dokumentierten Epidemien wuchs in den dreißig Jahren zwischen 1880 und 1910 rasch an: Wurden im ersten Jahrzehnt nur acht Epidemien verzeichnet, waren es im dritten bereits 114, bei gleichzeitiger räumlicher Ausbreitung der Krankheit ins-

besondere auf Nordamerika. Doch nicht nur die Zahl der Epidemien schoss in die Höhe, auch ihr Umfang wuchs.

Die erste umfassende Epidemie Nordamerikas und die bis zum
Zweiten Weltkrieg größte bekannte verzeichnete ab Sommer
1916 der Nordosten der USA mit rund 23000 Fällen und dem
Schwerpunkt in New York City. Offenbar begann die Epidemie in

*Der amerikanische Präsident Franklin D. Roosevelt wurde 1921 Opfer
der Poliomyelitis und war seitdem von der Hüfte ab weitgehend gelähmt.*

ärmlichen Wohngegenden von Einwanderern in Brooklyn, was zu erheblichen Ressentiments der schon länger ansässigen New Yorker gegenüber Neueinwanderern führte – ein uns inzwischen bekanntes Muster, das bis heute Konjunktur hat. New York und andere Kommunen reagierten mit den klassischen Seuchenmaßnahmen: von städtischen Hygienevorschriften über Quarantäne und Veranstaltungsverbote bis zu Reiseeinschränkungen für Kinder und Jugendliche. Und eine weitere Reaktion vieler New Yorker kommt uns bekannt vor, denn wer die Möglichkeit dazu hatte, suchte das Weite oder schickte zumindest die eigenen Kinder in poliofreie Regionen, solange keine Reiseverbote bestanden. Die Sorge der Eltern war verständlicherweise groß, mitunter ging sie in Hysterie über. Die Epidemie von 1916 dauerte bis Oktober und forderte 6000 Opfer, fast die Hälfte davon in New York City. Überwiegend starben Kinder unter fünf Jahren. Von da ab mussten sich die USA mit der bisher kaum bekannten Krankheit auseinandersetzen, und man nahm die Herausforderung an. Symbol für beides ist der spätere US-Präsident Franklin Delano Roosevelt, der 1921 noch mit 39 Jahren an Polio erkrankte, fast daran starb und seither mit zwei gelähmten Beinen zurechtkommen musste.

Er engagierte sich für die Bekämpfung der Kinderlähmung, um Spendengelder zu mobilisieren und Behandlungsmethoden, Medikamente und Impfstoffe entwickeln zu können.

Kinderlähmung in Deutschland

Zu den schlimmsten Polio-Epidemien in Deutschland vor dem Zweiten Weltkrieg kam es in den Jahren 1927 mit 2800 Fällen, 1932 (3800) und 1938 (5400) – die Krankheit trat alle paar Jahre epidemisch auf und wuchs jedes Mal an Umfang. Berlin erlebte die schlimmste Polio-Epidemie kurz nach Kriegsende 1947. Während in der Stadt seit den 1920er-Jahren keine Epidemie mehr als

500 Fälle aufgewiesen hatte, waren es nun fast 2500 Erkrankungen in der kriegsversehrten Vier-Sektoren-Stadt von damals etwa 3,2 Millionen Einwohnern. Erste Erkrankungen traten bereits 1946 im Süden und Südwesten der Stadt auf, vor allem im Amerikanischen Sektor, doch im Jahr darauf verlagerte sich die Epidemie auf den Sowjetischen Sektor, insbesondere den Innenstadtbezirk Friedrichshain. Dort erkrankten Anfang Juli 1947 Kinder rund um den Boxhagener Platz, weitere Fälle traten etwas weiter nördlich in der Schreinerstraße auf. Vermutet wurde ein Zusammenhang mit einer Plansche am Boxhagener Platz, der aber nicht bewiesen werden konnte. Von Friedrichshain aus griff die Epidemie auf östlich angrenzende Bezirke über, dann noch weiter, ehe sie sich schließlich wieder zurück auf die Westsektoren verlagerte, wo Polio am Jahresende im Westen und Süden der Stadt grassierte. Die Ärzte waren ratlos, denn es fehlte die Erfahrung mit einer Krankheit, die bislang eher selten aufgetreten war und in ihrer epidemischen Form noch immer als vornehmlich nordamerikanisches Phänomen aufgefasst wurde. Eigens angereiste US-Ärzte erschraken aber nicht nur wegen der Unerfahrenheit ihrer Kollegen und der Mängel im Berliner Gesundheitssystem der unmittelbaren Nachkriegszeit, auch der verbreitete Fatalismus im Deutschland kurz nach Kriegsende war ihnen schwer verständlich. Eine Eiserne Lunge gab es damals in ganz Berlin nicht, wurde aber von den Amerikanern in wenigen Tagen besorgt und eingeflogen. Amerikanische Erfahrung half auch bei der Begrenzung der Epidemie, denn Maßnahmen wie Turn-, Schwimmbad- und Kinoverbot für Kinder waren in den USA bereits erprobt und wurden nun bis Ende 1947 für Berlin übernommen.

1947 war neben Berlin auch Hamburg betroffen, 1948 erwischte es Bayern. Überall in Deutschland kamen danach Polio-Epidemien häufiger vor, die jährlichen Erkrankungszahlen in der (späteren) Bundesrepublik (einstweilen ohne Westberlin) waren ab 1947 durchweg vierstellig, mit Ausschlägen der periodisch auftretenden Epidemien. Eine Spitze war im Jahr 1952 erreicht, als fast 10 000 Kinder an Polio erkrankten. Das Bewusstsein für eine neue Gefahr wuchs, mitunter in panischer Ausfertigung. Wie in den USA und wie bei anderen Seuchen ergriff die Flucht, wer konnte, sobald die Epidemie amtlich wurde. Die von Polio besonders betroffenen Länder erlebten die 1940er- und 1950er-Jahre als besonders schlimm. Die Angst der Eltern vor der Krankheit war groß, denn sie traf (überwiegend) die Kinder ohne Vorwarnung, und es standen keine Medikamente dagegen zur Verfügung. Fotos der riesigen Apparaturen der Eisernen Lunge, aus denen die Köpfe der hilflosen Kinder herausschauten, waren schrecklich anzusehen. Weil die Epidemien meist im Sommer auftraten, wurden Strände, Schwimmbäder und Massenveranstaltungen gemieden. Mütter schärften ihren Kindern ein, bloß nicht vom Eis anderer zu probieren. Väter prüften bei gymnastischen Übungen, ob etwa schon erste Lähmungserscheinungen zu beobachten waren. Die Angst vor Polio überstieg nicht selten die vor eigentlich größeren Gefahren, die Kinder bedrohten, etwa Verkehrsunfälle oder Krebs. Übertrieben oder nicht, in der Nachkriegszeit wurde Polio nicht nur eine der gefürchtetsten, sondern die skandalisierte Krankheit *par excellence*. Doch die Furcht davor, mochte sie auch rein statistisch betrachtet weit überzogen gewesen sein, beflügelte insbesondere in den USA Forschung und ihre Finanzierung, um dem Schrecken endlich wirksam entgegentreten zu können.

Das Ringen um einen Impfstoff

Die Pocken-Impfung mit Kuhlymphe war nach Jenners Entdeckung, dass harmlose Kuhpocken auch vor den Menschenpocken schützen, für ein knappes Jahrhundert die einzige verfügbare Immunisierung gegen eine Infektionskrankheit geblieben. Die nächste Impfung entwickelte 1885 Louis Pasteur gegen Tollwut. Dessen Forschungen und die Fortschritte der deutschen Bakteriologie ließen hoffen, dass bald weitere Impfstoffe vorliegen würden. Während Pasteur Lebendimpfstoff aus abgeschwächten Erregern gewann, entwickelte in Deutschland Emil Behring die Serumtherapie, doch wie das menschliche Immunsystem im Einzelnen arbeitete, war noch nicht verstanden. Trotzdem wurden Erfolge verzeichnet, sodass vor dem Zweiten Weltkrieg eine ganze Reihe Impfungen verfügbar waren.

An einem Impfstoff gegen die Kinderlähmung wurde erst nach dem Zweiten Weltkrieg geforscht, als die Ausbreitung der Krankheit besorgniserregende Ausmaße annahm. Die deutsche Forschung hatte über die NS-Zeit allerdings den Anschluss ebenso verloren wie ihr Renommee verspielt und musste sich nach 1945 erst einmal regenerieren und rehabilitieren. Die entscheidenden Fortschritte in der Bekämpfung der Kinderlähmung wurden in den Forschungseinrichtungen der USA gemacht.

Konkurrenz belebt das Geschäft, das mit einem Impfstoff natürlich zu machen war – ganz abgesehen vom Ruhm, der in Aussicht stand –, und so geriet die Entwicklung eines Polio-Impfstoffs vor allem zu einem Rennen zwischen zwei US-Forschern, Jonas Salk und Albert Sabin, die beide an der New York University studiert hatten und beide vom »March of Dimes« gefördert wurden, der privaten US-Stiftung zur Bekämpfung der Kinderlähmung. Salk, der in Michigan bereits an Grippe-Impfstoffen gearbeitet hatte, verfolgte den Ansatz eines Vakzins auf Basis abgetöteter Viren, die im Immunsystem die Produktion von Antikörpern auslösen sollten. Dafür musste das Virus deaktiviert sein, aber die Immunreaktion trotzdem noch auslösen können. Sabin auf der anderen Seite glaubte nicht, dass ein Totimpfstoff eine ausreichend kräftige und bleibende Immunantwort des Körpers bewirken könnte. Er forschte an einem Lebendimpfstoff mit abgeschwächten Viren, die mit einer leichten, aber echten Infektion die Immunantwort auslösen sollten, so wie Jenners Kuhpockenvakzin eine leichte Infektion bewirkte und dadurch Immunität gegen eine schwere Erkrankung verschaffte. Angesichts steigender Fallzahlen von Polioerkrankungen verfolgten die US-Amerikaner die Fortschritte bei der Entwicklung mit großem Interesse. Als schließlich im April 1955 in Ann Arbor (Michigan) der Direktor des »Poliomyelitis Vaccine Evaluation Center« bekannt gab, dass an der Pittsburgh University ein wirksamer Impfstoff gegen Polio entwickelt und erfolgreich geprüft worden war, berichtete das US-Fernsehen live. Die Schlagzeilen überschlugen sich, die Kinder bekamen schulfrei, und Fabriken unterbrachen die Produktion. »Polio besiegt!«, lautete eine der nüchterneren Überschriften. Andere schrieben von Dankgottesdiensten und dass Jonas Salk nun auch US-Präsident werden könne. Die Euphorie der US-Öffentlichkeit war nachvollziehbar, denn den Menschen stand die Epidemie von 1952 mit über 57 000 Infizierten und rund 3000 Toten noch deutlich vor Augen. Impfstoffentwickler Jonas Salk wurde staatlich ausgezeichnet und in eine Reihe gestellt mit Edward Jenner und Louis Pasteur. Schon die Erprobung 1954 war von der Öffentlichkeit mit großer Aufmerksamkeit verfolgt worden. Über 1,3 Millionen Schulkinder hatten teilgenommen, 600 000 davon war das Serum verabreicht worden. Nun sollte mit einem rasch anberaumten nationalen Impfprogramm die Krankheit besiegt werden.

Doch der Impfstoff erwies sich als weniger sicher denn behauptet. Zwei Tage, nachdem US-Präsident Eisenhower Jonas Salk im Weißen Haus empfangen hatte, starb Ende April ein Kind in Idaho an Polio, nachdem es zuvor geimpft worden war. Weitere Fälle kamen hinzu. Die Impfstoffe, die nunmehr in großem Maßstab von sechs verschiedenen Pharmafirmen produziert und USA-weit verabreicht wurden, waren nicht streng genug getestet worden, und die Kontrolle war unzureichend geregelt. Allzu schnell waren vorab Lizenzen erteilt worden, um mit der guten Nachricht auch gleich genügend Impfstoff vorrätig zu haben und die Krankheit ohne weitere Verzögerung einzudämmen. Doch der kalifornische Hersteller Cutter hatte Probleme bei der Inaktivierung der Viren und behob die Schwierigkeiten nur unzureichend, sodass Impflinge sich per Vakzination mit Polio infizierten. Obwohl der Grund für die unerwünschten Infektionen innerhalb einer Woche gefunden war, trugen bereits über 400 000 Kinder vor allem der Westküstenstaaten das fragliche Vakzin in sich. Mehr als 200 von ihnen entwickelten Polio, elf starben. Panik brach aus, das Polio-Vakzin geriet generell unter Verdacht, und die Impfaktion wurde vorübergehend gestoppt.

Die Impfschäden brachten vielen Kindern und ihren Familien Leid, aber immerhin gab es darauf eine Antwort, die für die Zukunft mehr Sicherheit schuf: strengere Regeln und Kontrollen von staatlicher Seite bei der Impfstoffproduktion. Das kam nicht allein dem Polio-Impfprogramm zugute, sondern gleichermaßen nachfolgenden Immunisierungskampagnen gegen andere Infektionen bis in die Gegenwart.

Salks Konkurrent Albert Sabin hatte bereits seit Anfang der Fünfzigerjahre an seinem Lebendimpfstoff geforscht, doch als schließlich 1956 ein Vakzin entwickelt war, durfte er es in den USA nicht erproben – die Impfung mit dem Salk-Serum war längst zu verbreitet, als dass sich genügend Testpersonen hätten finden lassen. Mitten im Kalten Krieg kooperierte der gebürtige Russe Sabin daher mit der Sowjetunion, und 1959 wurde die Schluckimpfung dort und in anderen Ostblockstaaten an über 77 Millionen Kindern und Jugendlichen getestet. Die Ergebnisse waren überwältigend, und die Kooperation der beiden Supermächte mitten im Kalten Krieg bemerkenswert. Ab 1961 wurde der Impfstoff in den USA und anderen westlichen Ländern eingeführt und schlug den Totimpfstoff von Jonas Salk aus dem Rennen.

Von Deutschland aus wurde die Impfstoffentwicklung ebenfalls aufmerksam beobachtet. Ein dem Salk-Impfstoff nachgebildetes Vakzin wurde ab 1954 in der Bundesrepublik erprobt, produziert und vom Paul-Ehrlich-Institut überwacht. Bis Sommer 1955 wurden rund 50 000 Kinder geimpft, als auch hier die Kampagne unterbrochen wurde: Nicht nur strahlte der Cutter-Vorfall bis nach Europa aus, Deutschland hatte überdies seinen eigenen Skandal: Geimpfte Laboraffen hatten Polio entwickelt, was die herstellenden Behringwerke aber zu vertuschen versuchten. Massenimpfungen blieben deswegen einstweilen aus, auch nachdem die USA ihre Impfkampagne wieder aufgenommen hatten; nur in Einzelfällen wurde gegen Polio geimpft. Auf diesem Kurs blieb die Bundesrepublik, selbst nachdem andere europäische Länder, darunter das viel weniger von Polio betroffene Frankreich, die Impfung eingeführt hatten. Die Skepsis hatte viele Facetten, dazu gehörten Vorbehalte gegenüber den Behringwerken ebenso wie solche gegenüber der US-Forschung und der privatwirtschaftlichen Impfstoffproduktion – sowie seitens der Mediziner offenbar eine erhebliche Frustration, weil die deutsche medizinische Forschung auf internationaler Ebene längst weit abgeschlagen war. Ein weiteres Hindernis war die Zuständigkeit der Länder, was Impfprogramme betraf. Uneinheitlich geregelt blieben außerdem Verfahrensfragen – etwa ob niedergelassene Ärzte impfen durften oder nicht. Immerhin zwei Bundesländer, Baden-Württemberg und Schleswig-Holstein, begannen 1956 mit der Breiten-Immunisierung, und weil in anderen Bundesländern erneut Epidemien auftraten und die Zahl der Eisernen Lungen knapp wurde, zogen 1957 die anderen Bundesländer nach. Doch blieben Skepsis und Ablehnung in der Bevölkerung weiterhin groß, sodass die Impfquote keine allzu beachtlichen Werte erreichte, insbesondere in Regionen, die mit der Krankheit kaum in Berührung gekommen waren. Manche Bundesländer verlangten außerdem eine Gebühr, darunter Bayern. Folglich war dort die Impfquote zu gering, um eine Epidemie zu verhindern, die prompt 1959 ausbrach. Betroffen waren diesmal besonders viele Erwachsene, sodass allein im

Münchener Krankenhaus rechts der Isar 48 Erwachsene mit Kinderlähmung behandelt wurden, vier davon in der Eisernen Lunge. Anfang September erkrankten jede Woche zehn Münchner an Polio, insgesamt sieben waren bereits gestorben und die Epidemie hielt noch an.

Schutzimpfung – die BRD fällt hinter die DDR zurück

Trotz der bleibenden Bedrohung durch die Krankheit blieb die Polio-Impfquote in der Bundesrepublik auch weiterhin gering und lag stets deutlich hinter der in anderen europäischen Ländern. Entsprechend fiel der Anteil der Poliokranken erheblich höher aus, und im *Stern* schrieb Henri Nannen Ende 1961 gar von einem »makabren Weltrekord«. Der Präsident der Deutschen Vereinigung zur Bekämpfung der Kinderlähmung beklagte, die Westdeutschen seien »spritzenscheu«, was zumindest teilweise der Wahrheit entsprach, schon weil die Impfung dreimal verabreicht werden musste. Aber solange das Impfprogramm in den einzelnen Bundesländern uneinheitlich geregelt und teilweise kostenpflichtig war sowie von der zu großen Teilen selbst skeptischen Ärzteschaft nicht ausreichend unterstützt wurde, konnte das Vorhaben der Breitenimmunisierung nicht gelingen. Viele Menschen standen der Impfung entweder gleichgültig gegenüber, wenn nicht gerade eine Epidemie im Gange war, oder sie misstrauten dem Serum und seiner Sicherheit.

So kam es dazu, dass bei der Bekämpfung der Kinderlähmung Westdeutschland im Unterschied zum östlichen deutschen Staat immer weiter zurückfiel: Während in der DDR 1960 bereits 45 Prozent der Bevölkerung geimpft waren, lag die Impfquote in der Bundesrepublik bei mageren 3,6 Prozent, und die Infektionsrate war fast zehnmal höher. Mitten im Systemwettstreit, der ja nicht nur die großen ideologischen Fragen verhandelte, sondern gerade im geteilten Deutschland ebenso die Lebensbedingungen der Menschen, schnitt in einem wichtigen gesundheitlichen Aspekt die geschmähte »Ostzone« erheblich besser ab als die Bundesrepublik. Für die DDR bot das reichlich Anlass, genüsslich über die schlimmen Zustände in Sachen westlicher Gesundheitsvorsorge zu berichten.

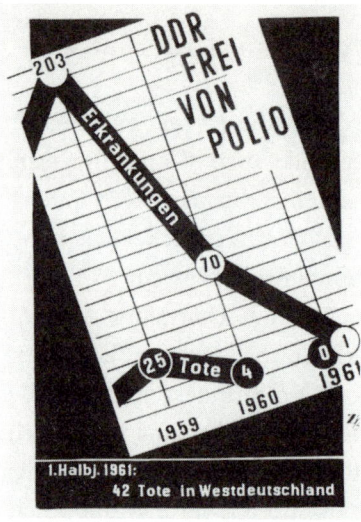

Die DDR gab bereits 1961 bekannt, frei von Kinderlähmung zu sein.

Am 23. Juli 1961 schrieb das SED-Zentralorgan *Neues Deutschland* auf dem Titelblatt, gleich unter dem Wahlaufruf der »Nationalen Front« und neben einem Artikel zu einer Rede Walter Ulbrichts, von der wachsenden Zahl der Polio-Fälle in der BRD: »Bereits 76 Personen sind seit Jahresbeginn an Kinderlähmung gestorben. 1254 sind erkrankt; das ist mehr als das Doppelte des Vorjahres.« Wenige Wochen vor dem Mauerbau nahm die DDR das Infektionsgeschehen beim Klassenfeind zum Anlass, die Einreise aus dem Westen mit Verweis auf die Infektionsgefahr durch Polio einzuschränken.

Ostberlin war nicht verlegen darum, aus dem eigenen Vorsprung in der Polio-Prophylaxe einen propagandistischen Vorteil zu ziehen. Bereits Ende Juni 1961 hatte die DDR-Regierung in einem Telegramm an Bundekanzler Adenauer angeboten, drei Millionen Dosen des Sabin-Impfstoffs in die BRD zu liefern: »Mit Erschütterung hat die Regierung der Deutschen Demokratischen Republik erfahren, daß in Nordrhein-Westfalen mehr als 650 Personen an spinaler Kinderlähmung erkrankt und daß bereits 42 Todesopfer zu beklagen sind.« Die Bundesregierung schlug das Angebot mit Verweis auf den nicht ausreichend geprüften Impfstoff aus – man darf davon ausgehen, dass Bonn damals in keinem Fall Hilfe des »Regimes von Pankoff«, wie Adenauer die DDR-Regierung nannte, angenommen hätte. Kooperation mit dem anderen deutschen Staat verbot sich, wenn der Osten das derart ausschlachten konnte. Der *Spiegel* schrieb dazu Mitte Juli 1961: »Mit diesem Beschluß bleiben die Gesundheitsbehörden der Bundesrepublik ihrem Prinzip treu, neuen Entwicklungen auf dem Gebiet der Polio-Schutzimpfung so lange wie möglich zu mißtrauen. Während die Sowjet-Union und die Ostblockstaaten schon über 120 Millionen Menschen mit dem Schluck-Verfahren gegen Kinderlähmung geimpft haben und das US-Gesundheitsamt am 28. Juni den neuen Schluckimpfstoff freigegeben hat, bleibt das von vielen Fachleuten als besonders wirksam angesehene Vorbeugungsmittel den Westdeutschen vorläufig versagt.« Natürlich wurde in der DDR-Presse über die Weigerung Bonns ausführlich berichtet, doch war in der Bundesrepublik das Unverständnis über die Entscheidung der Regierung ebenfalls groß.

Polio-Impfungen waren in Westdeutschland immer freiwillig – die einzige Pflichtimpfung in West und Ost blieb auch nach dem Zweiten Weltkrieg zunächst die Pockenimpfung. Beide Staaten beriefen sich dabei auf das Reichsimpfgesetz von 1874. In den Jahrzehnten der deutschen Teilung verfolgten DDR und BRD aber unterschiedliche Wege der Impfpolitik. Während im Westen die staatliche Einflussnahme auf die Immunisierung der Bevölkerung zurückging, folgte die DDR in ihrer Gesundheitspolitik wie sonst auch dem Vorbild Sowjetunion und bot ein großes Impfangebot, das ab den frühen Sechzigerjahren zu großen Teilen verpflichtend wurde. Natürlich wirkte sich aus, dass die Sowjetunion den Sabin-Impfstoff im großen Maßstab getestet und eingeführt hatte. Die Schluckimpfung mit dem Sabin'schen Lebendimpfstoff wurde daher schon Anfang 1960 in der DDR beschlossen. Das aber hatte Auswirkungen für Westberlin, da die Mauer noch nicht gebaut war und die politisch, wirtschaftlich und weltanschaulich geteilte Stadt noch leidlich als eine funktionierte. Als eine Art Westberliner Immunitätsmauer gegen mögliche Virusträger, die Westberlin infizieren könnten, wurde dort kurzerhand und noch vor der Bundesrepublik die Schluckimpfung eingeführt, da für die Salk-Injektion nicht mehr genug Zeit blieb. Den Impfstoff für 600 000 Westberliner bis 20 Jahre stellte ein US-Hersteller kostenlos zur Verfügung. Das Serum des Virologen Herald Cox erwies sich jedoch als nicht sicher, in Berlin traten nach der Impfaktion gehäuft Poliofälle auf, was den Wirkstoff arg diskreditierte. Trotzdem forcierte die Bundesregierung jetzt die Einführung der Schluckimpfung für Westdeutschland, allerdings mit dem Sabin-Impfstoff: Im Wettstreit mit der DDR galt es dringend, in der Sparte Gesundheit aufzuholen, sodass sich zu den wenigen positiven Auswirkungen des Kalten Krieges also die Immunisierung der Bundesdeutschen gegen die Kinderlähmung zählen lässt. Die zuständigen Minister der westdeutschen Bundesländer entschieden, ab Februar 1962 allen Bundesbürgern zwischen sechs Monaten und 40 Jahren die Schluckimpfung zu empfehlen. Nunmehr wurde die Massenimpfaktion zu einem Erfolg: besser organisiert und beworben durch recht drastische Aufklärung, mit mehr Akzeptanz aufseiten der Ärzte und der Menschen, die lieber schluckten, als sich spritzen zu lassen.

Bald wurde jeder Westdeutsche mit dem Slogan vertraut gemacht: »Schluckimpfung ist süß, Kinderlähmung ist grausam.« Auch wenn die föderale Ordnung wie gewohnt dafür sorgte, dass

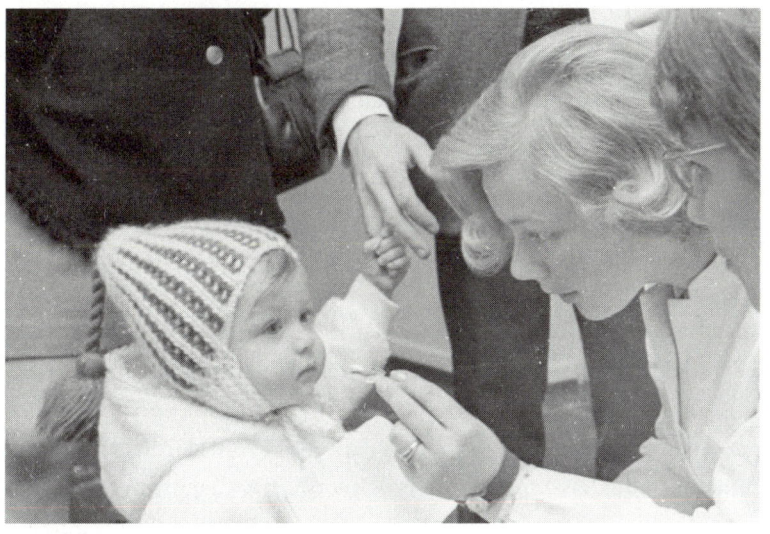

Die Schluckimpfung wurde ein durchschlagender Erfolg im Kampf gegen die Kinderlähmung.

die Impfkampagnen der Bundesländer uneinheitlich verliefen, wurden im ersten Jahr bereits 23 Millionen Bundesbürger geimpft, rund 40 Prozent der Bevölkerung. Der Erfolg stellte sich umgehend ein, die Poliozahlen gingen massiv zurück, und damit stieg die Akzeptanz der Bevölkerung weiter, zumal es nicht mehr zu Impffolgeerkrankungen kam.

Die DDR setzte weniger auf Überzeugungsarbeit als auf den Zwang des Kollektivs. Das Prinzip »Vorsorgen ist besser als Heilen« bezog seine Berechtigung nicht allein aus der Fürsorge für alle. Es hatte ebenso mit der bevormundenden Sozialpolitik des sozialistischen Staates zu tun sowie mit der Tatsache, dass die Prophylaxe finanziell weniger zu Buche schlug als die Behandlung Kranker und ihr erwerbsmäßiger Ausfall. Ähnliche Rechnungen machten Regierungen seit Langem auf, doch für die im Vergleich zum Westen so wirtschaftsschwache DDR wog dieses Argument besonders schwer. Etwas harmloser betrachtet, entsprach der gesunde, immunisierte, leistungsfähige und glückliche Bürger natürlich dem Idealbild des neuen sozialistischen Menschen: »Das sozialistische Bewusstsein festigt die Einsicht der Bürger, dass den Impfungen nicht nur im eigenen Interesse, sondern auch aus der Verpflichtung gegenüber der Gesellschaft, im Interesse des Gesundheitsschutzes der gesamten Bevölkerung nachzukommen ist«, hieß es 1966 aus dem DDR-Gesundheitsministerium. Der Idealbürger im Arbeiter-und-Bauern-Staat fühlte sich dem Staat verpflichtet und sorgte nach Kräften und mit Impfbereitschaft dafür, dass seine Arbeitskraft stets uneingeschränkt verfügbar war. Im Grunde genommen wurde hier die alte Frage der Priorisierung von Individualrisiko und Allgemeinwohl staatlicherseits geregelt, weil die Ideologie es erlaubte: Kollektiv vor Individuum. Analog zum allmählichen Niedergang der DDR seit den Siebzigerjahren und der wachsenden Entfremdung der Menschen von Staat und Sozialismus ließ die Impfbereitschaft in der zweiten Lebenshälfte des ostdeutschen Staates aber durchaus nach – und wie die Produktionszahlen pflichteilig frisiert wurden, um den planwirtschaftlichen Vorgaben wenigstens auf dem Papier zu entsprechen, wurden auch die Impfbilanzen geschönt. Intern machten sich die Behörden Sorgen um den Impfstatus des sozialistischen Volkes – und ebenso um die Impfstoffproduktion, die unter den spätsozialistischen Mangelsymptomen zunehmend litt. Über die Zeit der Teilung betrachtet, wies das deutsch-deutsche Verhältnis stets eine seuchenpolitische Parallele auf: Wettstreit um die bessere Impfvorsorge in den Sechzigerjahren, Annäherung und Absprachen im Gefolge des Grundlagenvertrags 1972, wachsende Kooperation in den Achtzigerjahren.

Schon 1961 erklärte sich die DDR frei von Polio, mit einer eindrucksvollen Kurve und dem Verweis auf die weiterhin vorkommende Krankheit in der Bundesrepublik. Der Vorsprung der DDR in der Seuchenbekämpfung, den die WHO neutral dokumentierte und Ostberlin gegen den sonst so überlegenen Westen anbringen konnte, hatte jedoch nicht allein gesundheitspolitische Gründe. Da sie nämlich in ihrer Mobilität beschränkt waren, konnten die DDR-Bürger seltener als Westdeutsche Erreger aus dem Urlaubsausland einschleppen. Dass umgekehrt der Westen die gesundheitspolitischen Erfolge der DDR nicht so einfach kontern konnte, lag neben der Impfskepsis im Volk und dem Prinzip von Freiwilligkeit und Mündigkeit des demokratischen Bürgers an marktwirtschaftlichen Errungenschaften wie dem Urlaub in der Ferne. Die Globalisierung erfuhr seit 1945 mehrere Entwicklungsschübe, und für die Verbreitung von Viren und Bakterien spielen seither die rasant zunehmende individuelle Mobilität und die globale wirtschaftliche Vernetzung die wichtigsten Rollen. Kriege dagegen waren seither regional begrenzt und trugen zum globalen Infektionsgeschehen weniger bei, als das in früheren Jahrhunderten und noch im Ersten Weltkrieg der Fall gewesen war. Andererseits ergaben sich nach dem Zweiten Weltkrieg neue Möglichkeiten, Infektionskrankheiten global zu bekämpfen.

Globale Zusammenarbeit in der Bekämpfung von Infektionskrankheiten

In den Jahrzehnten nach 1945 wuchs die Zuversicht, Infektionskrankheiten weltweit den Garaus zu machen. Seit der Entdeckung des Penicillins und der damit verbundenen Erfolge im Kampf gegen Wundbakterien, Blutvergiftung oder Geschlechtskrankheiten – und inmitten der allgemeinen technologischen Zuversicht der Nachkriegsjahre mit der Raumfahrt als ihrem Flaggschiff – kannte die Euphorie für eine Welt ohne Infektionskrankheiten wenig Grenzen. Bereits 1948 verkündete US-Außenminister George Marshall, die Welt sei nunmehr in der Lage, Infektionskrankheiten auszurotten. 15 Jahre später äußerte der australische Virologe und Medizinnobelpreisträger Frank Macfarlane Burnet:»Die Beherrschung der Infektionskrankheiten stellt den überhaupt größten Sieg dar, den der Mensch über seine Umwelt zu seinem eigenen Nutzen je errungen hat. Dieser Erfolg ist (...) ein prinzipiell vollständiger.« 1969 meinte der Chef der US-Gesundheitsbehörde, Surgeon General William H. Stewart, siegesgewiss, die Zeit sei gekommen,»das Buch der Infektionskrankheiten zuzuschlagen«. Schließlich stimmte weitere zehn Jahre darauf der britische Virologe John Cairns in den Ärztechor ein und schrieb:»Die westliche Welt hat den Tod aufgrund von Infektionskrankheiten so gut wie besiegt.«

Wir wissen heute, dass die Euphorie über das einstweilen Machbare weit hinausschoss, aber sie trug erheblich dazu bei, dass ehrgeizige Ziele in Angriff genommen wurden: Die Bekämpfung von Infektionskrankheiten durch konzertierte Impfprogramme auf allen Kontinenten, um den Erregern den Garaus zu machen. Dafür brauchte es allerdings globale Kooperation über Länder- und nicht zuletzt Systemgrenzen hinweg.

Erste Strukturen dafür gab es bereits. Angesichts der Bedrohung durch die Cholera war es Mitte des 19. Jahrhunderts zu internationaler Zusammenarbeit gekommen, die zum Ziel hatte, weltweite Pandemien durch rechtzeitige Eindämmung zu verhindern. Die Begründung einer internationalen Gesundheitspolitik musste jedoch zahlreiche Rückschläge verzeichnen, zumal vor dem Ersten Weltkrieg in der Epoche des Nationalismus, den die Mediziner ebenso verinnerlicht hatten wie die Öffentlichkeit insgesamt. Auch die Sanitärkonferenzen konnten konkret wenig bewirken, und es war vor allem durch hygienische Maßnahmen einzelner Kommunen gelungen, die Cholera aus Europa zu vertreiben. Doch immerhin war in der internationalen Kooperation ein Anfang gemacht, und die Katastrophe der Spanischen Grippe konnte als Warnung verstanden werden, was jederzeit wieder passieren konnte, wenn man sich nicht zusammenraufte.

Noch vor Ausbruch des Krieges gab sich der europäische Kontinent 1907 eine Institution, um eine ständige Kooperation der zunächst 23 Staaten zur Bekämpfung von Infektionskrankheiten zu gewährleisten: das Office international d'hygiène publique (OIHP) mit Sitz in Paris. Es war die erste Stufe zu einem organisierten öffentlichen Gesundheitswesen über die einzelstaatliche Gesundheitspolitik hinaus. Dabei ging es nicht mehr nur um das bloße Monitoring des Seuchengeschehens, sondern um Austausch und Absprachen bei der Bekämpfung und Vorsorge, darunter in Sachen Impfung. Ein eigener Nachrichtendienst sollte als Frühwarnsystem fungieren – im Grunde genommen auf nun internationaler Ebene eine Fortsetzung dessen, was bereits im Mittelalter die europäischen Städte versucht hatten, wenn sie versprachen, einander über das Auftreten der Pest zu informieren. Das OIHP blieb keine europäische Einrichtung, sondern wurde schon bald international durch die Mitgliedschaft von Ländern wie Persien, Indien oder die USA. Als nach dem Ersten Weltkrieg die Pariser Friedenskonferenz mit dem Völkerbund den Vorgänger der heutigen Vereinten Nationen ins Leben rief, erhielt die supranationale Organisation auch eine gesundheitspolitische Komponente im Gesundheitskomitee, dessen langjähriger Vorsitzender der renommierte polnische Bakteriologe Ludwik Rajchman wurde. Einstweilen gab es allerdings gleich drei internationale Gesundheitsorganisationen, weil das OIHP bestehen blieb und es zudem bereits seit 1902 das Pan-American Sanitary Bureau für den amerikanischen Doppelkontinent gab. Das Gesundheitskomitee verbuchte analog zum Völkerbund in den frühen Zwanzigerjahren einige Erfolge, erlebte jedoch parallel zu dem des UN-Vorläufers seinen Niedergang. Und so wie es nach dem Zweiten Weltkrieg der Nachfolgeorganisation Vereinte Nationen gelang, aus Defiziten und Fehlschlägen zu lernen, erlangte die 1948 gegründete

Weltgesundheitsorganisation (WHO) internationale Geltung mit einer ambitionierten Weltgesundheitspolitik unter dem in Artikel 1 der Satzung erklärten Ziel, »allen Völkern zur Erreichung des bestmöglichen Gesundheitszustandes zu verhelfen«.

Die WHO – Gesundheit für die ganze Welt

Politischen Druck erlebte allerdings auch die WHO seit ihrer Gründung, wie das im weltpolitischen Rahmen die Vereinten Nationen ebenfalls tun, und ihre gesundheitspolitische Macht ist durchaus beschränkt. Zum Beispiel kann sie in einem Land nur tätig werden, wenn dessen Regierung es zulässt. Dieser Aspekt machte 2020 Schlagzeilen, als China das Bemühen der WHO torpedierte, die Herkunft des Coronavirus zu ermitteln, doch politische Erwägungen sind ein altgewohnter Aspekt im internationalen Seuchenschutz. Trotzdem konnte die WHO viel Gutes bewirken, insbesondere in den Entwicklungsländern, wo sie den Gesundheitsstandard merklich anhob. Nicht zuletzt ihrem Wirken verdanken wir es, dass die Lebenserwartung eines Neugeborenen im weltweiten Vergleich heute zwar nicht überall gleich hoch ist, sich aber seit dem 18. Jahrhundert in allen Weltregionen in etwa verdoppelt hat.

Die größte Wirkung aber entfaltete die WHO in der internationalen Seuchenbekämpfung und ihrem globalen Impfprogramm. So gab es Verbesserungen auf internationaler Ebene, was Meldewesen, Quarantäneregeln und Impfrichtlinien betrifft, und durch Ausbildungs- und Forschungsprogramme wurde das Niveau des medizinischen Standards in vielen Ländern gehoben. Als Krankheiten nahm die WHO Frambösie, Syphilis, Tuberkulose, Lepra und Malaria in den Fokus. Gänzlich ausrotten lassen sich aber nur wenige Krankheiten: solche mit Erregern, die sich nicht ständig weiterentwickeln, sich nur im menschlichen Körper halten und daher per Impfung bekämpft werden können, bis sie völlig getilgt sind – jedenfalls wenn ein potenter Impfstoff vorliegt. Für die internationale Seuchenbekämpfung hat sich das Wirken der WHO für Milliarden Menschen als segensreich erwiesen, was neben internationalen Impfprogrammen gegen viele Infektionskrankheiten zwei Beispiele eindrucksvoll verdeutlichen: die Programme zur Ausrottung der Pocken und der Kinderlähmung – Erstere erfolgreich abgeschlossen, Letztere noch im Gange, aber bereits weit gediehen.

Weltweiter Kampf gegen Kinderlähmung

Das Polio-Programm der WHO geht unter anderem auf eine Initiative des Impfstoffentwicklers Albert Sabin zurück, dessen Schluckimpfstoff in seiner einfachen Verabreichung wie gemacht schien für eine Impfkampagne bis in die entlegensten Weltenwinkel. Institutionen und Finanzgeber konnten gewonnen werden, sodass 1988 angekündigt wurde, Poliomyelitis durch ein weltweites Impfprogramm bis zum Jahr 2000 auszurotten: die Global Polio Eradication Initiative (GPEI), für die seither über zehn Milliarden US-Dollar aufgewendet wurden. Rund um den Globus wurden Millionen um Millionen Kinder bis fünf Jahre an festgelegten Impftagen und mindestens zweimal gegen die Kinderlähmung immunisiert. Natürlich war es mit Impfterminen allein nicht getan. In den Entwicklungsländern mussten eine entsprechende Logistik von Impfstoffversorgung und Labortechnik aufgebaut sowie Millionen Freiwilliger verpflichtet werden. Regierungen und ihre Bevölkerungen mussten aufgeklärt und von der Immunisierung überzeugt werden. Die jeweils geeigneten Organisationen in den Ländern, von Kirchen bis Frauenverbände, wurden um Mithilfe gebeten. Daneben musste das Programm medizinisch überwacht und dokumentiert werden – auch nach erreichter Herdenimmunität, um ein Wiederaufflackern der Virusverbreitung sogleich zu bemerken.

Die Entscheidung, für das WHO-Programm zur Ausrottung der Poliomyelitis das Sabin-Vakzin einzusetzen, lag auf der Hand: Die Impfung kann leichter und mit weniger Personalaufwand verabreicht werden, was die Kampagne in Ländern mit schlechtem Gesundheitssystem und in abgelegenen Regionen erleichterte. Allerdings handelt es sich beim Sabin-Impfstoff um ein Lebendvakzin aus abgeschwächten Viren, die gelegentlich eben die Krankheit auslösen können, die der Impfstoff eigentlich verhindern soll. Vor allem bei Kindern mit geschwächtem Immunsystem konnten im Gefolge der Impfung Polio-Fälle auftreten, etwa einer unter einer Million Impfdosen. Solche Fälle waren in der Kampagne vor allem nach der Jahrtausendwende zu beobachten, sie warfen das Programm als Ganzes ebenso zurück, wie sie seinem Ansehen schadeten. Die Injektion mit dem Salk-Impfstoff hingegen ist zwar sicher, aber dafür aufwendiger in der Verabreichung. Außerdem ist das Vakzin in der Herstellung teurer – und die Impfung bewahrt Kinder zwar vor Polio, nicht aber davor, infektiös zu sein und das Virus an andere weiterzugeben. Am Ende machte aber doch wieder der Salk-Impfstoff das Rennen – lange nachdem die beiden Konkurrenten gestorben waren. Geimpft wird inzwischen mit einer weiterentwickelten Version des Salk-Impfstoffs, was die Kampagne kompliziert und damit verlängert, weil das Vakzin gespritzt werden muss und daher medizinisches Personal benötigt wird.

Das Programm zur globalen Ausrottung der Kinderlähmung ist kaum weniger komplex und ambitioniert, als auf dem Mars zu landen oder Klimaneutralität zu erreichen. Doch Viren sind winzig, und ein weltweites Impfprogramm gegen eine Krankheit, die aus dem Horizont des reicheren Teils der Welt ohnehin weitgehend verschwunden ist, liefert sehr viel weniger spektakuläre Bilder. Als das Programm im Mai 1988 initiiert wurde, wurde die

Zahl der Polio-Erkrankungen weltweit auf 350 000 geschätzt, verteilt auf über 125 Länder. Die Kampagne kam aber zu Beginn mit erstaunlicher Geschwindigkeit voran: Bereits drei Jahre nach Start des Programms hatte sich die Zahl der Poliofälle weltweit halbiert. Als Erstes konnte 1994 der amerikanische Doppelkontinent poliofrei erklärt werden, 2000 folgte die Westpazifikregion und 2002 Europa. Im Jahr 2000 wurden bereits nur noch 2880 Fälle in gut 20 Ländern registriert – und im Verlauf eines Jahres wurde die Rekordzahl von 550 Millionen Kindern geimpft. Zum Beginn des neuen Millenniums hätte das Programm eigentlich abgeschlossen werden sollen, gedacht als Geschenk des 20. an das 21. Jahrhundert, wie es offiziell hieß. Doch dieses Ziel war wohl von Anfang an allzu ehrgeizig gewesen, mochte es auch so aussehen, als sei der größte Teil der Arbeit getan. Denn zu Beginn des neuen Jahrtausends waren nur noch vier Länder polio-belastet: Afghanistan, Indien, Nigeria und Pakistan. Seither wurden abermals mehrere Milliarden Kinder weltweit gegen Poliomyelitis immunisiert. In Afghanistan bedeuteten Krieg und die erste Talibanherrschaft 1996-2001 einen Rückschlag, in Nigeria blieben in manchen muslimischen Regionen die Vorbehalte groß, weil sie von islamistischer Seite bestärkt wurden. Ein kostenloses westliches Vakzin zur Ausrottung einer Krankheit, die weniger wichtig erschienen als der Kampf gegen Armut und Aids, weckte Misstrauen. Und wieso erhielten die reichen Länder einen anderen Impfstoff (Salk) als die armen (Sabin)? Verschwörungstheorien kamen auf, was die Intentionen der reichen Industrienationen für ein solches Programm betraf. Zeitweise musste das Programm ganz unterbrochen werden. In Indien und Pakistan waren es insbesondere arme Regionen, in denen das Poliovirus nicht mit vollem Erfolg bekämpft werden konnte. Jenseits von Vorbehalten in armen Regionen oder ideologischer Instrumentalisierung brachten Kriege den Zeitplan durcheinander, weil sie die Logistik erschwerten und Flüchtlingsströme geordnete und dokumentierte Impfungen vorübergehend unmöglich machten. Oft genug schlug auch das Präventionsparadox zu, wenn der mittelfristige Erfolg staatliche Gesundheitssysteme nachlässig werden ließ und den Viren die Rückkehr ermöglichte. Doch trotz aller Rückschläge läuft das Polio-Programm der WHO noch immer. Schritt für Schritt stellten sich weitere Erfolge ein: Von den drei Wildtypen des Poliovirus waren Nummer 2 im Jahr 2015 und Nummer 3 im Jahr 2019 ausgerottet. Südostasien wurde 2014 für poliofrei erklärt, Afrika 2020. Der Plan, Polio auszurotten, ist weit gediehen, denn fast alle Kontinente konnten bereits als poliofrei zertifiziert werden. Inzwischen tritt die Kinderlähmung nur noch in Afghanistan und Pakistan vereinzelt auf, 2021 war es bis zum Spätsommer nur je ein Fall.

Die nächste Etappe der WHO ab 2022 sieht vor, bis Ende 2023 die Verbreitung des verbliebenen Wildvirustyps 1 zu stoppen und Ende 2026 die Ausrottung der Poliowildviren verkünden zu können. Gleichzeitig sollen die Ansteckungen mit Virusvarianten bekämpft werden, die durch eine Rückmutation aus dem Sabin-Lebendimpfstoff entstehen konnten und 2020 in Afrika noch in 172 Fällen vorkamen. Diese impfinduzierten Virusvarianten sind zwar sehr selten, müssen aber ebenfalls getilgt werden, damit die Menschheit dauerhaft von der Kinderlähmung befreit wird.

Noch immer wird die WHO häufiger kritisiert als gelobt, zuletzt angesichts einiger Versäumnisse in der Coronakrise. Doch die Kritik ist immer auch wohlfeil, weil globale Kooperation nun mal schwierig ist und eine Institution für Weltgesundheit nur so wirkungsvoll sein kann, wie die Staaten dies zulassen. Wenn zumal die wohlstandsverwöhnte westliche Welt die WHO kritisiert, sollte stets im Kopf bleiben, wie es ohne sie um die Weltgesundheit bestellt wäre: in den meisten Teilen der Welt bedeutend schlechter. Und die wohlstandsinduzierte Sicherheit ist auch auf dem Gebiet der Gesundheit trügerisch. Die Sorge um den Gesundheitsschutz in allen Gegenden der Erde ist nämlich keineswegs nur eine Frage der Gerechtigkeit, sondern ebenso von Eigennutz. Weltgesundheit ist heute, unter den Bedingungen beschleunigter Globalisierung, wichtiger denn je, weil der weltweite Flugverkehr und Gütertransport Erreger von Infektionskrankheiten im Handumdrehen weltweit verteilen kann. Mit Investitionen der industrialisierten Welt in die globale Gesundheit ist es wie mit Finanzhilfen zur Begrenzung der Erderwärmung: Abgesehen von Fragen globaler Verantwortung geht es letztlich ebenso um Prävention und Lebensversicherung für jede andere Weltgegend, weil die Weltgesundheit von globaler Bedeutung ist.

KAPITEL 9

Aids – das Virus und die Moral

Durch die Seuchengeschichte fällt auf, wie unerwartet hereinbrechende Krankheiten wie der Schwarze Tod im 14. Jahrhundert oder fünf Jahrhunderte später die Cholera auf bereits verunsicherte Gesellschaften in Krise oder Umbruch trafen. Ganz ähnlich war es, als gegen Ende des 20. Jahrhunderts plötzlich Aids in die Wahrnehmung der Welt trat. Die Fortschrittseuphorie der Nachkriegszeit war seit den Siebzigerjahren mit Ölkrisen und Wachstumseinbrüchen, atomarer Hochrüstung und Umweltproblemen einer erheblichen Verunsicherung gewichen. Ein Schlüsseljahr war es insbesondere, das Gewissheiten verabschiedete – als, wie das Buch des Historikers Frank Bösch *Zeitenwende 1979* im Untertitel klarmacht, »die Welt von heute begann«. Umweltgefahren durch Atomkraft und Erderwärmung, eine schwächelnde Weltwirtschaft, religiöser Fundamentalismus als politischer Faktor, Flüchtlingswelle und Globalisierungsschub, Revolutionen, Kriegsangst und Wettrüsten beförderten ein Unbehagen in den Gesellschaften der Industrieländer, das die Achtzigerjahre prägen sollte. Vergleiche zu den Krisenjahren Anfang der 1930er-Jahre kamen auf, und das Kommende schien mit einem Mal weniger Verheißung denn Bedrohung.

Wenn sich im Jahr 1979 die Ereignisse bündeln, um die politischen Geschicke der Welt fortan zu bestimmen, lässt sich das Jahr

1980 als eine Art Wasserscheide der Seuchengeschichte im 20. Jahrhundert ansehen. Denn während einerseits ein beispielloser historischer Triumph in der Bekämpfung der Infektionskrankheiten gefeiert werden konnte, kündigte sich andererseits, noch unbemerkt, eine neue Gesundheitskrise an, die die Achtzigerjahre prägen sollte.

Am 8. Mai 1980, nicht zufällig dem Jahrestag des Kriegsendes 1945, verkündete die Weltgesundheitsorganisation den endgütigen Sieg über die Pocken. Nach weniger als anderthalb Jahrzehnten des WHO-Programms zur weltweiten Ausrottung des Pockenvirus wurde der Erfolg offiziell festgestellt. So bemerkenswert dieser Triumph auch war, wurde er vor allem in den westlichen Ländern wohl nicht so gewürdigt, wie es dem Anlass angemessen gewesen wäre. Immerhin war es damit zum ersten Mal in der Menschheitsgeschichte gelungen, einer Infektionskrankheit den Garaus zu machen. Doch für die westliche Welt hatten die einst so gefürchteten Pocken ihren Schrecken schon längst verloren. Außerdem vollzog sich die Tilgung der Pocken aus westlicher Perspektive über einen sehr langen Zeitraum von nahezu 200 Jahren. Schwerer als die Erleichterung wog jedoch der Schrecken, als plötzlich eine neue, rätselhafte Seuche auftauchte. Als ein unangekündigtes schweres Gewitter, das sich noch dazu wie in einem tiefen Tal festzusetzen schien, brach die Aidskrise über die allgemeine, seit den Siebzigerjahren bestimmende Großwetterlage von Unsicherheit, Ängsten und Desillusionierung herein. Vielen erschien sie wie die Wiederkehr einer Zeit, die man bereits in den Geschichtsbüchern verstaut hatte, und sie bot Anlass, überholt geglaubte Ängste und Reflexe erneut zu aktivieren.

So frisch der Erfolg gegen Polio durch die Schluckimpfung mittels beträufeltem Zuckerwürfel noch war, so sehr dank neuer Medikamente und Entwicklungen in der Medizintechnik Therapieerfolge gegen viele Krankheiten verbucht wurden: Wie über Nacht schwand die Überzeugung, die Menschheit habe in Sachen

Seuchen und Pandemien das Schlimmste hinter sich und der endgültige Sieg über Infektionskrankheiten sei nur noch eine Frage der Zeit. Dass für die Bekämpfung der Seuchengeschichte das 20. Jahrhundert bisher so viel besser verlaufen war als das 19., fiel mit einem Mal nicht mehr ins Gewicht, als eine neue Seuche alte Angstreflexe reaktivierte.

Ein neues Krankheitsbild gibt Rätsel auf

1980 sahen sich Ärzte erst in Kalifornien, dann an der US-Ostküste mit einem neuen Krankheitsbild konfrontiert, das auf eine rätselhafte Immunschwäche unter jungen Männern hindeutete. Die Patienten litten an opportunistischen Krankheiten, für die normalerweise bereits geschwächte Menschen anfällig sind, mit denen ein intaktes Immunsystem hingegen mühelos fertigwird. Wie also erklärte sich, dass es eigentlich gesunde Männer im besten Alter traf? Es handelte sich um Lungen- oder Schleimhautinfekte aufgrund eines Pilzes sowie das Kaposi-Sarkom, eine überaus seltene Form von Hautkrebs, und eine auffällige Konzentration bestimmter Herpesviren. Der Verdacht lag nahe, dass ein irgendwie geschwächtes Immunsystem sich der pathogenen Mikroorganismen nicht erwehren konnte. In dieser Richtung suchten die Mediziner zuerst, und wie sich herausstellte, verfügten die Patienten in der Tat über auffallend wenig T-Zellen, unverzichtbarer Teil der menschlichen Immunabwehr. Anfang Juni 1981 trat Aids, noch namenlos, ins Licht der Aufmerksamkeit, als das Center for Disease Control and Prevention (CDC), das Institut für Infektionskrankheiten des US-Gesundheitsministeriums, den ersten kurzen Fachartikel zum Thema publizierte. Einige Wissenschaftler vermuteten sogleich ein spezifisches, aber noch unbekanntes Virus am Werk, das die natürliche Immunabwehr des Körpers sabotierte. Sie ahnten außerdem, dass das neuartige Phänomen keine kleine

Sache bleiben würde – mit der Publikation sollte die Ärzteschaft hellhörig gemacht werden, um dem Krankheitsbild und seiner möglichen Ausbreitung auf der Spur zu bleiben. Auch die Jagd nach dem Erreger begann umgehend.

Da die betroffenen Männer homosexuell waren, lag die Vermutung nahe, die Krankheit könne in direktem Zusammenhang mit schwuler Lebensweise und Sexualität stehen. Die erste Bezeichnung für das Krankheitsbild lautete denn auch »Gay Related Immune Deficiency« (GRID): eine Immunschwäche, die Schwule befällt. Ende 1981 waren in den USA bereits 121 Männer an der neuartigen Immunschwäche gestorben. Als die Öffentlichkeit davon erfuhr, wurde aus dem mysteriösen Krankheitsbild im Handumdrehen eine »Schwulenseuche« oder »Schwulenpest«, mit allen Folgen einer solchen Zuschreibung auf eine diskriminierte gesellschaftliche Randgruppe. Bald stellte sich allerdings heraus, dass es Angehörige von insgesamt vier Gruppen traf, die als die vier »Hs« bezeichnet wurden: Homosexuelle, Haitianer, Hämophile (Bluter) und Heroinabhängige. Bis sich erwies, dass Heterosexuelle ebenfalls gefährdet und die afrikanischen Länder besonders dramatisch von Aids betroffen waren, verging noch einige Zeit.

Erreger und Übertragungswege der Krankheit blieben einstweilen unbekannt, also wurde beim Verdacht auf das neue Krankheitsbild vor allem der Immunstatus untersucht, der neben den Symptomen als wichtiger Indikator galt. Als Sackgasse sollte sich eine der anfänglichen Vermutungen zur Entstehung des Phänomens erweisen, das damals rege konsumierte Sexstimulantium Amylnitrit, szeneweit »Poppers« genannt, habe damit zu tun. 1982 erhielt die neuartige Form der Immunschwäche den Namen Aids, anfangs A.I.D.S. geschrieben: »Acquired Immune Deficiency Syndrome«, Erworbenes Immunschwächesyndrom. Obwohl andere Risikogruppen als schwule Männer schon früh bekannt waren, blieb es noch jahrelang bei der Wahrnehmung von Aids als einer »Homo-Seuche«. Das lag wohl zum einen am altgewohnten

Abwehrreflex, eine Seuche »den anderen« zuzuschreiben, sowie zum anderen an der Mischung aus schillernder Randgruppe mit wachsender Sichtbarkeit und dem sexuellen Kontext der neuartigen Erkrankung. Wären allein Drogenabhängige oder Bluter betroffen gewesen, wäre die öffentliche Aufmerksamkeit zweifellos deutlich geringer und kurzlebiger ausgefallen.

HI-Viren werden als Auslöser von Aids identifiziert

Es dauerte bis 1983, ehe der Virustyp HIV-I identifiziert werden konnte – Voraussetzung für die Entwicklung eines Virustests zur Diagnostik. 1986 wurde eine weitere Virusvariante nachgewiesen: HIV-II. Bei den HI-Viren handelt es sich um Retroviren, die mittels eines Enzyms ihre eigene RNA auf die menschliche DNA umkodieren und sich so in den menschlichen Zellen einnisten können. Davon merken Infizierte wenig, allenfalls verspüren sie leichte Symptome ähnlich einer Grippe; sie sind jedoch in dieser ersten Phase, die bis zu drei Monate andauert, besonders infektiös. Danach können Monate bis Jahre vergehen, ehe das Virus das Immunsystem befällt und sich Symptome von Aids ausbilden. Diese lange Latenzzeit ist deshalb hochproblematisch, weil der Infizierte vom Virus nichts merkt, es aber an andere weitergeben kann.

Ab 1985 war ein HIV-Antikörpertest verfügbar, der aber einstweilen nur Gewissheit verschaffte, ein tödliches Virus in sich zu tragen. Weil geeignete Medikamente, um der Krankheit wirksam entgegenzutreten, noch für lange Zeit nicht verfügbar waren, bedeutete eine positive HIV-Diagnose für die Betroffenen nichts weniger als ein Todesurteil mit unbekanntem Vollstreckungstermin. Einen Impfstoff gibt es bis heute nicht, und die HIV-Infektion kann noch immer nicht geheilt werden. Entwickelt wurden aber inzwischen gute Therapiemöglichkeiten, um das Virus durch antiretrovirale Medikamente im Zaum zu halten, indem man die Fähigkeit des Virus blockiert, sich auf die menschliche DNA umzukodieren. Dadurch kommt es nicht zum Krankheitsausbruch, und Infizierte können mit ihrer Diagnose leben. Aids ist dadurch zu einer zwar weiterhin unheilbaren, aber beherrschbaren chronischen Krankheit geworden. Überhaupt trat HIV zu einem Zeitpunkt ins Rampenlicht, als unter anderem durch die Krebs-Forschung Kenntnisse über Retroviren, spezifische Möglichkeiten für Diagnostik und zur Entwicklung von Medikamenten zur Verfügung standen – Glück im Unglück also. Anfang der Neunzigerjahre wurden antiretrovirale Medikamente wie Azidothymidin (AZT, das eigentlich zur Krebsbehandlung entwickelt worden war) verfügbar, das Bestandteil der antiretroviralen Therapie wurde. Mit einer Kombination verschiedener Wirkstoffe lassen sich die HI-Viruslast verringern, das Immunsystem weitgehend intakt halten und jene opportunistischen Infektionen vermeiden, die als Folge der Infektion sonst zum Tod führen können. Allerdings liegt das Glück wieder einmal im reicheren Teil der Welt: In den Entwicklungsländern insbesondere in Afrika, wo die Pandemie am schlimmsten wütet, sind die teuren Medikamente meist unbezahlbar. Ganz abgesehen von all denen, die an Aids starben, bevor wirksame Therapien entwickelt waren. An Impfstoffen wird noch immer geforscht, allerdings macht die enorme Mutationsfähigkeit, in der das HI-Virus die Influenza- oder Coronaviren merklich übertrifft, die Entwicklung eines wirksamen Serums überaus schwierig – vielleicht unmöglich.

Erstes Auftreten und Ausbreitung des HI-Virus

Aids ist das Ergebnis einer Zoonose: Das HI-Virus entstand durch Mutation aus dem SI-Virus (Simianes Immundefizienz-Virus), das bei Affen eine Immunschwäche auslöst, und ging vom Tier auf den Menschen über. Wann das passierte, ist nicht vollends geklärt, aber Forscher vermuten, dies könne in den ersten beiden Jahrzehnten des 20. Jahrhunderts passiert sein. Da das HI-Virus in zwei Typen vorkommt, geht man von zwei unterschiedlichen Schauplätzen dafür aus. Das deutlich virulentere HIV-1, das für die spätere Pandemie vor allem verantwortlich ist, entstammt wahrscheinlich den Grenzregionen von Kongo, Burundi und Ruanda, damals noch eine belgische Kolonie. Das weniger ansteckende HIV-2 entstand vermutlich zur selben Zeit in Westafrika.

Erste Fälle der Ansteckung von Mensch zu Mensch lassen sich bis in die 1950er-Jahre zurückverfolgen; der älteste Nachweis des Virus stammt von einer Blutprobe, die 1959 im heutigen Kinshasa genommen wurde. Weiterhin unentdeckt und erst im Nachhinein nachweisbar, wurde das Virus in verschiedenen Regionen Afrikas in den 1970er-Jahren häufiger. Vermutlich bereits in den Sechzigerjahren erreichte das HI-Virus Haiti, eingeschleppt von heimkehrenden Haitianern, die im Kongo gearbeitet hatten, nachdem das Land aus der belgischen Kolonialherrschaft entlassen worden war. Von Haiti gelangte das HI-Virus nach Nordamerika – vielleicht durch Geflüchtete vor der damaligen Diktatur in Haiti, vielleicht durch Ansteckung bei touristischen Sexualkontakten, vielleicht in exportierten Blutkonserven.

Einer verbreiteten Theorie zufolge ermöglichten Massenimpfungen mit dem Polio-Impfstoff gegen Kinderlähmung Ende der Fünfzigerjahre die Zoonose, weil für die Zucht der Polioviren Zellen von Affen genutzt wurden, deren Blut verseucht war. Diese These ist aber nicht beweisbar und gilt aufgrund von Forschungen am Mutationsfortgang des HI-Virus als überholt. Möglicherweise konnte die Übertragung auf den Menschen durch den Verzehr von infiziertem Fleisch durch Urwaldjäger geschehen, aber das ist ebenfalls eine unbewiesene These, wenn auch durchaus schlüssig. Eine Rolle bei der Verbreitung dürfte wieder einmal die Globalisierung gespielt haben, in Afrika untrennbar verbunden mit dem Kolonialismus, der dem Kontinent immer mehr große Städte, Straßen und Eisenbahnlinien einbrachte. Möglicherweise war zudem ein Mangel an medizinischer Hygiene mit im Spiel, der die Prophylaxe gegen eine Krankheit zur Startrampe für eine andere machte, etwa durch Mehrfachnutzung oder mangelnde Desinfektion von Injektionsnadeln.

Der Spätphase des Kalten Krieges schließlich entstammt die Behauptung, das HI-Virus sei in einem US-Forschungslabor entstanden oder zumindest von dort aus in die Welt getragen worden. Die Legende strickte 1985 der Moskauer Geheimdienst KGB – ein typischer Fall sowjetischer Desinformation, tatkräftig unterstützt von der DDR-Stasi. Es entwickelte sich eine hartnäckige Verschwörungstheorie in den zwei Varianten Unfall oder Absicht, die bis heute kursiert. Danach sollte das HI-Virus aus der damaligen US-Biowaffenanlage Fort Detrick in Maryland stammen, wo man auf der Suche nach biologischen Waffen in Afrika das HI-Virus aufgestöbert oder eigens entwickelt habe. Durch einen Unfall oder mit Absicht habe es den Weg aus den Militärlabors gefunden und die Aids-Pandemie ausgelöst. Großes Aufsehen erregte noch 1987 ein ausführliches Gespräch des Ostberliner Biologen Jakob Segal und des DDR-Schriftstellers Stefan Heym darüber, abgedruckt von der Berliner Zeitung *taz*. Doch das Lügengespinst lässt sich leicht widerlegen, sowohl wissenschaftlich als auch durch mittlerweile zugängliche Akten des KGB. Unter besonders betroffenen Bevölkerungsgruppen kursierte und kursiert außerdem die Verschwörungstheorie ähnlich der über die Cholera: Es handele sich um eine Aktion zum Massenmord an Homosexuellen oder zum Genozid an Afro-Amerikanern oder Afrikanern.

Die »Schwulenseuche« – Stigmatisierung von Homosexuellen

Insbesondere in den westlichen Industriestaaten wurden die Schwulen von der plötzlichen Bedrohung eiskalt erwischt. Durch das neue, vermeintlich schwulenspezifische Krankheitsbild drohte eine verschärfte Stigmatisierung, dabei waren die Bedingungen gerade erst besser geworden. Und da die Ansteckung auf ähnlichem Weg wie bei der skandalisierten Syphilis auf sexuellem Weg vonstattenging, wurde »Lustseuche« zu einer weiteren Chiffre, in Medien wie in Kreisen sittlich geordneter Lebensverhältnisse gleichermaßen.

Homosexuelle in Deutschland profitierten damals von der Liberalisierung insbesondere der Sechzigerjahre mit der sogenannten »sexuellen Revolution« und vor allem vom Einsatz der Schwulenbewegung. Die war älter, als selbst den Betroffenen damals noch bewusst war, und hatte ihren Ursprung in München, wo bereits 1867 der mutige Jurist und Publizist Karl Heinrich Ulrichs auf dem Deutschen Juristentag die Entkriminalisierung der Homosexualität gefordert hatte. Das blieb einstweilen folgenlos, aber die weltweit erste öffentliche Forderung im Kampf um gesellschaftliche Anerkennung war damit getätigt. Der Weg von dort war steinig und langwierig und wurde nach einigen Verbesserungen weit zurückgeworfen durch die NS-Zeit sowie nach 1945 durch den Fortbestand der Kriminalisierung in Form des Naziparagraphen 175 in der Bundesrepublik. Einen merklichen Schub erhielt die Emanzipationsbewegung in den Siebzigerjahren, allgemein durch die gesellschaftliche Liberalisierung und im Besonderen durch das Beispiel aus den USA in Form der New Yorker »Stonewall Riots« 1969. 1971 kam der Film »Nicht der Homosexuelle ist pervers, sondern die Situation, in der er lebt« des Regisseurs Rosa von Praunheim heraus und geriet zum Fanfarenstoß der westdeutschen Schwulenbewegung. Homosexuelleninitiativen wurden gegründet, und die Emanzipationsbewegung gewann Selbstbewusstsein und Aufmerksamkeit. Zwar endeten Stigmatisierung und Diskriminierung noch lange nicht, wurde der »Schwulenparagraph« nur in kleinen Schritten entschärft und erst 1994 ganz abgeschafft. (Die Entkriminalisierung begann in der Bundesrepublik erheblich später als in der DDR, Österreich oder der Schweiz.) Doch die Lebensverhältnisse für Schwule besserten sich seit den Siebzigerjahren zumindest allmählich. Die Emanzipationsbewegung schuf ein gewisses Gruppenbewusstsein und bestärkte zunehmend mehr Schwule und Lesben darin, sich nicht mehr zu verstecken. Dabei profitierten sie von der allgemeinen gesellschaftlichen Liberalisierung nach der Ablösung der CDU als Regierungspartei und der Kanzlerschaft der SPD unter Willy Brandt.

Dann aber drangen über den Atlantik die bösen Nachrichten einer mysteriösen neuen Krankheit, die vor allem junge Schwule befiel. In einer Zeit ohne Internet und soziale Medien, dafür mit hohen Kosten für Telefonate und Flugreisen war der Kontakt zwischen Schwulen in Deutschland und den USA nicht so eng, wie er es heute sein kann, sodass die schlimmen Neuigkeiten nicht im Austausch der Communitys, sondern auf dem klassischen Nachrichtenweg nach Deutschland vordrangen.

Die Berichterstattung in Deutschland begann nach dem ersten US-Artikel noch im Sommer 1981, größere Aufmerksamkeit erhielt das Thema aber erst im Jahr darauf durch Artikel der wichtigsten Printmedien. Zuerst berichtete im März 1982 die *Zeit,* dann Mitte April der *Stern.* Ende Mai schließlich erschien im Wissenschaftsteil des *Spiegel* ein Artikel mit dem Titel »Schreck von drüben«. Das Wochenmagazin berichtete, in den Schwulenhochburgen New York und San Francisco litten bereits Hunderte junger Männer am tödlichen Kaposi-Syndrom, 136 Todesopfer wären bereits zu beklagen. »Aber das sei, so vermuten die Ärzte, nur die ›Spitze des Eisberges‹. Zehntausende von Homosexuellen, schätzt das staatliche ›Zentrum für Krankheitskontrolle‹ in Atlanta, US-Staat Georgia, seien womöglich schon infiziert.« Das klang alarmistisch und setzte die Tonart der weiteren Berichterstattung über Aids: eine Bedrohung noch unbekannten Ausmaßes, virulent im Verrucht-Verborgenen der Schwulenszene und von ihrer notorischen sexuellen Zügellosigkeit befeuert. Im Rückblick besehen, kann das nicht verwundern, denn die Wahrnehmung entsprach zugleich dem Zeitgeist wie dem kollektiven Gedächtnis. Wie im Fall von Pest oder Cholera als plötzlich hereinbrechende fremde Seuchen aktivierte Aids das Reservoir kollektiver Ängste und Reaktionsmuster. Gleichzeitig ermöglichte die allgemein gesellschaftliche sowie sexuelle Liberalisierung, die spezifische Übertragbarkeit auf geschlechtlichem Weg in einer zunehmend weniger tabuisierten Randgruppe medial auszuschlachten und den gewachsenen Appetit einer breiten Öffentlichkeit an deftigen Details zu bedienen.

Anfang Juni 1983 brachte der *Spiegel* seine erste Titelstory zum Thema, deren Überschrift »Tödliche Seuche AIDS – Die rätselhafte Krankheit« sich zwar nicht auf Schwule bezog, auf dem Cover aber ziemlich aussagekräftig zwei nackte Männer präsentierte: der eine dem anderen offenbar in den Schritt greifend, verdeckt von der Darstellung mikroskopisch vergrößerter Bakterien wie auf einem Objektträger. Die Themen Sex und Homosexualität waren also visuell angekündigt. Wenig verwunderlich, gab es unterschiedliche Wahrnehmungen der Bedrohung: Für Schwule war sie sehr konkret, für alle anderen schien die Frage vordringlich, ob das Virus über seine Zielgruppen hinauswirken würde. Die anderen Risikogruppen blieben im Hintergrund, der Fokus lag auf der »Schwulenseuche«.

Erst 1985 sollte der Spiegel Aids zum Anlass nehmen, eine Artikelserie zur Seuchengeschichte zu starten, aber der Zusammenhang wurde von Anfang an hergestellt und war zweifellos unvermeidbar:»Seuchen wie Pest und Cholera, folgenschwere

Viruserkrankungen wie Pocken und Kinderlähmung hat der Mensch durch zunehmende Hygiene, durch Impfstoffe und Medikamente unter Kontrolle gebracht. Auch über Viruskrankheiten wie Herpes oder Hepatitis rückt der Sieg schon in greifbare Nähe – wie ein Schock kommt da die geheimnisvolle Krankheit Aids (...)« Der Artikel war im Informationsgehalt seriöser, als der Titel vermuten ließ, aber Schlagworte wie Lustseuche, Zeitbombe, Homo-Krebs, Schwulenseuche wurden bemüht. »Droht eine Pest? Wird Aids wie ein apokalyptischer Reiter auf schwarzem Roß über die Menschheit kommen? Ist eine moderne Seuche in Sicht, die sich zu Tod, Hunger und Krieg gesellen wird, wie einst im Mittelalter? Oder werden nur die homosexuellen Männer dran glauben müssen?«

Diese und ähnliche saftige Sätze in nachfolgenden Artikeln wurden dem *Spiegel* immer wieder vorgehalten, und das Magazin spielte durchaus auf der Klaviatur der Entrüstung einer moralisch weiterhin konservativen Mehrheitsgesellschaft. Wiederholt war von der Promiskuität der Szene die Rede, die das Virus verbreiten half. Dafür musste man gar nicht explizit moralisieren, denn das übernahm der größere Teil der Leserschaft schon selbst. Die Berichterstattung der bundesdeutschen Medien entsprach den Ängsten, die drohende Seuchen noch immer hervorgerufen hatten, nunmehr gewandet in auflagefördernden Alarmismus moderner Medien allgemein und durch das auf eine sexuelle Minderheit gerichtete Spotlight ergänzt. Allen voran bediente der *Spiegel* gleichzeitig Ängste, Sensationslust sowie das Informationsbedürfnis der Öffentlichkeit und zog damit viel Kritik auf sich; wütende Abwehr kam vor allem von Schwulen, die sich an den Pranger gestellt fühlten. Das Hamburger Magazin berichtete seither regelmäßig, oft in großen Titelstorys, doch die anderen Medien waren nicht weniger kritikwürdig, wenn sie, bei häufig geringerem Informationsgehalt, die Mischung aus Seuche und Bedrohung, Tod und Ratlosigkeit der Medizin, Homosexualität und Sexpraktiken sowie

Details einer verruchten Subkultur durchaus auflagenfördernd einsetzten, wenn nicht ausschlachteten.

Doch auch ohne journalistisches Zutun bestand erhebliches Sensationspotenzial für die öffentliche Wahrnehmung, die noch vor wenigen Jahrzehnten ungleich prüder, konservativer und randgruppenfeindlicher war als heute. Bürgerrechte für Homosexuelle wie die Homo-Ehe oder die Abschaffung des Paragraphen 175 galten noch vor gut einer Generation den meisten Bundesdeutschen als undenkbar. Eine Seuche erlaubte mithin den voyeuristischen Blick auf das Andersartige im eigenen Land, ganz ähnlich dem sich moralisch ereifernden Bürgertum angesichts der Cholera in den Slums der Industriestädte anderthalb Jahrhunderte zuvor. Gewissermaßen wurde das Kaposi-Sarkom zur Pestbeule und die Grenze zwischen Hetero- und Homosexualität zum neuen Cordon sanitaire – bis später das mysteriöse Afrika als Herkunftsregion des HI-Virus zum Indien der neuen Seuchengefahr stilisiert wurde. Dass nicht allein homosexuelle Männer und kleinere Randgruppen aids-gefährdet waren, sondern jeder sexuell aktive Mensch sich das Virus einfangen konnte, drang Mitte der Achtzigerjahre ins öffentliche Bewusstsein vor. Wieder markiert eine *Spiegel*-Titelstory den Übergang, der 1985 schrieb, die Krankheit betreffe nicht mehr Homosexuelle allein. Sie verlasse das Ghetto, legte der *Stern* kurz darauf nach. In Verdacht gerieten jetzt die Schnittmengen zwischen schwuler Szene und bürgerlich-heterosexueller Welt, wo das Virus überspringen konnte. Das Sensationspotenzial der »Lustseuche« wurde also weiter ausgeschöpft, und doch war im Laufe der Zeit ein Gewöhnungseffekt zu verzeichnen.

Zunächst aber sahen sich Schwule durch die Berichterstattung diskriminiert und in die Ecke gedrängt. In Gefahr waren die bisherigen Errungenschaften der Schwulenbewegung, das kleine Mehr an gesellschaftlicher Toleranz, an Spielraum im Lebensalltag. Diese Wahrnehmung war schon deshalb naheliegend, weil

Aids in Deutschland einstweilen gar nicht aufzutreten schien und darüber wohl mehr Gerüchte als Fakten im Umlauf waren. Lag hier also nicht eine unbegründete, geschürte Hysterie vor, um die Uhr der sexuellen Befreiung zurückzudrehen? Dass die Berichterstattung sich sogleich derart auf Schwule und ihre Sexualität stürzte, erschien wie ein mit Bedacht gesetzter Schlag gegen den Emanzipationsprozess, das Thema wie gerufen für konservative Kräfte im Land. Denn für die Community geschah all das nicht nur inmitten der allgemeinen Verunsicherung der frühen Achtzigerjahre, sondern in einem spezifischen politischen Kontext, in der Bundesrepublik ebenso wie international: dem Gespenst der »konservativen Wende«. Der Beginn der Ära Kohl 1982 nach zehn Jahren SPD-Kanzlerschaft verschärfte die Krisenwahrnehmung der Schwulen in Deutschland. CDU und insbesondere CSU redeten schon geraume Zeit einer auch gesellschaftlich konservativen »Wende« das Wort, betonten die Werte von Nation, Tradition und Familie und stellten damit mindestens die Fortsetzung der Schwulenemanzipation infrage, wenn nicht gar ein Rückschritt drohte. International schienen die politischen Zeichen ebenso zurück in alte Zeiten zu weisen, nachdem in Großbritannien mit Margaret Thatcher und in den USA mit Ronald Reagan ein konservativer Salto rückwärts im Gange war. Zwar lässt sich rückblickend erkennen, dass diese Wende (abgesehen vom wieder verfolgten Kurs des Wirtschaftsliberalismus) weitgehend Schimäre blieb, weil die CDU bereits moderner war, als man auf den ersten Blick erkennen konnte. Doch die Lage stellte sich damals anders dar, und Vertreter der Schwulenbewegung riefen sehr schnell dazu auf, nicht tatenlos zuzusehen, wenn die Uhr zurückgedreht wird. Nach Lage der Dinge war das Auftreten von Aids ein tiefer Einschnitt und eine Bewährungsprobe für die schwule Community, nach innen wie nach außen.

Bereits wenige Monate nachdem die auflagenstärksten deutschen Wochenmagazine Aids in die Schlagzeilen gebracht hatten, diagnostizierte der Publizist Matthias Frings im sehr politisch ausgerichteten Nürnberger Schwulenmagazin *Rosa Flieder* eine Zeitenwende durch das Auftreten von Aids: »In wenigen Jahren wird kein Schwuler mehr sein, wie er war. Die schwule Öffentlichkeit wird sich grundlegend gewandelt haben. (...) Ob am Ende der Schwule als Täter, der sein abweichendes Verhalten zu sühnen hat, steht, oder das selbstbewusste ›Opfer‹, dem alle menschenmögliche Hilfe zu Teil wird, liegt zum größten Teil an uns Schwulen selbst.« Es konnte also keine Option sein, den Kopf in den Sand zu stecken. Vielmehr ging es darum, das Erkämpfte zu bewahren und das gewonnene Selbstvertrauen einzusetzen. Der gewachsene Organisationsgrad half der Community dabei, sich zur Wehr zu setzen.

1985 sprangen den Schwulen progressive Sexualwissenschaftler, Intellektuelle und Politiker zur Seite, als sie dem *Spiegel*-Herausgeber Rudolf Augstein einen Protestbrief schrieben, weil das Magazin durch die Art seiner Berichterstattung eine »neuerliche Welle der Diskriminierung« schüre. Aber wenn der *Spiegel* den Begriff eines Virologen des Robert Koch-Instituts von »Promiskuität als Motor der Seuche« verwendete, zitierte man dann nicht nur einen berufenen Experten? Und zog der Vorwurf überhaupt, wenn angesichts der sexuellen Übertragbarkeit von HIV ein Mehr an Sexualkontakten nun mal ein Mehr an Infektionsrisiko mit sich brachte? Problematisch daran war, dass mit dem Sexualverhalten sogleich die Moral zum Thema wurde, denn das eine ließ sich vom anderen noch immer nicht trennen, damals noch viel weniger als heute. Zweifelhaft war darüber hinaus der Befund, die Welt der Schwulen bestünde rundherum aus Promiskuität, was der Realität schon vor Aids nicht entsprach.

Dreh- und Angelpunkt der Debatte blieb der andere Umgang mit Sexualität unter Schwulen, die in ihrer Ausgrenzung die überkommenen Sittlichkeitsvorstellungen leichter hinter sich gelassen hatten als andere. Und in der Tat stellte sich für viele Schwule als bedrohlich dar, dass sie für ihre sexuelle Freiheit, die sie als Wert verstanden, in Rechtfertigungszwang gerieten.

Was hatten Schwule aber überhaupt zu befürchten? Die Sorge vor Rückschlägen für die Community war keineswegs unbegründet. Wissenschaftler und zuständige Behörden beobachteten die Entwicklungen in den USA genau und erwarteten mit einer Verzögerung von anderthalb bis zwei Jahren dasselbe in Deutschland. Würden die klassischen Instrumente der Seuchenabwehr angewendet, konnte dies bis zur Internierung Infizierter gehen. Derart drastische Maßnahmen galten durchaus als Option. Vor allem die Bayerische Staatsregierung war es, die fortan immer wieder scharfe Maßnahmen zur Seuchenabwehr forderte und Zwangstests, Internierung und Ähnliches in der Diskussion hielt. Das Bundesseuchengesetz von 1961 hätte ermöglicht, zum Seuchenschutz Grundrechte außer Kraft zu setzen, Angehörige der Risikogruppen zur Belehrung einzubestellen und polizeiliche Maßnahmen bis zum Freiheitsentzug anzuwenden. Besonders berüchtigt für entsprechende Forderungen wurde der bayrische CSU-Politiker Peter Gauweiler, doch solche Überlegungen kamen anfangs ebenso aus anderen Bundesländern. Wie auf anderen Aktionsfeldern wurde die neue Seuche für Richtungskämpfe innerhalb und zwischen den Parteien instrumentalisiert, was bei den Betroffenen Wut und Entsetzen auslöste. Zwangsmaßnahmen widersprachen aber nicht nur dem Lebenscredo der Schwulen und ihrem gewonnenen Selbstvertrauen, sondern weckten überdies böse Erinnerungen an die Verfolgung in der Nazizeit, als Schwule mit dem rosa Winkel stigmatisiert und ins KZ gesperrt worden waren. Drohte nunmehr Vergleichbares?

Ausgrenzung und Schuldzuweisung – die konservative Moral wütet

Solange das Virus nicht identifiziert und die Ansteckungswege nicht abschließend geklärt waren, verlief die politische Debatte ebenso sehr im Ungefähren, wie die gesellschaftliche Gefühlslage angesichts der neuen Bedrohung diffus blieb. Die unsichere Informationslage bediente aber nicht nur einen Abwehrreflex der Homosexuellen, sie ließ gleichzeitig viel Raum für Gerüchte, die auch dann nur schwer wieder einzufangen waren, als mehr Erkenntnisse vorlagen. Gerüchte darüber, wie leicht und wodurch HIV übertragbar war, lieferten Nahrung für Hysterie und Stigmatisierung. War Küssen zum Risiko geworden, konnte das Virus womöglich durch einfachen Körperkontakt weitergegeben werden? Schlimm war, was an Ausgrenzung und Diskriminierung im Alltag drohte: mit Familien und Vermietern, Freunden und Nachbarn, Chefs und Kollegen, Behörden und Gesundheitswesen. Doch nicht allein vonseiten der Mehrheitsgesellschaft sahen sich HIV-Positive verschärfter Diskriminierung ausgesetzt, Ausgrenzung erlebten HIV-Positive selbst innerhalb der eigenen Community – nicht zuletzt die mit positivem Testbefund, aber ohne jedes Krankheitsanzeichen. Denn von ihnen schien eine Bedrohung auszugehen, außerdem entsprachen sie nicht dem auf knackige Gesundheit ausgerichteten Idealbild der schwulen Szene. Innerhalb der Community wuchsen Solidarität und Verantwortungsbewusstsein jedoch sehr viel schneller als außerhalb. Einen maßgeblichen Beitrag dabei leisteten die Aids-Hilfen und andere Organisationen, indem sie »ihre Leute« direkt und unverstellt ansprachen, aufklärten und Präventionsmaßnahmen bewarben, insbesondere Safer Sex. Das Konzept stammte aus den USA, wo Schwulenaktivisten sich der Forderungen nach sexueller Enthaltsamkeit erwehren mussten. Dem jeweiligen Kenntnisstand entsprechend, propagierte es eine Sexualität, die eine HIV-Infektion nicht mit absoluter Sicherheit ausschloss, aber das Risiko erheblich minimierte. Wichtigstes Instrument dabei war die Verwendung von Kondomen bei allem, was ein erhöhtes Infektionsrisiko barg.

Wie in anderen Ländern reagierte in der Bundesrepublik eine aufgeschreckte, verunsicherte Öffentlichkeit mit den klassischen Reflexen beim Auftreten einer neuen Seuche. Allerdings bedeuteten Abwehr, Leugnung und Ausgrenzung für die Mehrheitsgesellschaft etwas anderes als für Schwule. Die allgemeine Öffentlichkeit konnte sich einstweilen in der trügerischen Gewissheit wiegen, betroffen seien nur kleinere Randgruppen. Von denen forderte sie sexuelle Mäßigung, wenn nicht Enthaltsamkeit. Und wie bei jeder neuen Seuche, die zunächst andere befällt, erging sich die Öffentlichkeit im genüsslichen Grusel wie vor einem saftigen Kinostreifen. Da Aids zuerst bei Homosexuellen beobachtet wurde und unter ihnen gehäuft auftrat, war wohl unvermeidlich, dass die Krankheit als schwulenspezifisch wahrgenommen wurde. Und die Übertragung durch Sex ließ, ebenfalls unvermeidlich, wie schon bei der Syphilis konservative Moralisten triumphieren: Die sexuelle Komponente war eine Steilvorlage, um wettzumachen, was ihnen als Werteverlust galt: Sexuelle Treue, Keuschheit, Heterosexualität und klassische Familienideale wurden mit neuer Vehemenz als hehre Werte vertreten. Besonders lautstark tat sich dabei die katholische Kirche hervor, in der die Vorstellung von Krankheit als Gottesstrafe für moralische Verfehlung wieder Konjunktur bekam. Neben dem Münchner CSU-Politiker Gauweiler wurde insbesondere der Fuldaer Erzbischof Johannes Dyba schlagzeilenträchtig tätig, der noch Anfang der Neunzigerjahre, als längst klar war, dass von Aids keineswegs nur Homosexuelle betroffen waren, die Krankheit nutzte, um gegen Homosexualität zu agitieren. Als Aids-Aktivisten im Dom zu Fulda gegen Diskriminierung durch die Kirche protestierten, wütete er von »hergelaufenen Schwulen« und »randalierenden Aids-Positiven«.

Protest vor dem Dom zu Fulda gegen die Diskriminierung von Homosexuellen

Dyba verstieg sich sogar zur unerhörten Aussage, die Homo-Aktivisten seien schlimmer als die SA, weil sie es gewagt hatten, in den Dom einzudringen, was die Nazitruppe seinerzeit unterlassen hatte. Ungewollt verschafften allerdings prügelnde Gottesdienstbesucher dem Homo-Protest gegen die Versammlung der deutschen Bischofskonferenz durch die Berichterstattung der Hauptausgabe der *ARD-Tagesschau* beste Reichweite. Bis zu seinem Tod ließ der »Agent provocateur« der katholischen Kirche, wie die *Frankfurter Allgemeine* in einem Nachruf schrieb, nicht nach in seinem Furor: Homosexualität war für ihn »entehrende Leidenschaft« und »widernatürliche Verirrung«, Aids die Strafe für den »Abfall von Gott«. Bemerkenswerterweise entfremdete Bischof Dyba mit seinem Furor sogar einen Teil der sonst bischofs- und kirchentreuen Fuldaer Bevölkerung, aus der, wenn auch verhalten, Verständnis für die Homosexuellen zu vernehmen war.

Im Rückblick besehen, mögen das Rückzugsgefechte reaktionärer kirchlicher Kreise in einer sich weiter liberalisierenden westlichen Gesellschaft gewesen sein. Zeitgenossen aber mussten befürchten, Errungenschaften der »sexuellen Revolution« und ihren gesellschaftlichen Dimensionen könnten fallen. Ganz ohne Auswirkungen waren die scharfen Töne der Konservativen und die sensationsheischende Berichterstattung nämlich nicht: Mitte der Achtzigerjahre erhielt die Strategie der Aussonderung und Isolierung HIV-Infizierter Umfragen zufolge die Zustimmung von rund einem Drittel der Westdeutschen.

Doch die schlimmsten Befürchtungen bewahrheiteten sich nicht. Im Gegenteil erwies sich die Aidskrise als bemerkenswerter Beleg dafür, dass die Bundesrepublik der Achtzigerjahre progressiver war, als selbst den Zeitgenossen bewusst war. Was die weitere Entwicklung der Aids-Bekämpfung in Deutschland betrifft, lassen sich mehrere Gründe dafür anführen, dass es ohne Internierung und andere Zwangsmaßnahmen abging. Zu denen gehört, dass die Liberalisierung der Nachkriegsepoche längst eine Eigendynamik entfaltet hatte, die nicht so einfach wieder zum Stillstand gebracht werden konnte. Gesundheitspolitisch stand im Zentrum staatlichen Handelns zudem gar nicht mehr die alte Schule der Seuchenbekämpfung mit eher autoritären Mitteln, sondern eine Form der Aufklärung, die den Bürger befähigen und ermutigen sollte, als »präventives Selbst« eigenverantwortlich zu handeln, um sich und andere zu schützen. Nicht mehr der folgsame Untertan im Obrigkeitsstaat stand im Zentrum der Gesundheitspolitik, sondern der mündige Bürger einer demokratischen Gesellschaft. Für die progressive, liberale Aids-Politik der Bundesregierung steht bis heute der Name der CDU-Gesundheitsministerin Rita Süssmuth, die »unser Verständnis von demokratischer Gesellschaft und demokratischem Staat, unser Menschenbild und unsere Vorstellung vom Zusammenleben auf dem Prüfstand« sah.

Und schließlich bedeutete der Widerstand der Schwulenbewegung gegen Ausgrenzung und Diskriminierung im Zuge der Aids-Krise eine Art Selbstermächtigung der Community, die eine reine Opfer- und Objektrolle verweigerte und sich selbst zum Subjekt im Abwehrkampf gegen Aids machte. Solange Aids eine ferne Bedrohung schien, vom moralischen Spießertum zum Anlass für homophobe Forderungen genutzt, solange sich das Virus in der Deutschland gar nicht bemerkbar machte, hatten die Homosexuellen vor allem mit Leugnung und wütender Abwehr reagiert – bis die Existenz von Aids nicht mehr zu bestreiten war, die Seuche aus den USA nach Europa übergriff und die westdeutsche Schwulenszene erfasste. Bis dahin war diese Reaktion so verständlich, wie sie legitimiert schien durch die Tatsache, dass die Forschung einstweilen nur wenig konkrete Erkenntnisse über Aids liefern konnte. In der Stunde größter Not waren es dann aber zuerst die Schwulen, die aufboten, was aufzubieten war: Sie schlossen sich zusammen, um vereint gegen Anfeindungen vorzugehen, und suchten nach Wegen, ihre sexuelle Selbstbestimmung zu bewahren und trotzdem verantwortungsbewusst zu handeln. Daraus entstand die wichtigste nichtmedizinische Errungenschaft im Kampf gegen Aids: Safer Sex. Die erste Aufforderung, sichereren Sex mit Kondom zu haben, kam 1982 aus New York und das Konzept wurde ab 1985 in der deutschen Schwulenszene vehement propagiert.

Nach innen konnten die Betroffenen auf bestehende Homosexuellen-Organisationen aufbauen, um eigene schwulenspezifische Angebote für Beratung, Aufklärung und Betreuung zu schaffen. Neu waren die Aids-Hilfen, die seit 1983 zuerst in West-Berlin, dann in der gesamten Bundesrepublik gegründet wurden. Zur Verweigerung der Opferrolle gehörte, nicht einfach auf medizinische Verlautbarungen zu warten, sondern sich Fachwissen anzueignen und damit Aids-Expertise aufzubauen. Journalisten der übersichtlichen, aber rührigen homosexuellen Presselandschaft verfolgten die Forschungsentwicklung genau, bereiteten die Ergebnisse für ihre Leserschaft aktuell und kompetent auf und lieferten Statistiken, die den Schwulen dramatisch vor Augen führten, dass die Gefahr für sie sehr real war.

Ein Vergleich zu den namenlosen Seuchenopfern, die insbesondere im 19. Jahrhundert als stumme Forschungsobjekte in den Leichenhallen den medizinischen Fortschritt ermöglichten, aber selbst nicht gerettet wurden, wurde zwar nicht gezogen. Für den historischen Blick scheint aber doch erwähnenswert, wie im Unterschied zu früheren Zeiten mündige Patienten und ihre Community sich eine Stimme aneigneten und kämpften. Das ging so weit, dass seit Ende der Achtzigerjahre unter dem Motto »Silence = Death« Aidsaktivisten der Act-up-Gruppen Forschungseinrichtungen und Pharmafirmen unter Druck setzten, nicht nur an das Geschäft der Zukunft zu denken, sondern an die andernfalls Todgeweihten der Gegenwart. Darunter waren viele HIV-Infizierte, die nicht Kanonenfutter einer profitablen Branche sein wollten, sondern als direkt Betroffene mit der klaren Forderung antraten, wirkliche Hilfe zu bekommen.

Homosexuelle Selbsthilfegruppen, Organisationen und staatliche Gremien arbeiten zusammen

Auf den Ebenen von Bund und Ländern wuchs bereits im Verlauf des Jahres 1983 die Sorge, was das Gefahrenpotenzial von Aids betraf. Für die Bekämpfung von Aids auf politischer Ebene erwies sich jetzt als Vorteil, dass überall in der Bundesrepublik seit den Siebzigerjahren Homosexuellen-Initiativen existierten, die nun zu Kooperationspartnern der staatlichen Stellen aufstiegen. Beispielgebend waren bereits bestehende konstruktive Kontakte zwischen Homosexuellenvertretern und dem Robert-Koch-Institut in der Schwulen-Metropole West-Berlin. Dort wie in anderen Großstädten standen den staatlichen Organen künftig Ansprechpartner zur Verfügung, die eingebunden werden konnten, so auch in die große Aufklärungskampagne der Bundesregierung. Seit 1985 standen Selbsthilfegruppen, schwule Organisationen und staatliche Gremien im Austausch über die Eindämmung von Aids – keine konfliktfreie Sache, beidseits höchst umstritten, zugleich aber pragmatisch und insgesamt kurz- wie langfristig überaus fruchtbar.

Als die Herausforderung Aids auf Bundesebene Beratungsthema wurde, befürwortete die Bundesregierung daher die Kooperation mit der Schwulenbewegung, anstatt Vorschlägen aus verschiedenen Bundesländern zu folgen, die auf Optionen des Bundesseuchengesetzes zurückgreifen wollten. Im Gesundheitsministerium fürchtete man die Folgen, wenn bei weiterhin unklarer Diagnostik Menschen ihre Grundrechte aufgrund der Zugehörigkeit zu einer Risikogruppe, das heißt allein aufgrund ihrer Homosexualität entzogen würden. Abgesehen vom Konzept des gesundheitspolitisch mündigen Bürgers, ging es wieder einmal um die Frage, ob die Gesundheit der Bevölkerung Vorrang haben sollte vor der individuellen Freiheit des Einzelnen.

Mit Unterstützung des liberalen Teils ihrer Partei und der FDP verfolgte Bundesgesundheitsministerin Rita Süssmuth einen Kurs weg von der Krankheit der Risikogruppen und hin zur Bedrohung der Gesamtbevölkerung, die dann auch in ihrer Gänze aufgeklärt und zur Prävention aufgefordert werden musste. Der neue Kurs setzte auf Empathie und Solidarität und verfolgte ein klares Prinzip: Nicht die Kranken sollten bekämpft werden, sondern die Krankheit, wobei nicht Diskriminierung, sondern Aufklärung und Prävention halfen, solange Aids nicht besiegt werden konnte.

Für diese liberale Aids-Politik unter Einschluss von Betroffenenvertretungen gab es im Bundestag einen breiten Konsens, aus dem allerdings Bayern ausscherte, wo der Münchner CSU-Regionalpolitiker Gauweiler, der 1986 Staatssekretär im bayerischen Innenministerium wurde, eine härtere Linie umsetzte, die dem Prinzip der seuchenpolizeilichen Bekämpfung folgte, also insbe-

sondere die Schwulenszene und die Prostituiertenbranche über-
wachen wollte. Gauweiler forderte nicht nur eine namentliche
Meldepflicht für HIV-Infizierte, sondern regelmäßige Pflichttests
und Zwangsmaßnahmen gegen Unbelehrbare. Eine strenge Disziplinierung von Infizierten und Risikogruppen sollte dem Gesundheitsschutz der Allgemeinbevölkerung dienen; eine Sensibilität für diskriminierte Minderheiten und Mitgefühl für HIV-
Infizierte war da nicht erkennbar. Außer Bayern verfolgte nur noch
Frankfurt/Main eine ähnliche Linie althergebrachter Rezepte –
gegenüber der großen Drogenszene der Stadt. Fast wirkt es als
Kulturkampf, wie das CSU-geführte Bayern gegen die liberale
Bundespolitik blies und sich das CDU-geführte Frankfurt der ersten rot-grünen hessischen Landesregierung widersetzte. Dem
entspricht, dass Aids vor der Bundestagswahl 1987 zu einem wichtigen Wahlkampfthema wurde. Auch nach Abschluss der Koaliti-
onsverhandlungen zwischen CDU, CSU und FDP blieb die westdeutsche Aids-Politik ein Streitpunkt innerhalb der Regierung,
was zu einiger Verunsicherung der Betroffenen führte. Konnte
man dem liberalen Kurs der Gesundheitsministerin Süssmuth
vertrauen, oder würde sich der unerbittliche Kurs aus Bayern
durchsetzen? Dabei sprach für einen liberalen Kurs der Aufklärung, dass rigide Maßnahmen nach dem Bundesseuchengesetz ins
Leere griffen bei einer Krankheit, gegen die es keine Prävention
außer Aufklärung gab, weil die Forschung einstweilen weder
Therapie noch Impfstoffe liefern konnte und die enorm lange Latenzzeit seuchenpolizeiliche Maßnahmen wie die Isolierung potenzieller Gefährder nicht praktikabel erscheinen ließ. Doch die
markigen Worte der Befürworter eines harten Kurses weckten
Ängste und Befürchtungen bei den Betroffenen, man könne die
Schwulenszene zerschlagen und umfangreiche Internierungsmaß-
nahmen einleiten. Im Spiel war dabei außerdem die Skepsis, ob
sich in der männerdominierten Welt der Politik eine Frau wie Mi-
nisterin Süssmuth, noch dazu mit Bedacht und mitunter einschlä-

ferndem Ton ausgestattet, gegen ihre männlichen Kabinetts- und Parteikollegen würde durchsetzen können. Die Debatte wurde kontrovers geführt: Nicht von ungefähr hatten viele Betroffene ein Déjà-vu und zogen lautstark Vergleiche zwischen geforderten Zwangsmaßnahmen und dem Kurs, den ab 1933 die NS-Regierung verfolgt hatte – damals allerdings ohne dafür eine Seuche zur Rechtfertigung zu bemühen. Was die geplante, liberal orientierte Aufklärungskampagne betraf, so geriet unter kaum weniger scharfen Beschuss der konservativen Wortführer und insbesondere der katholischen Kirche, dass der Gebrauch von Kondomen thematisiert und propagiert wurde und sogar von Sexualpraktiken die Rede war – die konservativen Beharrungskräfte waren damals noch von beträchtlicher Stärke. Dazwischen manövrierte die Gesundheitsministerin, die sich als Glücksfall erwies (und von den Schwulen bald »lovely Rita« genannt wurde), denn sie blieb unbeirrt, hartnäckig und vertrat einen Pragmatismus, der mitunter in gewissem Widerspruch zu ihrem professoralen Sprachdiktus stand. Dabei war sie klar in ihrem Kurs: »Gesundheitspolitiker dürfen nicht allein davon ausgehen, wie sie selber leben oder was sie sich wünschen, sie können die Realität nicht ignorieren. (...) Gesundheitspolitisch ist nicht entscheidend, wie wir dazu stehen, sondern wie hier Viruskontakte verhütet werden können.«

»Gib Aids keine Chance« – Aufklärung statt seuchenpolizeilicher Maßnahmen

Nachdem sich die Aids-Selbsthilfegruppen von staatlichen Programmen zunächst deutlich abgegrenzt hatten, kam es 1985 zur Arbeitsteilung zwischen der Bundeszentrale für gesundheitliche Aufklärung (BZgA) und Aids-Hilfen: Die Bundeszentrale kümmerte sich um die Aids-Aufklärung der Mehrheitsgesellschaft, während die Aids-Hilfen die Betroffenengruppen ansprachen.

1987 startete die BZgA ihre Kampagne »Gib Aids keine Chance«, die thematisierte, was damals eigentlich tabuisiert war: Wo selbst Krebs eher totgeschwiegen wurde, war das offene Sprechen über eine tödliche Krankheit neu. Vor allem aber waren Themen wie Sexualität, Drogenkonsum, Kondome, Sexpraktiken und Schwule für den größten Teil der Bevölkerung unbekanntes, wenn nicht tabuisiertes Terrain. Die Kampagne läuft unter dem Namen »Liebesleben« noch heute und wurde auf weitere sexuell übertragbare Infektionen erweitert.

Die Kampagne
»Gib Aids keine Chance«
thematisierte ein Tabu.

»Gib Aids keine Chance« richtete sich an die heterosexuelle Mehrheitsgesellschaft und setzte an mehreren Stellen an: Die Eigenverantwortlichkeit des Einzelnen, sich selbst zu schützen, wurde herausgestellt. Sie versuchte daneben, übersteigerten Infektionsängsten zu begegnen und zu vermitteln, dass alltägliche Kontakte kein Risiko bargen. Das sollte nicht nur beruhigen, sondern auch der weit verbreiteten Ausgrenzung der HIV-Positiven entgegenwirken. Andere Plakate warben für die Verwendung von Kondomen, wieder andere für partnerschaftliche Treue – Letzteres wohl nicht zuletzt ein Zugeständnis an die betont Wertkonservativen der Unionsparteien. Insgesamt wirkte der offene Auftritt der Kampagne der Tabuisierung von Aids entgegen, mehr und mehr wurde darüber gesprochen, und je mehr darüber bekannt war, desto weniger hysterisch verlief die Debatte, ob privat oder gesellschaftlich. Spezifisch auf die Schwulenszene zugeschnitten, daher absichtsvoll sexualisiert und lustvoll präsentiert waren die Poster der Kampagne der Deutschen Aids-Hilfe, die in Szeneblättern abgedruckt und in Szeneläden plakatiert wurden.

In der Aids-Krise griffen also mehrere Entwicklungen ineinander und ermöglichten, der Herausforderung durch Aids fortschrittlich und erfolgreich entgegenzutreten. Vor allem der Verzicht auf seuchenpolizeiliche Rezepte und der aufklärerische Ansatz zur Individualprävention ergänzten einander wirkungsvoll. Ganz handfest lässt sich anhand der Zahlen nachweisen, dass die schwule Selbsthilfe in Form des Safer-Sex-Konzeptes von besonderer Bedeutung war. Die Schwulen gingen als Erste zum Gebrauch von Kondomen und zur Vermeidung riskanter Sexpraktiken über und erreichten damit, die Infektionskurve abzuflachen und Deutschland vor Infektions- und Todeszahlen wie in den USA zu bewahren. Das ging nicht ohne Streit und Polemik, ohne Beschädigungen und Diffamierungen innerhalb der Community ab, doch die Zahlen sprechen für sich: Das HI-Virus konnte in Deutschland bei Weitem nicht so um sich greifen wie in den USA, weil Safer Sex der Ausbreitung Einhalt gebot und weil Sex und seine Spielarten thematisiert wurden, anstatt sie zu tabuisieren.

Bedeutsam ist darüber hinaus ein Aspekt, der über die Gesundheitsthematik weit hinausweist: Bei allem Schrecken und allem Leid verliehen die Achtzigerjahre mit der Aidskrise der Emanzipationsbewegung der Homosexuellen einen gehörigen Schub. Zwar ist der Übergang von Schwulen- und Lesbeninitiativen zu einer Bürgerrechtsbewegung intern keineswegs umstritten, weil nicht jeder Schwule und jede Lesbe das Ideal der Homofamilie im Vorstadtreihenhaus anstreben. Doch die Mehrheit der Schwulen und Lesben sieht sich gestärkt durch immer mehr Gleichstellung, mag manche und mancher darin auch zu viel Verbürgerlichung und

Verlust an spezifischer Gruppenidentität und Subkultur im Verborgenen erkennen. Jedenfalls verbesserten im Kampf gegen Aids die Beteiligung der Homosexuellen-Initiativen und ihre Bereitschaft zur Kooperation die Bereitschaft der Mehrheitsgesellschaft, eine gesellschaftliche Minderheit nicht mehr bloß als schrill und fremd anzusehen, sondern als Teil des großen, vielfältigen Ganzen. Das ermöglichte, weitere Etappen auf dem Weg zur bürgerlichen Gleichstellung anzugehen, von der Abschaffung des Strafrechtsparagraphen 175 über Verbesserungen in Steuerrecht und Adoptionsrecht bis zu Diskriminierungsverboten, der Anerkennung schwuler NS-Opfer und schließlich der »Ehe für alle«. So selbstverständlich scheinen die doch recht jungen Errungenschaften inzwischen, dass Regierungskritik aus Berlin an rückschrittlichen Maßnahmen in EU-Partnerländern gegen Homosexuelle den Anschein erweckt, als sei die Bundesrepublik seit jeher ein liberales Land gewesen, wenn es um Gleichberechtigung für sexuelle Minderheiten geht.

Dass aber die Aids-Pandemie noch immer im Gange ist, scheinen die Industriestaaten weitgehend verdrängt zu haben, da potente Gesundheitssysteme in der Lage sind, die teure Behandlung zu finanzieren und damit Aids beherrschbar zu machen. Liberale Gesellschaften tun sich außerdem leichter, das »präventive Selbst« zu Maßnahmen des gesundheitlichen Eigenschutzes zu ermächtigen. Global betrachtet, stellt sich jedoch die Aids-Pandemie ganz anders dar: Bis zur Jahrtausendwende waren weltweit bereits 14 Millionen Menschen an HIV/Aids gestorben, seit Beginn der Pandemie waren es bisher rund 35 Millionen. In Deutschland starben bislang insgesamt fast 30 000 an den Folgen von Aids. Erst 2017 sank die Zahl der jährlichen Aidstoten weltweit unter die Marke von einer Million, derzeit liegt sie bei unter 690 000. In Deutschland sterben jährlich noch mehrere Hundert Menschen daran – und mehrere Tausend infizieren sich neu. Letzteres ist besonders tragisch, da heute wirksamer Schutz möglich ist, der nicht mehr nur aus Safer

Sex besteht, sondern auch aus Prophylaxe-Medikamenten. Gerade jungen Menschen vermittelt Aids aber nicht mehr denselben Schrecken wie denen, die in den Achtzigerjahren bereits sexuell aktiv waren – und häufig wird die Tatsache, dass die Krankheit kontrollierbar ist, mit Heilbarkeit verwechselt. Doch jede Infektion bedeutet im besten Fall, lebenslang chronisch krank zu sein und täglich Medikamente zu schlucken, die sicher nicht zu den unproblematischsten zählen. Der Hauptschauplatz der Pandemie aber liegt in Afrika, wofür die westliche Welt sehr viel weniger Aufmerksamkeit aufbringt, als wenn weiterhin die westlichen Industriestaaten im Zentrum des Infektionsgeschehens lägen.

Nachwort

Hat die Menschheit aus Leiden und Erfahrungen, aus Fehlern und Versäumnissen durch Jahrhunderte der Seuchengeschichte gelernt? Reagieren moderne Gesellschaften, konfrontiert mit neuen Infektionskrankheiten, anders als in gewohnten Stereotypen und Verhaltensmustern? Vertrauen wir wissenschaftlichen Erkenntnissen heute mehr als Urängsten und -reflexen? Üben wir Zurückhaltung und Geduld, solange wesentliche Fragen nicht beantwortet werden können? Diese Fragen sind durch die Erfahrungen mit der Corona-Pandemie wieder neu gestellt worden – und die aktuelle Pandemie verändert den Blick auf die Geschichte der Seuchen. Derart geschärften Auges stoßen wir in der Geschichte auf zahlreiche Parallelen zu heute. So modern und aufgeklärt wir uns verstehen mögen: Das plötzliche Auftreten einer neuen Gefahr, die zunächst nicht klar einschätzbar ist, aktiviert nicht nur den modernen Zeitgenossen in uns, sondern ebenso treten diffus-archaische Ängste hervor, denen wir nicht nur rational, sondern in wechselnden Anteilen emotional entgegentreten. Dabei greifen wir unter anderem auf eine Art kulturelles Langzeitgedächtnis zurück, und es werden Ab- und Ausgrenzungsmechanismen ebenso aktiviert wie der Impuls, sich selbst, die Angehörigen und die eigene Gesellschaft vorrangig geschützt sehen zu wollen. Das ist naheliegend, trotzdem widerspricht es unserem modernen Ethos aufgeklärter Menschen und ist in der Konsequenz außerdem kurzsichtig, wie sich an den Folgen der westlichen Impfpolitik gegen die Corona-Pandemie erweist.

Jede Zeit erlebt ihre Pandemien als außergewöhnlich, weil sie sie an sich erfährt, anstatt über längst Vergangenes nur zu lesen. Insofern ist die Pandemie der frühen Zwanzigerjahre des 21. Jahrhunderts einschneidend, schrecklich, imstande, die globalisierte, hochtechnisierte, wohlstandsverwöhnte Gesellschaft lahmzulegen und auszuhebeln. Wir beklagen viele Tote, monatelange Lockdowns, eine darbende Wirtschaft und die Bekämpfung im (vermeintlichen) Schneckentempo, doch wie schlecht sind wir eigentlich dran?

Petrarca hat recht, wenn er seine Gegenwart beklagt und die Nachwelt beneidet. Es lohnt sich zu verfolgen, welchen Weg die Menschheit seit dem Schwarzen Tod des 14. Jahrhunderts im Kampf gegen Infektionskrankheiten zurückgelegt hat, und zu erkennen, welch glückliche Nachgeborene Petrarcas wir sind. Denn bei allem Leid, das Millionen und Abermillionen Menschen widerfuhr: Mit jeder neuen Welle bekannter Seuchen und jeder neuen Infektionskrankheit nahmen Politik und Gesellschaft, Forschung und Technik die Herausforderung an und errangen Schritt für Schritt Erfolge, von denen wir heute profitieren.

Da im Verlauf der Corona-Pandemie die Debatte immer wieder unsachlich, leidenschaftlich und vor allem unangemessen ungeduldig geriet, sei an dieser Stelle erlaubt, ein wenig pathetisch zu formulieren: Wenn wir im Auto ins Impfzentrum fahren, könnten wir im Rückspiegel die Legionen Toter erblicken, gestorben an Pocken oder Polio, bevor es Impfungen gab. Wenn wir über Fernsehen oder Internet in Echtzeit den Fortgang der Pandemie verfolgen, stehen hinter dem Bildschirm all die Pesttoten, denen nicht viel mehr als Fake News zur Verfügung stand: dass ein zürnender Gott, eine Planetenkonstellation oder die Juden die Seuche gebracht hätten. Wenn wir in der Apotheke ein Medikament erhalten, stehen wir auf den Knochen der Toten von Spanischer Grippe und Aids, von Cholera und Fleckfieber, denen nicht geholfen werden konnte, weil die medizinische Forschung noch nicht so weit war.

Nie zuvor wurde der Erreger einer Pandemie so schnell identifiziert, nie zuvor wurden wirksame Impfstoffe in so kurzer Zeit entwickelt. Jede Infektion mit SARS-Cov-2, jeder Tod infolge von Covid-19 ist einer zu viel, aber die Dinge sähen bedeutend schlimmer aus, wenn wir nicht die glücklichen Nachfahren all der Unglücklichen wären, die so großes Leid erfahren mussten.

Ist das Glas halb voll oder halb leer? Der Kampf gegen Seuchen und Infektionskrankheiten geht wohl nie zu Ende und wirkt manchmal wie die Anstrengung des Sisyphos: Sobald ein Erfolg errungen ist, seien es wirksame Impfstoffe oder Medikamente oder ein Mammutprogramm wie das gegen die Pocken, rollt der Stein des medizinischen Fortschritts wieder bergab, weil Erreger sich verändern oder Resistenzen entwickeln oder weil ganz neue Krankheiten auftauchen, gegen die der Kampf bei null beginnt. Doch bei null setzt die Bekämpfung auch neuer Seuchen eigentlich schon lange nicht mehr ein, denn die Erfahrungen der Medizingeschichte, die wissenschaftlichen Fortschritte und die Lektionen aus Fehlschlag und Scheitern bieten mit jedem neuen Gegner eine bessere Ausgangssituation für den nächsten Kampf. Mögen sich Krankheiten und Erreger, Ansteckungswege und die Bedingungen von Globalisierung, Bevölkerungswachstum, Erderwärmung ständig verändern: Immer können wir auf Erfahrungswerte, Forschungen und Erprobtes zurückgreifen. Dies ist die Essenz des Blicks in die Seuchengeschichte aus der Erfahrung der Corona-Pandemie: Nie war die Menschheit besser gerüstet, um das Virus zu bekämpfen; nie waren die Erfolge schneller. Daran ändert auch nichts, dass sich der spätmoderne Mensch voller wohlstandsverwöhnter Ungeduld über unvermeidliche Rückschläge beklagt oder fragt, warum es nicht schneller geht. »Wir stehen auf den Schultern von Riesen« ist ein beliebter Ausdruck dafür, dass andere Vorarbeit geleistet haben. Mediziner, Epidemiologen und Virologen wissen das nur zu genau. Wir Laien aber, die wir die Zumutungen der ersten Pandemie unserer Lebenszeit beklagen, stehen auf den Krankengeschichten Unzähliger, die an Beulenpest oder Pocken, an Tuberkulose oder Influenza litten, oftmals starben, und deren Namen zum übergroßen Teil vergessen sind. Neben dem unverdrossenen Glauben der Ärzte und Forscher an den medizinischen Fortschritt und deren unermüdlichen Einsatz verdanken wir ihrem Leiden, dass es seit dem Auftreten des neuartigen Coronavirus SARS-CoV-2 nicht noch schlimmer gekommen ist.

Literaturhinweise

Abraham, Thomas: Polio. The Odyssey of Eradication, London 2018.

Acemoglu, Daron/S. Johnson/J. A. Robinson: »The Rise of Europe. Atlantic Trade, Institutional Change and Economic Growth«, American Economic Review 95 (2005), S. 546-579.

Alfani, Guido/Tommy E. Murphy: »Plague and Lethal Epidemics in the Pre-Industrial World«, Journal of Economic History 77,1 (2017), S. 314-343.

Andree, Christian: Rudolf Virchow. Leben und Ethos eines großen Arztes, München 2002.

Antoine, Daniel: »The Archaeology of Plague«, Vivian Nutton (Hrsg.), Pestilential Complexities: Understanding Medieval Plague, London 2008, S. 101-114.

Appleby, Andrew B.: »The Disappearance of Plague. A Continuing Puzzle«, Economic History Review 33,2 (1980), S. 161-173.

Arndt, Karl-Hans: »Die Pestepidemie 1682/83 und ihre Auswirkungen auf Stadt und Universität Erfurt«, Beiträge zur Geschichte der Universität Erfurt 18 (1975/78), S. 27-90.

Artenstein, A. W. (Hrsg.): Vaccines. A Biography, New York 2010.

Audoin-Rouzeau, Frédérique/Jean-Denis Vigne: »Le Rat Noir (Rattus rattus) en Europe antique et medieval. Les voies du commerce et l'expansion de la peste«, Anthropozoologica 25/26 (1997), S. 399-404.

Austen, Paul: Napoleon's Invasion of Russia, London 2000.

Bacci, Massimo Livi: Conquest. The Destruction of the American Indios, Cambridge 2008.

Baldwin, Peter: Contagion and the State in Europe, 1830-1930, Cambridge 1999.

Baldwin, Peter: Disease and Democracy. The Industrialized World faces Aids, Berkely 2006.

Ball, Laura: Cholera and the Pump on Broad Street. The Life and Legacy of John Snow, 2009.

Bänziger, Peter-Paul u.a. (Hrsg.): Sexuelle Revolution? Zur Geschichte der Sexualität im deutschsprachigen Raum seit den 1960er-Jahren, Bielefeld 2015.

Bänziger, Peter-Paul: »Vom Seuchen- zum Präventionskörper? Aids und Körperpolitik im deutschsprachigen Raum der 1980er Jahre«, Body Politics 2 (2014), S. 179-214.

Barker, Hannah: »Laying the Corpses to Rest. Grain, Embargoes, and Yersinia pestis in the Black Sea, 1346-1348«, Speculum 96,1 (2021), S. 97-126.

Barquet, Nicolau/Pere Domingo: »Smallpox: The Triumph over the Most Terrible of the Ministers of Death«, Annals of Internal Medicine 127 (1997), S. 635-642.

Barry, John: The Great Influenza. The Epic Story of the Deadliest Plague in History, New York 2004.

Barthel, Christian: Medizinische Polizey und medizinische Aufklärung. Aspekt des öffentlichen Gesundheitsdiskurses im 18. Jahrhundert, Frankfurt/M. 1989.

Bärthel, Hilmar: Geklärt! 125 Jahre Berliner Stadtentwässerung, Berlin 2003.

Bärthel, Hilmar: Wasser für Berlin. Die Geschichte der Wasserversorgung, Berlin 1997.

Bauer, Frieder: Die Spanische Grippe in der deutschen Armee 1918. Verlauf und Reaktionen, Göttingen 2016.

Bauer, Frieder/Jörg Vögele: »Die Spanische Grippe in der deutschen Armee 1918: Perspektive der Ärzte und Generäle«, Medizinhistorisches Journal 48,2 (2013), S. 117-152.

Beachy, Robert: Das andere Berlin. Die Erfindung der Homosexualität – eine deutsche Geschichte, 1867-1933, München 2015.

Beljan, Magdalena: »Aids-Geschichte als Gefühlsgeschichte«, Aus Politik und Zeitgeschichte 46 (2015), S. 25-31.

Berger, Silvia: Bakterien in Krieg und Frieden. Eine Geschichte der medizinischen Bakteriologie in Deutschland, 1890-1933, Göttingen 2009.

Blazek, Helmut: Rosa Zeiten für rosa Liebe. Zur Geschichte der Homosexualität, Frankfurt/M. 1996.

Böning, Holger: »Medizinische Volksaufklärung und Öffentlichkeit. Ein Beitrag zur Popularisierung aufklärerischen Gedankenguts und zur Entstehung einer Öffentlichkeit über Gesundheitsfragen«, Internationales Archiv für Sozialgeschichte der deutschen Literatur 15,1 (1990), S. 55-92.

Bösch, Frank: Zeitenwende 1979. Als die Welt von heute begann, München 2019.

Brahm, F./T. Timoschenko: »Weise du schufest die Wehr, die Hamburgs Pockenschutz gründet«. Die Geschichte des Hamburger Impfzentrums von den Anfängen der Pockenimpfung bis zur Gegenwart, Bremen 2005.

Briese, Olaf: Angst in den Zeiten der Cholera, 4 Bde, Berlin 2003.

Briggs, Asa: »Cholera and Society in the Nineteenth Century«, Past & Present 19 (1961), S. 76-96.

Brown, Jeremy: Influenza. The Hundred-Year Hunt to Cure the Deadliest Disease in History, New York 2018.

Bulst, Neithard: »Der Schwarze Tod. Demographie, wirtschafts- und kulturge-schichtliche Aspekte der Pestkatastrophe von 1347-1352. Bilanz der neueren Forschung«, Saeculum 30 (1979), S. 45-67.

Bulst, Neithard: »Krankheit und Gesellschaft in der Vormoderne. Das Beispiel der Pest«, Neithard Bulst/R. Delort (Hrsg.), Maladies et Société (XIIe-XVIIIe siècles). Actes du Colloque de Bielefeld, Paris 1989, S. 17-47.

Bulst, Neithard: »Vier Jahrhunderte Pest in niedersächsischen Städten. Vom Schwarzen Tod (1349-1351) bis in die erste Hälfte des 18. Jahrhunderts«, Cord Meckseper (Hrsg.), Stadt im Wandel. Kunst und Kultur des Bürgertums in Norddeutschland, (Ausst.-Kat.) Stuttgart 1985, Bd. 3 oder 4, S. 251-270.

Bulst, Neithard: »Zum Problem städtischer Kleider-, Aufwands- und Luxusge-setzgebung in Deutschland (13.- Mitte 16. Jahrhundert)«, A. Gouron/A. Rigaudière (Hrsg.), Renaissance du pouvoir législatif et genèse de l'état, Montpellier 1988, S: 29-57.

Burger, Jörg: »Spanische Grippe. Tagebücher und Briefe erzählen davon, wie klaglos die Deutschen die todbringende Pandemie erduldeten«, ZEIT-Ma-gazin 52 v. 10.12.2020, S. 44-52.

Bynum, William F.: »Policing hearts of darkness: Aspects of the International Sanitary Conferences«, History and Philosophy of the Life Sciences 15 (1993), S. 421-434.

Cameron, Catherine M./Paul Kelton/Alan C. Swedlund (Hrsg.): Beyond Germs. Native Depopulation in North America (=Amerind Studies in Anthropolo-gy, Tucson 2015.

Carroll, Patrick: Medical Police and the History of Public Health«, Medical History 46,4 (2002), S. 561-494.

Christensen, Peter: Appearance and Disappearence of the Plague: Still a Puzzle?«, Lars Bisgaard u.a. (Hrsg.), Living with the Black Death, Odense 2009, S. 11-21.

Ciocîltan, Virgil: The Mongols and the Black Sea Trade in the Thirteenth and Fourteenth Centuries, Leiden 2012.

Cohn, Samuel: »The Black Death: End of a Paradigm«, The American Historical Review 107 (2002), S. 703-738.

Cohn, Samuel: Epidemics. Hate and Compassion from the Plague of Athens to Aids, Oxford 2018.

Condrau, Flurin: Lungenheilanstalt und Patientenschicksal. Sozialgeschichte der Tuberkulose in Deutschland und England im späten 19. und frühen 20. Jahrhundert, Göttingen 2000.

Cook, Noble David: »Sickness, Starvation, and Death in Early Hispaniola«, Journal of Interdisciplinary History 32,3 (2002), S. 349-363.

Cook, Noble David: Born To Die. Disease and New World Conquest, 1492-1650, Cambridge 1998.

Corbin, Alain: Pesthauch und Blütendunst. Eine Geschichte des Geruchs, Berlin 1984, 2005.

Cors, Alexander M.: »Der schnelle Tod der grausamen Krankheit? Die Bekämpfung der Kinderlähmung in Bayern 1950-1980«, Augsburger Volkskundliche Nachrichten 21 (2015), S. 47-85.

Crosby, Alfred W.: Die Früchte des weißen Mannes. Ökologischer Imperialismus 900-1900, Frankfurt/M. 1991.

Crosby, Alfred W.: »Hawaiian Depopulation as a Model for the Amerindian Experience«, Terence Ranger/Paul Slack (Hrsg.), Epidemics and Ideas. Essays on the Historical Perception of Pestilence, Cambridge 1992, S. 175-201.

Crosby, Alfred W.: America's Forgotten Pandemic. The Influenza of 1918, Cambridge 2003.

Daniels. J.D.: »The Indian Population of North America in 1492«, William and Mary Quarterly 3rd series 49 (1992), S. 298-318.

Davis, David E.: »The Scarcity of Rats and the Black Death«, Journal of Interdisciplinary History 16,3 (1986), S. 455-470.

Decker, Natalia: »Die ›Spanische Grippe‹ 1918-1920 in Leipzig«, Archiwum Historii I Folizofii Medycycny 59,1 (1996), S. 67-72.

Delumeau, Jean: Angst im Abendland. Die Geschichte kollektiver Ängste im Europa des 14. Bis 18. Jahrhunderts, Reinbek 1989.

Dettke, Barbara: Die asiatische Hydra. Die Cholera von 1830/31 in Berlin in den preußischen Provinzen Posen, Preußen und Schlesien (=Veröff. der Historischen Kommission zu Berlin, 89), Berlin 1995.

Diamond, Jared: Guns, Germs, and Steel. The Fates of Human Societies, 1997, überarb. Auflage New York 2017.

Die Poliomyelitis. Bearbeitet nach den Erfahrungen bei den Berliner Epidemien 1947/49, Berlin 1949.

Dinges, Martin: »Pest und Staat. Von der Institutionengeschichte zur sozialen Konstruktion«, Martin Dinges/Thomas Schlich (Hrsg.), Neue Wege in der Seuchengeschichte (=MedGG Beih. 6), Stuttgart 1995, S. 71-103.

Dinges, Martin: »Süd-Nord-Gefälle in der Pestbekämpfung. Italien, Deutschland und England im Vergleich«, Wolfgang Eckart/Robert Jütte (Hrsg.),

Das europäische Gesundheitssystem. Gemeinsamkeiten und Unterschiede in historischer Perspektive (=Medizin, Gesellschaft und Geschichte, Beih. 3), Stuttgart 1994, S. 19-52.

Dinter, Andreas: Seuchenalarm in Berlin. Seuchengeschehen und Seuchenbekämpfung in Berlin nach dem II. Weltkrieg (=Geschichte(n) der Medizin, 2), Berlin 1999.

Dobyns, Henry F.: »Disease Transfer at Contact«, Annual Review of Anthropology 22 (1993), S. 273–91.

Dobyns, Henry F.: Their Numbers Become Thinned, Knoxville 1983.

Doerfler, Walter: Viren, Frankfurt 2002.

Dollinger, Ph.: »Das Patriziat der oberrheinischen Städte und seine inneren Kämpfe in der ersten Hälfte des 14. Jahrhunderts«, H. Stoob (Hrsg.), Altständisches Bürgertum, Bd. 2, Darmstadt 1978, S. 194-209.

Dols, Michael W.: The Black Death in the Middle East, Princeton 1977.

Drees, Annette: Die Ärzte auf dem Weg zu Prestige und Wohlstand. Sozialgeschichte der württembergischen Ärzte im 19. Jahrhundert (=Studien zur Geschichte des Alltags, 9), Münster 1988.

Durbach, N.: Bodily Matters. The Anti-Vaccination Movement in England, 1853-1907, Durham 2005.

Düx, Ariane u.a.: »Measles virus and rinderpest virus divergence dated to the sixth century BCE«, Science 368 (2020) No. 6497, S. 1367–1370.

Dworak, S.: Die Entwicklung des Impfwesens der Stadt Hamburg. Die Entwicklung der Pockenschutzimpfung 1800-1940, Hamburg 1984.

Easterlin, Richard A.: »How beneficient is the market? A look at the modern history of mortality«, European Review of Economic History 3 (1999), S. 257-294.

Ebstein, Wilhelm: »George und William Motherby in ihren Beziehungen zur Variolation und der Kuhpockenimpfung«, Sudhoffs Archiv für Geschichte der Medizin 4 (1911), S. 31-42.

Elkeles, Barbara: »Der ›Tuberkulinrausch‹ von 1890«, Deutsche Medizinische Wochenschrift 115 (1990), S. 1729-1732.

Elkeles, Thomas u.a. (Hrsg.): Prävention und Prophylaxe. Theorie und Praxis eines gesundheitspolitischen Grundmotivs in zwei deutschen Staaten, Berlin 1991.

Engelmann, Lukas: »Homosexualität und AIDS«, Florian Mildenberger u.a. (Hrsg.), Was ist Homosexualität? Forschungsgeschichte, gesellschaftliche Entwicklungen und Perspektiven, Hamburg 2014, S. 271-303.

Engels, Friedrich: »Über die Lage der arbeitenden Klasse in England«, Karl Marx/Friedrich Engels, Werke, Bd. 2, Berlin 1957, S. 225-506.

Eschenhagen, Gerhard: Das Hygiene-Institut der Berliner Universität unter der Leitung Robert Kochs 1883-1891, (Diss.) Berlin 1983.

Evans, Richard J.: »Epidemics and Revolutions. Cholera in the Nineteenth Century Europe«, Past and Present 120 (1988), S. 123-146.

Evans, Richard J.: Tod in Hamburg. Stadt, Gesellschaft und Politik in den Cholera-Jahren 1830-1910, Hamburg 1990, 1996.

Fancy, Nahyan/Monica H. Green: »Plague and the Fall of Bagdad (1258)«, Medical History 65 (2021), S. 157-177.

Fangerau, Heiner/Alfons Labisch: Pest und Corona. Pandemien in Geschichte, Gegenwart und Zukunft, Freiburg 2020.

Fee, Elizabeth/Nancy Krieger: »The Emerging Histories of AIDS. Three Successive Paradigms«, History and Philosophy of the Life Sciences 15 (1993), S. 459-487.

Fenn, Elizabeth: »Biological Warfare in Eighteenth-Century North America: Beyond Jeffery Amherst«, Journal of American History 86 (2000), S. 1552-80.

Fenn, Elizabeth: Pox Americana. The Great Smallpox Epidemic of 1775-1782, New York 2001.

Fenner, Frank u.a.: Smallpox and its Eradication, Genf 1988.

Fischer, Wolfram: Das Fürstentum Hohenlohe im Zeitalter der Aufklärung (=Tübinger Studien zur Geschichte und Politik, 10), Tübingen 1958.

Folkers, Andreas: »Eine Genealogie sorgender Sicherheit. Sorgeregime von der Antike bis zum Anthropozän«, Behemoth 13 (2020), S. 16-39.

Foucault, Michel: Die Geburt der Klinik. Eine Archäologie des ärztlichen Blicks, München 1973.

Foucault, Michel: »Die Politik der Gesundheit im 18. Jahrhundert«, Österreichische Zeitschrift für Geschichtswissenschaften 7 (1996), S. 311-326.

Frevert, Ute: Krankheit als politisches Problem, 1770-1880. Soziale Unterschichten in Preußen zwischen medizinischer Polizei und staatlicher Sozialversicherung (=Kritische Studien zur Geschichtswissenschaft, 62), Göttingen 1984.

Friedell, Egon: Kulturgeschichte der Neuzeit, München 1989.

Furrer, Daniel: Soldatenleben. Napoleons Russlandfeldzug 1812, Zürich 2012.

Gailus, Manfred: »Food Riots in Germany in the late 1840s«, Past & Present 145 (1994), S. 157-193.

Gammerl, Benno: Anders Fühlen. Schwules und lesbisches Leben in der Bundesrepublik. Eine Emotionsgeschichte, München 2021.

Gaudillière, Jean-Paul u.a. (Hrsg.): Global Health and the new world order.

Historical and anthropological approaches to a changing regime of governance, Manchester 2020.

Geene, Raimund: AIDS-Politik. Ein neues Krankheitsbild zwischen Medizin, Politik und Gesundheitsförderung, Frankfurt/M. 2000.

Geißler, Erhard: »AIDS und seine Erreger - ein Gespinst aus Hypothesen, Fakten und Verschwörungstheorien«, Andreas Anton/Michael Schetsche/ Michael Walter (Hrsg.), Konspiration. Soziologie des Verschwörungsdenkens, Wiesbaden 2014, S. 113–138.

Geißler, Erhart/John van Courtland Moon (Hrsg.): Biological and Toxin Weapons. Research, Development, and Use from the Middle Ages to 1945, Oxford 1999.

Geist, Johann Friedrich/Klaus Kürvers: Das Berliner Mietshaus, 1740-1862. Eine dokumentarische Geschichte der »von Wülcknitzschen Familienhäuser« vor dem Hamburger Tor, der Proletarisierung des Berliner Nordens und der Stadt im Übergang von der Residenz zur Metropole, München 1980.

Geyer, Martin H./Johannes Paulmann (Hrsg.), Mechanics of Internationalism. Culture, Society, and Politics from the 1840s to the First World War, Oxford 2001.

Göckenjan, Gerd: Kurieren und Staat machen. Gesundheit und Medizin in der bürgerlichen Welt, Frankfurt/M. 1985.

Goethe, Johann Wolfgang von: Dichtung und Wahrheit (=Berliner Ausgabe, Bd. 13), Berlin 1967.

Goldstone, Jack A.: »Efflorenscence and Economic Growth in World History. Rethinking the ›Rise of the West‹ and the Industrial Revolution«, Journal of World History 13 (2002), S. 232-389.

Goudsblom, J.: »Zivilisation, Ansteckungsangst und Hygiene. Betrachtungen über einen Aspekt des europäischen Zivilisationsprozesses«, P. Gleichmann u.a. (Hrsg.), Materialien zu Norbert Elias' Zivilisationstheorie, Frankfurt/M. 1979, S. 215-253.

Gradmann, Christoph: »Bazillen, Krankheit und Krieg. Bakteriologie und politische Sprache im deutschen Kaiserreich«, Berichte zu Wissenschaftsgeschichte 19 (1996), S. 81-94.

Gradmann, Christoph: »Ein Fehlschlag und seine Folgen. Robert Kochs Tuberkulin und die Gründung des Instituts für Infektionskrankheiten in Berlin 1891«, ders./Thomas Schlich (Hrsg.), Strategien der Kausalität. Konzepte der Krankheitsverursachung im 19. und 20. Jahrhundert, Pfaffenweiler 1999, S. 29-52.

Gradmann, Christoph: »Alles eine Frage der Methode. Zur Historizität der Kochschen Postulate 1840-2000«, Medizinhistorisches Journal 43 (2008), S. 121-148.

Gradmann, Christoph: »Das reisende Labor. Robert Koch erforscht die Cholera 1883/84«, Medizinhistorisches Journal 38 (2003), S. 35-56.

Gradmann, Christoph: »Unsichtbare Feinde. Bakteriologie und politische Sprache im deutschen Kaiserreich«, Philipp Sarasin (Hrsg.), Bakteriologie und Moderne. Studien zur Biopolitik des Unsichtbaren, Frankfurt/M. 2007, S. 327-353.

Gradmann, Christoph: Krankheit im Labor. Robert Koch und die medizinische Bakteriologie, Göttingen 2005, 2010².

Graus, Frantisek: »Vom ›Schwarzen Tod‹ zur Reformation. Der krisenhafte Charakter des europäischen Spätmittelalters«, Peter Blickle (Hrsg.), Revolte und Revolution in Europa (=Historische Zeitschrift, Beih. 4 N.F.), München 1975.

Graus, Frantisek: »Judenpogrome im 14. Jahrhundert: Der Schwarze Tod«, Martin, Bernd/Ernst Schulin (Hrsg.), Die Juden als Minderheit in der Geschichte, München 1981, S. 68-84.

Graus, Frantisek: Pest – Geißler – Judenmorde. Das 14. Jahrhundert als Krisenzeit, Göttingen 1987.

Green, Monica H.: »The Four Black Deaths«, American Historical Review 125,5 (2020), S. 1601-1631.

Hacker, Jörg: Menschen, Seuchen und Mikroben. Infektionen und ihre Erreger, München 2003.

Haddad, George E.: »Medicine and the Culture of Commemoration. Representing Robert Koch's Discovery of the Tubercle Bacillus«, Osiris 14 (1999), S. 118-137.

Haensch, Stephanie/Raffaella Bianucci/Michel Signoli/Minoarisoa Rajerison/ Michael Schultz u.a.: »Distinct Clones of Yersinia pestis Caused the Black Death«, PLoS Pathog. 6,10 (2010), S. 1-8.

Hähner-Rombach, Sylvelyn: Sozialgeschichte der Tuberkulose. Vom Kaiserreich bis zum Ende des Zweiten Weltkriegs unter besonderer Berücksichtigung Württembergs (=MedGG-Beihefte, 14), Stuttgart 2000.

Hampe, Karl: Kriegstagebuch 1914-1919 (=Deutsche Geschichtsquellen des 19. und 20. Jahrhunderts, 63), München 2004.

Hannig, Nicolai: »Die Suche nach Prävention. Naturgefahren im 19. und 20. Jahrhundert«, Historische Zeitschrift 300,1 (2015), S. 33-65.

Hardy, Anne: Ärzte, Ingenieure und städtische Gesundheit, Medizinische Theorien in der Hygienebewegung des 19. Jahrhunderts, Frankfurt/M. 2005.

Hartesveldt, Fred R. van: The 1918-1919 Pandemic of Influenza. The Urban Impact in the Western World, Lewiston 1992.

Haus, Sebastian: »Risky Sex – Risky Language. HIV/AIDS and the West

German Gay Scene in the 1980s«, Historical Social Research 41,1 (2016), S. 111-134.

Haus-Rybicki, Sebastian: Eine Seuche regieren. AIDS-Prävention in der Bundesrepublik 1981–1995, Bielefeld 2021.

Haverkamp, Alfred: »Der Schwarze Tod und die Judenverfolgungen von 1348/49 im Sozial- und Herrschaftsgefüge deutscher Städte«, Trierer Beiträge. Aus Forschung und Lehre an der Universität Trier, Sonderh. 2, Trier 1977, S. 78-86.

Hegel, C. (Hrsg.): Die Chroniken der oberrheinischen Städte. Straßburg, Bd. 1+2 (=Die Chroniken der deutschen Städte, 8+9), ND Göttingen 1961.

Heine, Heinrich: Gesammelte Werke in sechs Bänden, Bd. 4, Berlin 1951.

Helmstädter, Axel: »Zur Geschichte der deutschen Impfgegnerbewegung«, Geschichte der Pharmazie 42 (1990), S. 19-23.

Henige, David: Numbers from Nowhere. The American Indian Contact Population Debate, Norman 1998.

Hennock, E. P.: »Vaccination Politics against Smallpox, 1835-1914. A Comparison of England with Prussia and Imperial Germany«, Social History of Medicine 11 (1998), S. 49-71.

Herlihy, David: Der schwarze Tod und die Verwandlung Europas, Berlin 1997, 2007.

Herzlich, Claudine/Janine Pierret: Kranke gestern, Kranke heute. Die Gesellschaft und das Leiden, München 1991.

Herzog, Dagmar: Die Politisierung der Lust. Sexualität in der deutschen Geschichte des 20. Jahrhunderts, München 2005.

Hieronimus, Marc: Krankheit und Tod 1918. Zum Umgang mit der Spanischen Grippe in Frankreich, England und im Deutschen Reich, (Diss.) Münster 2006.

Hoeniger, Robert: Der schwarze Tod in Deutschland, Berlin 1882, ND 1973.

Hoeres, Peter: »Von der ›Tendenzwende‹ zur ›geistig-moralischen Wende‹. Konstruktion und Kritik konservativer Signaturen in den 1970er und 1980er Jahren«, Vierteljahrshefte für Zeitgeschichte 61 (2013), S. 93-119.

Honigsbaum, Mark: Das Jahrhundert der Pandemien. Eine Geschichte der Ansteckung von der Spanischen Grippe bis Covid-19, München 2021.

Hopkins, Donald R.: Princes and Peasants. Smallpox in History, Chicago 1983.

Hopkins, Donald: The Greatest Killer. Smallpox in History, Chicago 2002.

Hörner, Unda: Hoch oben in der guten Luft. Die literarische Bohème in Davos, Berlin 2010.

Horowski, Leonhard: Das Europa der Könige. Macht und Spiel an den Höfen des 17. und 18. Jahrhunderts, Reinbek 2017.

Hotez, Peter: Preventing the Next Pandemic, 2021.

Howard-Jones, Norman: »Cholera therapy in the nineteenth century« Journal of the History of Medicine and Allied Sciences 27,4 (1972), S. 373-395.

Huber, Valeska: »The Unification of the Globe by Disease? The International Sanitary Conferences on Cholera, 1851-1894«. Historical Journal 49 (2006), S. 453-476.

Huerkamp, Claudia: »The History of Smallpox Vaccination in Germany: A First Step in Medicalization of the General Public«, Journal of Contemporary History 20,4 (1985), S. 617-635.

Huerkamp, Claudia: Der Aufstieg der Ärzte im 19. Jahrhundert. Vom gelehrten Stand zum professionellen Experten. Das Beispiel Preußens (=Kritische Studien zur Geschichtswissenschaft, 68), Göttingen 1985.

Humphries, Mark Osborne: »Paths of Infection. The First World War and the Origins of the 1918 Pandemic«, War in History 21,1 (2014), S. 56.

Hüntelmann, Axel C.: Hygiene im Namen des Staates. Das Reichsgesundheitsamt 1876–1933. Göttingen 2008.

Ibs, Jürgen Hartwig: Die Pest in Schleswig-Holstein von 1350 bis 1547/48, Frankfurt/M. 1994.

Imhof, Arthur E.: Lebenserwartungen in Deutschland vom 17. bis 19. Jahrhundert, Weinheim 1990.

Jackson, Peter: The Mongols and the West, 1221-1410, New York 2005.

Jankrift, Kay Peter: »„... daß diese kranckheit eine ansteckend und bekleibend Seuchen sey. Soest in den Zeiten der Pest«, Soester Zeitschrift 111 (1999), S. 31-55.

Jankrift, Kay Peter: »... myt dem Jammer der Pestilenz beladen. Seuchen und die Versorgung Seuchenkranker in Essen vom späten Mittelalter bis zum Beginn der frühen Neuzeit«, Essener Beiträge. Beiträge zur Geschichte von Stadt und Stift Essen 111 (1999), S. 20-42.

Jankrift, Kay Peter: Krankheit und Heilkunde im Mittelalter, Darmstadt 2003.

Jankrift, Kay Peter: »The Language of Plague and ist Regional Perspectives: The Case of Medieval Germany«, Medical History 52 (2008), S. 53-58.

Jankrift, Kay Peter: Im Angesicht der »Pestilenz«. Seuchen in westfälischen und rheinischen Städten (1349-1600) (=MedGG Beih. 72), Stuttgart 2019.

Johnson, Niall/Jürgen Müller: »Updating the Accounts. Global Mortality of the 1918-1920 ›Spanish‹ Influenza Pandemic«, Bulletin of the History of Medicine 76,1 (2002), S. 105-115.

Johnson, Steven: The Ghost Map: The Story of London's Most Terrifying Epidemic – and How It Changed Science, Cities, and the Modern World, New York, 2006.

Jones, David S.: Rationalizing Epidemics: Meanings and Uses of American Indian Mortality since 1600, Cambridge/MA, 2004, 2009.

Joralemon, Donald: »New World Depopulatipon and the Case of Disease«, Kenneth F. Kiple/Stephen V. Beck (Hrsg.), Biological Consequences oft he European Expansion, 1450-1800 (=An Expanding World, 26), Aldershot 1997, S. 71-90.

Jordan, W. C.: The Great Famine. Northern Europe in the Early Fourteenth Century, Princeton 1996.

Jünger, Ernst: In Stahlgewittern, Stuttgart 2014.

Kaiser, Wolfram: »Impfärzte des 18. Jahrhunderts«, Zahn-, Mund- u. Kieferheilk. 64 (1976), S. 385-396.

Karlsson, G.: »Plague without Rats. The Case of Fifteenth-Century Iceland«, Journal of Medieval History 22 (1996), S. 263-284.

Katz, Gabriele: Margarete Steiff. Die Biographie, Berlin 2011.

Keil, Gundolf: »Pariser Pestgutachten«, K. Ruh u.a. (Hrsg.), Die deutsche Literatur des Mittelalters. Verfasserlexikon, Bd. 7, Berlin 1989², Sp. 309-312.

Kelter, Ernst: »Das deutsche Wirtschaftsleben des 14. und 15. Jhs. im Schatten der Pestepidemien«, Jahrbücher für Nationalökonomie und Statistik 165 (1953), S. 161-208.

Kelton, Paul: Epidemics and Enslavement. Biological Catastrophe in the Southeast 1492-1715, Lincoln 2007.

Kerscher, W.: Der preußische Weg zum Impfzwang. Die Entwicklung der preußischen Pockenschutzgesetzgebung 1750-1874, Baden-Baden 2011.

Killingray, David /Howard Phillips (Hrsg.): The Spanish Influenza Pandemic of 1918-1919. New Perspectives, London 2013, S. 39-46.

Kiple, Kenneth F. (Hrsg.): The Cambridge World History of Human Disease, Cambridge 1993.

Kiple, Kenneth F./Stephen V. Beck (Hrsg.): Biological Consequences oft he European Expansion, 1450-1800 (=An Expanding World, 26), Aldershot 1997.

Klapisch-Zuber, Christiane: »Plague and Family Life«, M. Jones (Hrsg.), The New Cambridge Medieval History, Bd. 6: 1300-1415, Cambridge 2000, S. 124-154.

Klaveren, Jacob van: »Die wirtschaftlichen Auswirkungen des Schwarzen Todes«, Vierteljahrsschrift für Sozial- und Wirtschaftsgeschichte 54 (1967), S. 187-202.

Kleßmann, Eckart: Napoleons Russlandfeldzug in Augenzeugenberichten, München 1972.

Klußmann, Rudolf u. Barbara: Konflikt, Krise, Krankheit. Psychosomatische Leiden historischer Persönlichkeiten, Lengerich 2015.

Kocka, Jürgen: »Bürgertum und bürgerliche Gesellschaft im 19. Jahrhundert. Europäische Entwicklungen und deutsche Eigenarten«, ders., Bürgertum im 19. Jahrhundert. Deutschland im europäischen Vergleich, Bd. 1, München 1988, S. 11-76.

Kordelas, Lambros/Caspar Grond-Ginsbach: »Kant über die ›moralische Waghälsigkeit‹ der Pockenimpfung. Einige Fragmente der Auseinandersetzung Kants mit den ethischen Implikationen der Pockenimpfung«, NTM Zeitschrift für Geschichte der Wissenschaften, Technik und Medizin 8,1 (2000), S. 22-33.

Kordes, Matthias: »Die sog. Spanische Grippe von 1918 und das Ende des Ersten Weltkrieges in Recklinghausen«, Vestische Zeitschrift 101 (2006/07), S. 119-146.

Krüger, Sabine: »Krise der Zeit als Ursache der Pest? Der Traktat ›De mortalite in Alemannia‹ des Konrad von Megenburg«, Festschrift für Hermann Heimpel zum 70. Geburtstag (=Veröff. d. MPI für Geschichte, 36/2), Bd. 2, Göttingen 1972, S. 839-883.

Kupferschmidt, Hugo: Die Epidemiologie der Pest. Der Konzeptwandel in der Erforschung der Infektionsketten seit der Entdeckung des Pesterregers im Jahre 1894 (=Gesnersus Supplement, 43), Aarau 1993.

Labisch, Alfons: Homo hygienicus. Gesundheit und Medizin in der Neuzeit, Frankfurt/M. 1992.

Labisch, Alfons/Jörg Vögele: »Stadt und Gesundheit. Anmerkungen zur neueren sozial- und medizinhistorischen Diskussion in Deutschland«, Archiv für Sozialgeschichte 37 (1997), S. 396-424.

Lammel, Hans-Uwe: »Westeuropäische Wahrnehmung von und Vorstellungen über Seuchen in Osteuropa, dem Osmanischen Reich und dem Nahen Osten, 1650 bis 1800«, Saeculum 71 (2021), S. 79-110.

Landsteiner, Günther/Wolfgang Neurath: »Zur Regulation gefährdeten Lebens. Strategien und Modelle der Tuberkulosebekämpfung 1880-1910«, Österreichische Zeitschrift für Geschichtswissenschaften 7 (1996), S. 359-384.

Lange, Annemarie: Berlin zur Zeit Bebels und Bismarcks. Zwischen Reichsgründung und Jahrhundertwende, Berlin 1980.

Langford, Christopher: »Did the 1918-19 Influenza Pandemic Originate in China?«, Population and Development Review 31,3 (2005), S. 474f.

Lazer, Marc: Zur Geschichte der Polio-Schluckimpfung mit besonderer Berücksichtigung der Behring-Werke, (Diss.) Marburg 2013.

Le Roy Ladurie, Emmanuel: »Un Concept: L'Unification microbienne du monde (XIVe-XVIIe siècles«, Schweizerische Zeitschrift für Geschichte 23 (1973), S. 627-696.

Leder, Christoph Maria: Die Grenzgänge des Marcus Herz. Beruf, Haltung und Identität eines jüdischen Arztes gegen Ende des 18. Jahrhunderts (=Münchner Beiträge zur Volkskunde, 35), Münster 2007.

Lengwiler, M./J. Madarász (Hrsg.): Das präventive Selbst. Eine Kulturgeschichte moderner Gesundheitspolitik, Bielefeld 2010.

Lenoir, Timothy: Politik im Tempel der Wissenschaft. Forschung und Machtausübung im deutschen Kaiserreich, Frankfurt/Main 1992.

Leonhard, Jörn: Der überforderte Frieden. Versailles und die Welt, 1918-1923, München 2018.

Leonhard, Jörn: Die Büchse der Pandora. Geschichte des Ersten Weltkriegs, München 2014.

Lepore, Jill: These Truths. A History of the United States, New York 2018.

Lesky, E.: »Die österreichische Pestfront an der k.k. Militärgrenze«, Saeculum 8 (1957), S. 82-106.

Leven, Karl-Heinz: »Fleckfieber beim deutschen Heer während des Krieges gegen die Sowjetunion (1941-1945), E. Guth (Hrsg.), Sanitätswesen im Zweiten Weltkrieg, Herford 1990, S. 127-165.

Leven, Karl-Heinz: Die Geschichte der Infektionskrankheiten. Von der Antike bis ins 20. Jahrhundert, Landsberg 1997.

Lieven, Dominic: Russland gegen Napoleon. Die Schlacht um Europa, München 2011.

Lindner, Ulrike: Gesundheitspolitik in der Nachkriegszeit. Großbritannien und die Bundesrepublik Deutschland im Vergleich, München 2004.

Lindner, Ulrike/Stuart Blume: »Vaccine Innovation and Adoption. Polio Vaccines in the UK, the Netherlands and West Germany, 1955-1965«, Medical History 50 (2006), S. 425-446.

Little, Lester K.: »„Plague Historians in Lab Coats«, Past & Present 213,1 (2011), S. 267-290.

Loetz, Francisca: »›Medikalisierung‹ in Frankreich, Großbritannien und Deutschland 1750-1850: Ansätze, Ergebnisse und Perspektiven der Forschung«, Wolfgang Eckart/Robert Jütte (Hrsg.), Das europäische Gesundheitssystem. Gemeinsamkeiten und Unterschiede in historischer Perspektive (=Medizin, Gesellschaft und Geschichte, Beih. 3), Stuttgart 1994, S. 123-162.

Loetz, Francisca: Vom Kranken zum Patienten. »Medikalisierung« und medizinische Vergesellschaftung am Beispiel Badens 1750-1850 (=Medizin, Gesellschaft und Geschichte, Beih. 2), Stuttgart 1993.

Lucas, H. S.: »The Great European Famine of 1315, 1316 and 1317«, Speculum 15 (1930), S. 343-377.

Lütge, Friedrich: »Das 14./15. Jh. in der Sozial- und Wirtschaftsgeschichte«, Jahrbücher für Nationalökonomie und Statistik 162 (1950), S. 161-213.

Maehle, Andreas-Holger: »Präventivmedizin als wissenschaftliches und gesellschaftliches Problem. Der Streit um das Reichsimpfgesetz von 1874«, Medizin, Gesellschaft und Geschichte. JB des Instituts der Robert-Bosch-Stiftung 9 (1990), S. 127-148.

Manela, E.: »A Pox on Your Narrative. Writing Disease Control into Cold War History«, Diplomatic History 34 (2010), S. 299-323.

Manthey, Jürgen: Königsberg. Geschichte einer Weltbürgerrepublik, München 2005.

Marquardt, Frederick D.: »Sozialer Aufstieg, sozialer Abstieg und die Entstehung der Berliner Arbeiterklasse 1806-1848«, Geschichte und Gesellschaft 1 (1975), S. 43-77.

Martin, H.: Die Pest im spätmittelalterlichen Würzburg. Pesterwähnungen in den Quellen, vom Schwarzen Tod 138 bis zum Tode Bischof Lorenz' von Bibra 1519«, Mainfränkisches Jahrbuch für Geschichte und Kunst 46 (1994), S. 24-72.

Matzel, Oskar: Die Pocken im Deutsch-Französischen Krieg 1870/71, (med. Diss.) Düsseldorf 1977.

Max, Katrin: Liegekur und Bakterienrausch. Literarische Deutungen der Tuberkulose im »Zauberberg« und anderswo, Würzburg 2013.

Mayer, Karl J.: Napoleons Soldaten. Alltag in der Grande Armée (=Geschichte erzählt, 12), Darmstadt 2011.

Mayr, Patrick: Die Impfgegnerschaft in Hessen. Motivationen und Netzwerk (1874-1914) (=Beiträge zur Wissenschafts- und Medizingeschichte, Marburger Schriftenreihe, 9), Berlin 2020.

McCormick, Michel: »Rats, Communications, and Plague: Toward an Ecological History«, Journal of Interdisciplinary History 34,1 (2003), S. 1-25.

McGrew, Roderick: »The First Cholera Epidemic and Social History«, Bulletin of the History of Medicine 34 (1960), S. 61-73.

Meier, Mischa (Hrsg.): Pest. Geschichte eines Menschheitstraumas, Stuttgart 2005.

Mendelsohn, John Andrew: Cultures of Bacteriology. Formation and Transformation of a Science in France and Germany, 1870-1914, (Diss.) Princeton 1996.

Mendelsohn, John Andrew: »Wie Epidemien nach dem Ersten Weltkrieg komplex wurden«, Christoph Gradmann/Thomas Schlich (Hrsg.), Strategien der Kausalität. Konzepte der Krankheitsverursachung im 19. und 20. Jahrhundert, Pfaffenweiler 1999, S. 227-268.

Meyer, K. F.: »Historical Notes on Desinfected Mail«, Journal of Nervous and Mental Disease 116,6 (1952), S. 523-554.

Michels, Eckard: »Die Spanische Grippe 1918/19«, Vierteljahrshefte für Zeitgeschichte 58,1 (2010), S. 1-34.

Mitchell, Allan: »Bürgerlicher Liberalismus und Volksgesundheit im deutsch-

französischen Vergleich 1870-1914«, Jürgen Kocka (Hrsg.), Bürgertum im
19. Jahrhundert. Deutschland im europäischen Vergleich, Bd. 3, München
1988, S. 395-417.

Mitterauer, Michael: »Mittelalterliche Wurzeln des europäischen Entwick-
lungsvorsprungs. Zwölf Thesen zum historischen Sonderweg unseres
Kontinents«, James A. Robinson/Klaus Wiegandt (Hrsg.), Die Ursprünge
der modernen Welt. Geschichte im wissenschaftlichen Vergleich, Frank-
furt/M. 2008, S. 516-538.

Mitterauer, Michael: Warum Europa? Mittelalterliche Grundlagen eines
Sonderwegs, München 2009[5].

Möller, Caren: Medizinalpolizei. Die Theorie des staatlichen Gesundheitswe-
sens im 18. und 19. Jahrhundert, Frankfurt/M. 2005.

Mone, F. J.: »Sittenpolizei zu Speyer, Straßburg und Konstanz im 14. und
15. Jahrhundert«, Zeitschrift für die Geschichte des Oberrheins 7 (1856),
S. 55-66.

Morelli, Giovanna u.a.: »Yersinia pestis Genome Sequencing Identifies Patterns
of Global Phylogenetic Diversity«, Nature Genet. 42, 12 (2010), S. 1140-1143.

Moseng, Ole Georg: »Climate, Ecology and Plague: The Second and the Third
Pandemic Reconsidered«, Lars Bisgaard u.a. (Hrsg.), Living with the Black
Death, Odense 2009, S. 23-45.

Moser, Ulrike: Schwindsucht. Eine andere deutsche Gesellschaftsgeschichte,
Berlin 2018.

Mühlauer, Elisabeth: Welch' ein unheimlicher Gast: Die Cholera-Epidemie 1854
in München, Münster 1996.

Müller, Jürgen: »Die Spanische Influenza 1918/19. Der Einfluss des Ersten
Weltkrieges auf Ausbreitung, Krankheitsverlauf und Perzeption einer
Pandemie«, Wolfgang Uwe Eckart/Christoph Gradmann (Hrsg.), Die
Medizin und der Erste Weltkrieg, Pfaffenweiler 1996, S. 321-342.

Müller, Wolfgang: »›Gib Aids keine Chance‹. Die Aids-Präventions-Kampagne
der Bundeszentrale für gesundheitliche Aufklärung (BZgA)«, Susanne
Roeßiger (Hrsg.), »Hauptsache gesund«. Gesundheitsaufklärung zwischen
Disziplinierung und Emanzipation, (Ausst.-Kat.) Marburg 1998,
S. 93-102.

Münch, Ragnhild (Hrsg.): Pocken zwischen Alltag, Medizin und Politik, Berlin
1994.

Münch, Ragnhild: »Probleme der städtischen Armen-Krankenpflege 1810-1850«,
Peter Schneck/Hans-Uwe Lammel (Hrsg.), Die Medizin an der Berliner Universität und an der Charité zwischen 1810 und 1850, Husum 1995, S. 228-240.

Münch, Ragnhild: Gesundheitswesen im 18. und 19. Jahrhundert. Das Berliner
Beispiel, Berlin 1995.

Neumann, Herbert A.: Die Entstehung der Virologie, Berlin 2019.

Neumann, Josef N.: »Rousseaus Kritik an der Heilkunde seiner Zeit. Zur Frage nach der handlungstheoretischen und ethischen Begründung medizinischen Handelns«, Medizinhistorisches Journal 26 (1991), S. 195-213.

Niethammer, Lutz/Franz Brüggemeier: »Wie wohnten Arbeiter im Kaiserreich?«, Archiv für Sozialgeschichte 26 (1976), S. 61-134.

Norris, J.: »East or West? The Geographic Origins of the Black Death«, Bulletin of the History of Medicine 51 (1977), S. 1-24.

Ogawa. Mariko: »Uneasy bedfellows. Science and Politics in the refutation of Koch's bacterial theory of cholera«, Bulletin of the History of Medicine 74 (2000), S. 771-707.

Opitz, Bernhard: »Robert Kochs Ansichten über die zukünftige Gestaltung des Kaiserlichen Gesundheitsamtes«, Medizinhistorisches Journal 29 (1994), S. 363-377.

Oshinsky, David: »Polio«, A. W. Artenstein (Hrsg.): Vaccines. A Biography, New York 2010, S. 207-221.

Osterhammel, Jürgen: Die Verwandlung der Welt. Eine Geschichte des 19. Jahrhunderts, München 2009.

Osterhammel, Jürgen/Niels P. Peterson: Geschichte der Globalisierung. Dimensionen, Prozesse, Epochen, München 2012[5].

Ostler, Jeffrey: Surviving Genocide. Native Nations and the United States from the American Revolution to Bleeding Kansas, New Haven 2019.

Pamuk, Sevket: »The Black Death and the Origins of the ›Great Divergence‹ across Europe, 1300-1600«, European Review of Economic History 11,3 (2007), S. 289-317.

Pamuk, Sevket: »Wirtschaft und Institutionen im Nahen Osten seit dem Mittelalter«, James A. Robinson/Klaus Wiegandt (Hrsg.), Die Ursprünge der modernen Welt. Geschichte im wissenschaftlichen Vergleich, Frankfurt/M. 2008, S. 541-590.

Papacostea, Serban: »The Genoese in the Black Sea (1261-1453): Metamorphoses of a Hegemony«, Ovidiu Cristea/Liviu Pilat (Hrsg.), From Pax Mongolica to Pax Ottomanica. War, Religion and Trade in the Northwestern Black Sea Region (14th–16th centuries) (=East Central and Eastern Europe in the Middle Ages, 450-1450; 58), Leiden 2020, S. 13-38.

Papagrigorakis, Manolis J. u.a.: »DNA examination of ancient dental pulp incriminates typhoid fever as a probable cause of the Plague of Athens«, International Journal of Infectious Diseases (2006) 10, S. 206-214.

Patton, Cindy: Globalizing AIDS, Minneapolis 2002.

Pfeifer, Klaus: Medizin der Goethezeit. Christoph Wilhelm Hufeland und die Heilkunst des 18. Jahrhunderts, Köln 2000.

Pfister, Christian u.a.: »Winters in Europe: The Fourteenth Century«, Climatic Change 34 (1996), S. 91-108.

Phillips, Howard: »The Recent Wave of ›Spanish‹ flu historiography«, Social History of Medicine 27,4 (2014), S. 789-808.

Pirenne, Henri: Geschichte Europas. Von der Völkerwanderung bis zur Reformation, Frankfurt/M. 1957, 1982.

Plotkin, Stanley A./Bernardino Fantino (Hrsg.), Vaccinia, Vaccination, Vaccinology. Jenner, Pasteur and their successors, Paris 1996.

Poczka, Irene: Die Regierung der Gesundheit. Fragmente einer Genealogie liberaler Gouvernementalität, Bielefeld 2017.

Popiolek, K.+F.: »1848 in Silesia«, Slavonic and East European Review 26 (1948), S. 374-389.

Porter, D./Roy Porter: »The Politics of Prevention. Anti-Vaccinationism and Public Health in 19th Century England«, Medical History 32 (1988), S. 231-252.

Porter, Roy: »Civilization and Disease. Medical Ideology in the Enlightenment«, Jeremy Black/Jeremy Gregory (Hrsg.), Culture, Politics, and Society in Britain 1660-1800, Mancester 1991, S. 154-183.

Porter, Roy: Die Kunst des Heilens. Eine medizinische Geschichte der Menschheit von der Antike bis heute, Heidelberg 2000.

Prashad, Vijay: »Native Dirt/Imperial Ordure: The Cholera of 1832 and the morbid resolutions of Modernity«, Journal of Historical Sociology 7,3 (1994), S. 243-260.

Prem, Hanns J.: Geschichte Altamerikas (= Oldenbourg Grundriss der Geschichte, 23), München 2008².

Pretzel, Andreas/Volker Weiß (Hrsg.): Zwischen Autonomie und Integration. Schwule Politik und Schwulenbewegung in den 1980er und 1990er Jahren (=Geschichte der Homosexuellen in Deutschland nach 1945, 3), Hamburg 2013.

Puhle, Matthias: »Wirtschaft und Gesellschaft West- und Mitteleuropas im 14. und 15. Jahrhundert«, Carl August Lückerath/Uwe Uffelmann (Hrsg.), Das Mittelalter als Epoche. Versuch eines Einblicks, Idstein 1995, S. 209-237.

Radvan, Laurentiu: »Between Byzantium, the Mongol Empire, Genoa and Moldavia: Trade Centers in the North-Western Black Sea Area«, Ovidiu Cristea/Liviu Pilat (Hrsg.), From Pax Mongolica to Pax Ottomanica. War, Religion and Trade in the Northwestern Black Sea Region (14th–16th centuries) (=East Central and Eastern Europe in the Middle Ages, 450-1450; 58), Leiden 2020, S. 66-80.

Ranger, Terence/Paul Slack (Hrsg.): Epidemics and Ideas. Essays on the Historical Perception of Pestilence, Cambridge 1992.

Rehbein, Maja: »Die Krankheit zum Tode. Franz Kafka (1883.1924) und die Tuberkulose«, Ärzteblatt Sachsen Nr. 4 (2001), S. 180-182.

Reichert, Ramón: »Auf die Pest antwortet die Ordnung. Zur Genealogie der Regierungsmentalität 1700-1800«, Österreichische Zeitschrift für Geschichtswissenschaften 7 (1996), S. 327-357.

Reid, Ann H./Jefferey K. Taubenberger: »The Origin of the 1918 Pandemic Influenza Virus: A Continuing Enigma«; Journal of General Virology 84,9 (2003), S. 2285-92.

Reinhard, Wolfgang: Die Unterwerfung der Welt. Globalgeschichte der europäischen Expansion, 1415-2015, München 2016.

Reinhardt, Bob H.: The End of a Global Pox. America and the eradication of Smallpox in the Cold War Era, Chapel Hill 2015.

Reinhardt, Volker: Die Macht der Seuche. Wie die Große Pest die Welt veränderte 1347-1353, München 2021.

Reinisch, J.: The Perils of Peace. The Public Health Crisis in Occupied Germany, Oxford 2013.

Richert, Dominik: Beste Gelegenheit zum Sterben. Meine Erlebnisse im Kriege 1914-1918, München 1989.

Risse, Guenter B.: »Medicine in the Age of Enlightenment«, Andrew Wear (Hrsg.), Medicine in Society. Historical Essays, Cambridge 1992, S. 149-195.

Risse, Guenter B.: Mending Bodies, Saving Souls. A History of Hospitals, New York 1999.

Robinson, James A./Klaus Wiegandt (Hrsg.): Die Ursprünge der modernen Welt. Geschichte im wissenschaftlichen Vergleich, Frankfurt/M. 2008.

Röder, Franz: Der Kriegszug Napoleons gegen Russland im Jahre 1812. Nach den besten Quellen und seinen eigenen Tagebüchern dargestellt nach der Zeitfolge der Begebenheiten, Leipzig 1848.

Roeßiger, Susanne (Hrsg.): »Hauptsache gesund«. Gesundheitsaufklärung zwischen Disziplinierung und Emanzipation, (Ausst.-Kat.) Marburg 1998.

Rohr, Chr.: »Man and Natural Disaster in Late Medieval Austria. The Earthquake in Corinthia and Northern Italy on 25 January 1348 and its Perception«, M. Kempf/Chr. Rohr (Hrsg.), Coping with the Unexpected. Natural Disasters and their Perception (=Environment and History, 9,2), 2003, S. 127-149.

Rollet, Catherine: »The ›other war‹ II: setbacks in public health«, Jay Murray

Winter/Jean-Louis Robert (Hrsg.), Capital Cities at War. Paris, London, Berlin 1914-1919, Bd. 1, Cambridge 1997, S. 456-486.

Rosen, William: The Third Horseman. Climate Change and the Great Famine of the 14th Century, New York 2014.

Rothenberg, Gunther E.: »The Austrian sanitary cordon and the control oft he bubonic plague: 1710-1871«, Journal of the History of Medicine and Allied Sciences 27 (1973), S. 15-23.

Rupp, J.-P.: »Die Entwicklung der Impfgesetzgebung in Hessen«, Medizinhistorisches Journal 10 (1975), S. 103-120.

Sachs, Albert: Tagebuch über das Verhalten der bösartigen Cholera in Berlin, Berlin 1831.

Sahmland, Irmtraud: »Bernhard Christoph Faust (1755-1842). Anlaß seines 150. Todestages und des 200. Geburtstags des ›Gesundheitskatechismus‹«, Medizinhistorisches Journal 27 (1992), S. 372-379.

Sahmland, Irmtraud: »Die Anfänge der Schutzimpfung in Gießen«, Gießener Universitätsblätter 30 (Dez. 1997), S. 51-61.

Salfellner, Harald: Die Spanische Grippe. Eine Geschichte der Pandemie von 1918, Prag 2018.

Sarasin, Philipp (Hrsg.): Bakteriologie und Moderne. Studien zur Biopolitik des Unsichtbaren, Frankfurt/M. 2007.

Sarasin, Philipp: Reizbare Maschinen. Eine Geschichte des Körpers 1765-1914, Frankfurt/M. 2016⁴.

Schipperges, Heinrich: Der Garten der Gesundheit. Medizin im Mittelalter, München 1985.

Schipperges, Heinrich: Die Kranken im Mittelalter, München 1990.

Schlegel, Hans Günther: Geschichte der Mikrobiologie (= Acta Historica, 28), Stuttgart 2004², 2016⁴.

Schlich, Thomas: »›Wichtiger als der Gegenstand selbst‹ – Die Bedeutung des fotografischen Bildes in der Begründung der bakteriologischen Krankheitsauffassung durch Robert Koch«, Martin Dinges/Thomas Schlich (Hrsg.), Neue Wege in der Seuchengeschichte (=MedGG Beih. 6), Stuttgart 1995, S. 143-174.

Schlich, Thomas: »Repräsentation von Krankheitserregern. Wie Robert Koch Bakterien als Krankheitserreger dargestellt hat«, Hans-Jörg Rheinberger/Michael Hagner/Bettina Wahrig-Schmidt (Hrsg.), Räume des Wissens. Repräsentation, Codierung, Spur, Berlin 1997, S. 165-190.

Schubert, Ernst: Alltag im Mittelalter. Natürliches Lebensumfeld und menschliches Miteinander, Darmstadt 2002.

Schubert, Ernst: Essen und Trinken im Mittelalter, Darmstadt 2006.

Schug, Alexander u.a.: Berliner Wasser. Die Geschichte einer Lebensnotwendigkeit, Berlin 2014.

Schuster, Peter: »Die Krise des Spätmittelalters. Zur Evidenz eines sozial- und wirtschaftsgeschichtlichen Paradigmas in der Geschichtsschreibung des 20. Jahrhunderts«, Historische Zeitschrift 269 (1999), S. 19-55

Schwalb, Andrea: Das Pariser Pestgutachten von 1348. Eine Textedition und Interpretation der ersten Summe, (med. Diss.) Tübingen 1990.

Schwarz, Klaus: Die Pest in Bremen. Epidemien und freier Handel in einer deutschen Hafenstadt 1350-1713 (=Veröffentlichungen aus dem Stadtarchiv Bremen, 60), Bremen 1996.

Schwarz, Klaus: »Die Quellen zur Geschichte der Pest in Bremen 1350«, D. Brosius (Hrsg.), Beiträge zur niedersächsischen Landesgeschichte. Fs. Hans Patze, Hildesheim 1984, S. 334-338.

Scott, Susan/Christopher Duncan: Return of the Black Death. The World's Greatest Serial Killer, Chichester 2004.

Seaman, Rebecca M. (Hrsg.): Epidemics and War. The Impact of Disease on Major Conflicts in History, Santa Barbara 2018.

Seeliger, Wolfgang: Die »Volksheilstätten-Bewegung« in Deutschland um 1900. Zur Ideengeschichte der Sanatoriumstherapie für Tuberkulöse, München 1988.

Seibt, Ferdinand/Winfried Eberhard. Europa 1400. Die Krise des Spätmittelalters, Stuttgart 1984.

Seligmann, E./G. Wolff: »Die Influenzapandemie in Berlin. Versuch einer statistischen Erfassung«, Zeitschrift für Hygiene und Infektionskrankheiten 101,1 (1923), S. 157-166.

Selvage, Douglas/Christopher Nehring: Die AIDS-Verschwörung. Das Ministerium für Staatssicherheit und die AIDS-Desinformationskampagne des KGB, Berlin 2020.

Silva, Cristobal: Miraculous Plagues. An Epidemiology of early New England Narrative, Oxford 2011.

Simon, Dieter: »Die ›Spanische Grippe‹-Pandemie von 1918/19 im nördlichen Emsland und einigen umliegenden Regionen«, Emsländische Geschichte 13 (2006), S. 106-145.

Slack, Paul: »The Disappearance of the Plague. An Alternative View«, Economic History Review 34,3 (1981), S. 469-476.

Smallman-Raynor, Matthew/Andrew Cliff: Poliomyelitis. A World Geography. Emergence to Eradication, Oxford 2006.

Smallman-Raynor, Matthew/Andrew D. Cliff: War Epidemics. An Historical Geography of Infectious Diseases in Military Conflict and Civil Strife, 1850-2000, Oxford 2004.

Snowden, Frank M.: Epidemics and Society. From the Black Death to the Present, London 2019.

Sonntag, Marcus: Pockenimpfung und Aufklärung. Die Popularisierung der Inokulation und Vakzination. Impfkampagne im 18. und frühen 19. Jahrhundert, Bremen 2014.

Spree, Reinhard: Der Rückzug des Todes. Der Epidemiologische Übergang in Deutschland während des 19. und 20. Jahrhunderts, Konstanz 1992.

Stolberg, Michael: »Theorie und Praxis der Cholerabekämpfung im 19. Jahrhundert. Deutschland und Italien im Vergleich«, Wolfgang Eckart/Robert Jütte (Hrsg.), Das europäische Gesundheitssystem. Gemeinsamkeiten und Unterschiede in historischer Perspektive (=Medizin, Gesellschaft und Geschichte, Beih. 3), Stuttgart 1994, S. 53-106.

Strahl, Antje: »Epidemie im ländlichen Raum – Die Spanische Grippe des Jahres 1918 in Mecklenburg«, Carl Christian Wahrmann/Martin Buchsteiner/ Antje Strahl (Hrsg.), Seuche und Mensch. Herausforderung in den Jahrhunderten, Berlin 2012, S. 391-408.

Strohmeyer, Klaus: James Hobrecht (1825-1902) und die Modernisierung der Stadt (=Publikationen der Historischen Kommission zu Berlin), Potsdam 2000.

Süß, Winfried: Der »Volkskörper« im Krieg. Gesundheitspolitik, Gesundheitsverhältnisse und Krankenmord im nationalsozialistischen Deutschland 1939-1945, München 2003.

Sussman, George D.: »Was the Black Death in India and China?«, Bulletin of the History of Medicine, 85,3 (2011), S. 319-355.

Szreter, Simon: »Economic Growth, Disruption, Depravation, Disease, and Death. On the Importance of the Politics of Public Health for Development«, Population and Development Review 23 (1997), S. 693-728.

Taddey, Gerhard: »Pockenschutz in Hohenlohe«, Medizinhistorisches Journal 18 (1983), S. 313-323.

Talty, Stephan: The Illustrious Dead. The Terrifying Story of How Typhus Killed Napoleon's Greatest Army, New York 2009.

Taubenberger, Jeffery K./David M. Morens: »1918 Influenza: the Mother of all Pandemics«, Emerging Infectious Diseases 12,1 (2006), S. 15-22.

Taubenberger, Jeffery K.: »Genetic characterisation oft he 1918 ›Spanish‹ influenza virus«, David Killingray/Howard Phillips (Hrsg.): The Spanish Influenza Pandemic of 1918-1919. New Perspectives, London 2013, S. 39-46.

Taylor, Rex/Annelie Rieger: »Medicine as Social Science. Rudolf Virchow on the Typhus epidemic in Upper Silesia«, International Journal of Health Services 15,4 (1985), S. 547-559.

Thießen, Malte: »Vorsorge als Ordnung des Sozialen. Impfen in der Bundesrepublik und der DDR«, Zeithistorische Forschungen 10 (2013), S. 409-432.

Thießen, Malte: »Vom Immunisierten Volkskörper zum ›präventiven Selbst‹. Impfen als Biopolitik und soziale Praxis vom Kaiserreich zur Bundesrepublik«, Vierteljahrshefte für Zeitgeschichte 61 (2013), S. 35-64.

Thießen, Malte (Hrsg.): Infiziertes Europa. Seuchen im langen 20. Jahrhundert, Berlin 2014.

Thießen, Malte: »Seuchen im langen 20. Jahrhundert. Perspektiven für eine europäische Sozial- und Kulturgeschichte«, Malte Thießen (Hrsg.), Infiziertes Europa. Seuchen im langen 20. Jahrhundert, Berlin 2014, S. 7-28.

Thießen, Malte: Immunisierte Gesellschaft. Impfen in Deutschland im 19. und 20. Jahrhundert (=Kritische Studien zur Geschichtswissenschaft, 225), Göttingen 2017.

Thimm, Utz: »Die vergessene Seuche – Die ›Spanische Grippe‹ von 1918/19«, Mitteilungen des Oberhessischen Geschichtsvereins 92 (2007), S. 117-136.

Tümmers, Henning: »GIB AIDS KEINE CHANCE«. Eine Präventionsbotschaft in zwei deutschen Staaten« Zeithistorische Forschungen 10 (2013), S. 491-501.

Tümmers, Henning: AIDS und die Mauer. Deutsch-deutsche Reaktionen auf eine komplexe Bedrohung«, Malte Thießen (Hrsg.) Infiziertes Europa. Seuchen im langen 20. Jahrhundert, Berlin 2014, S. 157-185.

Vasold, Manfred: »Die Ausbreitung des Schwarzen Todes in Deutschland nach 1348«, Historische Zeitschrift 277 (2003), S. 281-308.

Vasold, Manfred: »Die Grippepandemie in Nürnberg 1918 – eine Apokalypse«, Zeitschrift für Sozialgeschichte des 20. und 21. Jahrhunderts 10,4 (1995), S. 12-37.

Vasold, Manfred: Die Pest. Ende eines Mythos, Darmstadt 2003.

Vasold, Manfred: Pest, Not und schwere Plagen. Seuchen und Epidemien vom Mittelalter bis heute, (u.a.) München 1991.

Vasold, Manfred: Rudolf Virchow. Der große Arzt und Politiker, Stuttgart 1988, Frankfurt/M. 1990.

Virchow, Rudolf: Mittheilungen über die in Oberschlesien herrschende Typhus-Epidemie, Berlin 1848.

Vögele, Jörg: »Sanitäre Reformen und der Sterblichkeitsrückgang in deutschen Städten 1877-1913«, Vierteljahrsschrift für Sozial- und Wirtschaftsgeschichte 80 (1993), S. 345-365.

Vögele, Jörg (Hrsg.): Stadt, Krankheit und Tod. Geschichte der städtischen Gesundheitsverhältnisse während der epidemiologischen Transition, Berlin 2000.

Voigtländer, Nico/Hans-Joachim Voth: »The Three Horsemen of Riches: Plague, War, and Urbanization in Early Modern Europe«, Review of Economic Studies 80,2 (2013), S. 774-811.

Vossen, Johannes: »Tuberkulosefürsorge in Deutschland 1900 bis 1945«, Michael Forßbohm/Gunther Loytved/Bodo Königstein (Hrsg.), Handbuch Tuberkulose für Fachkräfte an Gesundheitsämtern, 2009, S. 19-49.

Wachsmann, Nikolaus: kl. Die Geschichte der nationalsozialistischen Konzentrationslager, München 2016.

Wahrmann, Carl Christian: Kommunikation der Pest. Seestädte des Ostseeraums und die Bedrohung durch die Seuche 1708–1713 (= Historische Forschungen, 98), Berlin 2012.

Weidner, Tobias: Die unpolitische Profession. Deutsche Mediziner im langen 19. Jahrhundert (=Historische Politikforschung, 20), Frankfurt/M. 2012.

Weindling, Paul J.: »Bourgeois Values, Doctors, and the State. The Professionalization of Medicine in Germany 1848-1933«, David Blackbourn/R. J. Evans (Hrsg.), The German Bourgeoisie, London 1990, S. 190-206.

Weindling, Paul: »Die weltanschaulichen Hintergründe der Fleckfieberbekämpfung im Zweiten Weltkrieg«, C. Meinel/P. Voswinckel (Hrsg.), Medizin, Naturwissenschaft, Technik und Nationalsozialismus. Kontinuitäten und Diskontinuitäten, Stuttgart 1994, S. 129-135.

Weisenstein, Daniel B.: Das Medizinalwesen im Königreich Westphalen in Vorstellung und Wirklichkeit (=Beiträge zur Wissenschafts- und Medizingeschichte Marburger Schriftenreihe, 10), Berlin 2020.

Werder, Sebastian: »Die ›Spanische Grippe‹ – eine vergessene Katstrophe«, Archiv der Münchner Arbeiterbewegung e.V. (Hrsg.), Revolution in München. Alltag und Erinnerung, München 2019, S. 84-87.

White, John Jennings: »Typhus: Napoleon's Tragic Invasion of Russia, the War of 1812«, Rebecca M. Seaman (Hrsg.), Epidemics and War. The Impact of Disease on major Conflicts in History, Santa Barbara 2018, S. 69-82.

Wilderotter, Hans (Hrsg.): Das große Sterben. Seuchen machen Geschichte, Berlin 1995.

Wilson, Leonard G.: »The Historical Decline of Tuberculosis in Europe and America: Ist Causes and Significance«, Journal of the History of Medicine and Allied Sciences 45 (1990), S. 366-396.

Winau, Rolf: »Bakteriologie und Immunologie im Berlin des 19. Jahrhunderts«, Naturwissenschaftliche Rundschau 43 (1990), S. 369-377.

Winau, Rolf: Medizin in Berlin, Berlin 1987.

Winkle, Stefan: Geißeln der Menschheit. Kulturgeschichte der Seuchen, Düsseldorf 2005[3].

Wischhöfer, Bettina: Krankheit, Gesundheit und Gesellschaft in der Aufklärung. Das Beispiel Lippe 1750-1830, Frankfurt/M. 1991.

Witte, Wilfried: Erklärungsnotstand. Die Grippeepidemie 1918-1929 in
Deutschland unter besonderer Berücksichtigung Badens (=Neuere Medizin-
und Wissenschaftsgeschichte, 16), Herbolzheim 2006.

Witte, Wilfried: Tollkirschen und Quarantäne. Die Geschichte der Spanischen
Grippe, Berlin 2010, 2020.

Witte, Wilfried: »The plague that was not allowed to happen. German
medicine and the influenza epidemic of 1918-19 in Baden«, David Killing-
ray/Howard Phillips (Hrsg.): The Spanish Influenza Pandemic of 1918-
1919. New Perspectives, London 2013, S. 49-57.

Witzler, Beate: Großstadt und Hygiene. Kommunale Gesundheitspolitik in der
Epoche der Urbanisierung, Stuttgart 1995.

Wolff, Eberhard: »›Volksmedizin‹ als historisches Konstrukt. Laienvorstellun-
gen über die Ursachen der Pockenkrankheit im frühen 19. Jahrhundert und
deren Verhältnis zur Erklärungsweise in der akademischen Medizin«, Österreichische Zeitschrift für Geschichtswissenschaften 7 (1996), S. 405-430.

Wolff, Eberhard: »Medizinkritik der Impfgegner im Spannungsfeld zwischen
Lebenswelt und Wissenschaftsorientierung«, Martin Dinges (Hrsg.),
Medizinkritische Bewegungen im Deutschen Reich (ca. 1870-ca. 1933),
Stuttgart 1996, S. 79-108.

Wolff, Eberhard: Einschneidende Maßnahmen. Pockenschutzimpfung und
traditionelle Gesellschaft im Württemberg des frühen 19. Jahrhunderts
(=MedGG-Beihefte, 10), Stuttgart 1998.

Worobey, Michael/Jim Cox/Douglas Gill: »The origins of the great pandemic«,
Evolution, Medicine, and Public Health 7,1 (2019), S. 18-25.

Zamoyski, Adam: 1812. Napoleons Feldzug in Russland, München 2012, 2017.

Zanden, Jan Luiten van: »Die mittelalterlichen Ursprünge des ›europäischen
Wunders‹«, James A. Robinson/Klaus Wiegandt (Hrsg.), Die Ursprünge
der modernen Welt. Geschichte im wissenschaftlichen Vergleich, Frank-
furt/M. 2008, S. 475-515.

Zapnik, Jörg: Pest und Krieg im Ostseeraum: Der »Schwarze Tod« in Stralsund
während des Großen Nordischen Krieges (1700–1721) (=Greifswalder
Historische Studien, 7), Hamburg 2007.

Zimmer, Thomas: Welt ohne Krankheit. Geschichte der internationalen
Gesundheitspolitik 1940-1970, Göttingen 2017.

Zinsser, Hans: Der Roman des Fleckfiebers. Ratten, Läuse, Menschen und
Weltgeschichte, Wien 1948.